东方习酒

酿造美好生活的领创与实践

贵州习酒股份有限公司 编著

U0332864

新华出版社

中国经济出版社
CHINA ECONOMIC PUBLISHING HOUSE

图书在版编目（CIP）数据

东方习酒：酿造美好生活的领创与实践 / 贵州习酒股份有限公司编著 .--
北京：中国经济出版社：新华出版社，2023.12
ISBN 978-7-5136-7608-3

Ⅰ.①东 ... Ⅱ.①贵 ... Ⅲ.①白酒 – 酒文化 – 中国 Ⅳ.① TS971.22

中国国家版本馆 CIP 数据核字（2023）第 233232 号

策划编辑	崔姜薇　徐文贤
责任编辑	王骏雄　徐文贤
责任印制	马小宾
封面设计	刘　侃　李　昂

出版发行	新华出版社　中国经济出版社
印 刷 者	深圳市星威彩印刷有限公司
经 销 者	各地新华书店
开　　本	185mm×260mm　1/16
印　　张	20
字　　数	298 千字
版　　次	2024 年 1 月第 1 版
印　　次	2024 年 1 月第 1 次
定　　价	168.00 元

广告经营许可证　京西工商广字第 8179 号

中国经济出版社 网址 www.economyph.com **社址** 北京市东城区安定门外大街 58 号 **邮编** 100011
本版图书如存在印装质量问题，请与本社销售中心联系调换（联系电话：010-57512564）

版权所有　盗版必究（举报电话：010-57512600）
国家版权局反盗版举报中心（举报电话：12390）　服务热线：010-57512564

编辑委员会

顾　　　　问：冯黎明　　高文强　　王怀义　　刘春阳　　李　松

主　　　　任：张德芹

副　主　任：汪地强　　杨凤祥

编　　　　委：曾凡君　　刘安勇　　胡　峰　　陈　强　　杨刚仁
　　　　　　　杨炜炜　　李明光　　叶燕飞　　蒋茂平　　谢远东

主　　　　编：杨　龙

副　主　编：贺　凝　　穆　羽　　明元广　　陈庆勇　　赵成利
　　　　　　　罗　宇　　简俊沙　　胡　政

撰　　　　稿：敖　翔　　李　猛　　姜文婷　　冯紫璇

编　　　　辑：薛应翠　　崔文军　　范　璇　　黄丽媛　　黎娅茹
　　　　　　　赵中行　　杨情丽　　余　军　　伍颖蕾

装 帧 设 计：刘　侃　　李　昂　　杨　靖

序

陶然共醉仙家液，习酒入怀壮思飞。

娄山深处，赤水河谷，这是世界最美酱酒核心产区，贵州习酒，深情款款。隐于高原之巅，飘香世界各地，历经岁月洗礼，始终淡定从容，从四百多年前走来，在历史长河中凝练，向阳而生、不卑不亢，坚挺如初、温文儒雅。

时光知味，岁月沉香。贵州习酒，注定有诗和远方。

历史上的贵州习酒，承继了源远流长的酿造文明。三千多年前，古鳛部先民利用大米、蜂蜜、山楂、拐枣等物发酵取酒，成为门阀贵族饮品。西汉时期，唐蒙献蒟酱，汉武帝惊为"甘美之物"。清代诗人陈熙晋留下"汉家蒟酱知何物？赚得唐蒙鳛部来"的千古绝唱。历史上的贵州习酒，经历了跌宕起伏的酿造传奇：有1959年因自然灾害、粮食紧张被迫关停暂歇的无奈；有1979年为对越自卫还击战壮行和庆功的感人壮举；有1988年习水大曲风靡华夏的光辉岁月；有1992年"百里酒城"的建设，随后遭遇寒冬、跌入低谷的艰难困苦；有1998年加入茅台集团，借势发力、自强不息的自我革新；有2020年跨越百亿元营收大关，实现品牌价值超千亿的向好态势……

山河远阔，历久弥坚。贵州习酒，注定有根和个性。

前身为明代殷家酒坊的贵州习酒，自1952年至今，无论是艰难困苦的年代，还是温暖如初的今天，始终保持"弦歌不辍、风雨同舟"的宏愿，不忘"筚路蓝缕、臻于至善"的初心。曾记否：创建者邹定谦徒步赤水河畔，在荆棘丛中奠立习酒基石，曾前德、蔡世昌、肖清明等人仅靠二十块钱重启生产，自力更生、修饰旧地，重现烟火气色、领航习酒腾飞；曾记否：改革闯将陈星国不负使命，望着褴褛衣衫的村民心潮澎湃，立誓让当地妇女穿金戴银；曾记否：跌入低谷的贵州习酒，多少工人勇毅前行，带着伙食、背着高粱，以厂为家、和衣而睡，在厂房等待复工复产的消息；曾记否：静默多年的酱香习酒，历经岁月窖藏再现身影，一举成为高端酱香的守门员，十年后，温润如玉的"君品习酒"礼献全国，消费者一见倾心，高度共情……多少年来，一代又一代习酒人以"修己以敬，修己安人，修己以安百姓"的品性，成就每一杯酱酒细腻体净、醇厚丰满、回味悠长的独立品质，彰显了酿酒工匠的君子之风。以"富集厚实和顺，容载大地万物"的品行，发起"习酒·我的大学"大型主题公益奖学活动，连续十七年帮助贫困学子圆梦大学；携手全国经销商、贵州省慈善总会，设立"习酒·吾老安康"慈善基金，率先关爱赤水河的守护者群体，彰显了酿酒企业的君子之德。"君子抱义，大爱至慈。"大山深处的酒企，从未遗忘灾区群众、特困农户、当地人民，主动在抗灾救灾、脱贫攻坚、乡村振兴的路上践行国企担当。

三千年蒟酱源流，七十余年历史积淀。2010年，贵州习酒在浩繁的中华传统文化典籍中，发掘出浸润在根骨中"自强不息、厚德载物"的基因，构建了"君品文化"体系，凝练"崇道、务本、敬商、爱人"的习酒价值观，铸就"知敬畏、懂感恩、行谦让、怀怜悯"的习酒品格。

东方习酒，君子之品；

君子之品，知行合一！

"天行健，君子以自强不息；地势坤，君子以厚德载物。"在这片厚重历史积淀，良好生态富集的大山深处，贵州习酒，赓续红色血脉，坚持绿色发展，专注酱酒酿造，始终坚定文化自觉与文化自信。知：顺天法地、崇尚自然，秉持古法酿造，恪守固态发酵传统工艺，坚守"质量就是生命"发展观；行：礼赞东方、致敬文明，传承工匠精神，领创酿造美好生活蓝本，遵循"贮足老酒，不卖新酒"质量铁律。固守酿酒企业的君子之德，弘扬酿酒工匠的君子之风。于是，贵州习酒，不负时代。2023年，习酒品牌价值达2224.63亿元，位列中国白酒前八，中国酱酒第二，贵州白酒第二。

2022年7月，在中共贵州省委、省人民政府的高度重视下，贵州习酒投资控股集团有限责任公司成立。习酒集团的成立，是贵州习酒酿造美好生活的领创与实践，更是贵州人民用实际行动作答高质量发展的时代命题，谱写崭新篇章。站在历史的新起点，扬帆起航的贵州习酒，在新的引擎下，坚定文化引领、科技赋能、人才强企、品牌助力的主战略，努力朝着"世界一流、受人喜欢"的大型综合企业集团阔步迈进。

阳春召我以烟景，习酒假我以文章。

这是君子的双向奔赴，这是时代的最美遇见。为此，我们特邀武汉大学文学院、贵州日报当代融媒体集团专家团队担纲智库，编纂《东方习酒：酿造美好生活的领创与实践》一书，试图从品质、品牌、品格三个维度，系统梳理和总结贵州习酒的品质追求、品牌积淀和品格独立，充分展现贵州习酒"自强不息、厚德载物"的君子精神，更好地推进习酒"君品文化"建设，这既是文化习酒系统工程面临的新挑战，又是文化习酒系统工程凸显的新成果。

习酒君品文化体系，接续中华五千年优秀传统文化，承载着一代又一代习酒人的智慧精髓与文化传承，是贵州习酒的根和魂，更是贵州习酒枕戈待旦、进军世界的"软实力"。我们期待：在新的历史时期，借助此书的宣教，弘扬传统文化，引领精神；厚植君品文化，催生君风，全面激发习酒人酿造美好生活的无穷智慧，在品质追求、品牌积淀和品格独立的征途上作出更多、更大的贡献，为实现"百年习酒，世界一流"的企业愿景而努力奋斗！

是为序。

酒中君子

2023年12月31日

目录

第一章

习酒品牌

東方習酒

酿造美好生活的领创与实践

第三章

习酒品格

东方习酒与美好生活

　　中国酿酒历史悠久，酒文化源远流长。"兰陵美酒郁金香，玉碗盛来琥珀光"描绘的酒香与色彩，"抽刀断水水更流，举杯消愁愁更愁"抒发的愁绪与无奈，"白日放歌须纵酒，青春作伴好还乡"表现的欣喜与欢快，"人生得意须尽欢，莫使金樽空对月"传达的豪迈与气魄……无不折射出酒在诠释生活、演绎人生、表达情感时的重要作用。

　　党的十九大报告明确指出，中国特色社会主义进入新时代，我国社会主要矛盾已经转化为人民群众日益增长的美好生活需要和不平衡不充分的发展之间的矛盾。我们要建设的现代化，既要创造更多物质财富和精神财富以满足人民日益增长的美好生活需要，也要提供更多优质生态产品以满足人民日益增长的对优美生态环境的需求。饮酒，特别是饮用白酒，也是广大人民群众追求美好生活的一个不可或缺的重要组成部分。在诸多香型的白酒中，酱香型白酒因其独特的韵味，吸引众多拥趸。贵州习酒投资控股集团有限责任公司（以下简称贵州习酒）作为酱酒的领跑者之一，在品质、品牌、品格等层面不断践行"弘扬君品文化，酿造生活之美"的初心和理念，真正成为酿造美好生活的领创者和实践者。

一、贵州习酒对美好生活的创构

作为位列中国白酒前八、中国酱酒第二、贵州省白酒第二的国有企业，贵州习酒秉承"弘扬君品文化，酿造生活之美"的企业使命，以诚取信、以质取胜，锐意创新、追求卓越，以君子之风坚守传统工艺，用纯粮固态发酵，沉下心来酿造出酒中君子，满足人民对"美好生活"的向往与期盼。从生态、酿造、品饮三个方面观察，我们可以看到贵州习酒与美好生活的创构之间的关联越来越紧密。

（一）生态

白酒集日月精华，秉天地之气，是大自然赋予白酒生命。按照国学教授金海峰的观点，白酒就是周易的易，日月交替，刚柔并济，阴阳平衡，兼具火之精、水之华的双重特性。因此，酒的酿造对于自然环境有着极高的要求，特别是酱香型白酒，当下只有赤水河谷地带的自然环境能够满足酿造习酒的全部条件。

首先，充沛的水源、优良的水质，是酿造习酒的前提条件。"水是酒之血"，水质的好坏直接影响酒质的优劣。在白酒生产过程中，除冷却用水及锅炉用水外，酿造用水和降度用水对水质的要求也很高，因为它们直接与进入消费者口中的酒紧密相关。赤水河是长江上游右岸的一级支流，因水中含沙量高、水色赤黄而得名，发源于云南省镇雄县，流经贵州省，最后在四川省合江县注入长江。赤水河两岸自古酿酒，且美酒品牌众多，因而得名"美酒河"。这条在崇山峻岭间绵延500多公里的河流，没有水坝，没有发电站，没有化工厂，是中国唯一一条未被工业污染的河流，水质纯净甘冽、酸碱适中，为酿造酱香型白酒提供了绝佳的水源。

其次，气候环境独特、年平均气温18℃的已成为世界优质酱酒核心产区的赤水河谷，拥有适合酿制酱香型白酒的气候条件。世界优质酱酒核心产区即赤水河谷的茅台、习酒、土城这三镇，而以习酒为中心的上下游又称"鳛部酒谷"，包括习水县回龙镇、习酒镇、隆兴镇、土城镇等。这一段河域，两岸山势陡峻，山峰海拔1000~1600米，冬暖、夏热、风微、雨少、湿润。湿热的空气和适宜的温度为微生物的生长、繁衍提供了绝佳条件，是难以复制的酱酒酿造环境。只要进入鳛部酒谷核心区，由远及近会闻到越来越浓郁的酒香，飘荡在空中的香气是高粱发酵时产生的味道，里面混合着水果的甜香、辣椒的辛香和木质的焦香。

最后，制作优质白酒，离不开好的原料，"酒是粮食精"说的就是这个道理。《遵义府志》中记载："茅台酒，仁怀城西茅台村制酒，黔省称第一。其料用纯高粱者上，用杂粮者次……其曲用小麦，谓之白水曲，黔人称大曲酒，一曰茅台烧。"这应该是对酱香型白酒的用料较早、准确且完整的记录了。纯高粱是制作习酒的必备原料，赤水河畔的优质糯小高粱，就是酿造酱香型白酒的不二之选，它从播种育苗开始，需要经历130天左右的生长期，相比北方高粱的沃土滋润，本地优质糯小高粱适应高原山地，有颗粒小、皮厚、扁圆、结实的特性，水分小于13%，支链淀粉含量高，占总淀粉量的88%，能够经得起多轮次的蒸煮。此外，《遵义府志》中提到的"白水曲"，也是酿造酱酒的必备要素，用小麦做大曲，一切在自然而然的过程中浑然天成。

庄子说："天地有大美而不言，四时有明法而不议，万物有成理而不说。"习酒，是酿造技艺与赤水河的自然生态互通有无的结果，是天地有大美的具体体现。美学大师宗白华认为"白贲，无咎"包含了一个重要的美学思想，就是"质地本身放光，才是真正的美"，"最高的美，应该是本色的美，就是白贲"。习酒酿造者顺应独特的自然环境，秉持"天人共酿"的酿酒理念，造就了独特的习酒品质，这正是天人合一的生动诠释。

（二）酿造

优美的生态环境只是酿造习酒的物质基础，还需要精湛的酿造工艺才能将粮食变为美酒。因此，习酒与美好生活的关联还体现在知行合一的酿造技艺上。就酿造工艺而言，酱香型白酒的制作，从选料、制曲、发酵、蒸馏，到窖藏、勾调、回装，都需要经历漫长的时间，反复进行多重技术处理，这当中需要的时间和技术环节的繁复度，远超其他酒类（包括其他香型白酒）。

从酿造工艺来看，习酒遵循了"四高两长，一大一多"的酱香工艺。所谓四高，是指高温制曲、高温堆积、高温发酵、高温馏酒；两长，是指生产周期长（历时一年）、贮存时间长（一般需要贮存三年以上）；一大，是指用曲量大，用曲量与用粮量达到1:1；一多，是指多轮次发酵（八轮次发酵）。

酒曲的质量对酒的风格起着决定性作用。高温制曲为酱香物质的生成提供了工艺基础，加速了制曲过程中的生化反应，生成众多的加热香气成分。同时，这些反应中产生的酮醛类、吡喃类及吡嗪类等化合物，对酱香型白酒风格的形成起决定性作用。

高温堆积为进一步生成酱香物质创造了条件。在堆积升温过程中，

破埂

大曲中累积的香味物质进一步转化，并进一步发生化学反应，促成糖化发酵，产生其他香味成分，从而达到生香的效果，让糟醅中的香气更加丰富。

高温发酵为酒精的生成和酱香物质的最后形成提供了合适的发酵环境。在酿制过程中，糟醅入窖、封窖，窖内形成一个独立的封闭式、无氧高温的微生物反应世界，通过发酵将糖转化成酒，高温的环境有益于微生物的生成，并代谢有益产物，让香味物质伴酒而生。

高温馏酒是通过提高蒸馏酒时冷却水的水温，使冷凝器中流出的酒温升高，这一步是提取酱香物质的有效手段，既有效地排除了低沸点杂质，又可以将高温制曲、高温堆积、高温发酵中生成的高沸点、水溶性的酱香物质最大限度提取到酒中，使其酱香突出，风格质量更好。

生产周期长，是由其"12987"生产工艺决定的。酱酒生产企业严格遵循"端午踩曲、重阳下沙、两次投料、九次蒸煮、八次发酵、七次取酒"的酿酒工序，在任何环节偷工减料，都不可能酿造出优质的酱酒。在这个酿造过程中，融入了酿造师的情感和责任，白酒成了有"生命"的液体。

贮存周期之所以长，是因为许多刚蒸馏出来的新酒口感上还很刺激，漫长的贮存过程就是酒老熟的过程，用时间冲淡新酒的刺激口味，使酒香更幽雅圆熟，口感更醇和柔顺。

用曲量大，有利于产生大量的氨基酸，也会带来更多的有益微生物，从而赋予酱酒"幽雅细腻、酒体醇厚、空杯留香持久"的典型风格。

多轮次发酵，是由于本地优质糯小高粱经得起多次蒸煮，而且可以让发酵粮食中的香味物质不断累积，逐渐形成复合香味，从而使产品产生独特的风味。

习酒的酿造技艺，就在于其工艺操作是"顺应"而不是"控制"，是酿酒师顺天法地，尊重天地自然、遵从四季时令的结果。他们始终保持敬畏之心，用一双双巧手，将匠心技艺与自然、原料、微生物等融合到一起。因此，习酒既是天人合一的产物，也是知行合一的产物。

（三）品饮

明代学者洪应明在《菜根谭》中说："花看半开，酒饮微醉，此中大有佳趣。"清代学者李密庵也讲过"酒饮半酣正好，花开半时偏妍"的道理，他们所说的实际上是饮酒过程中的趣味问题。对于中国人来说，喝酒是一个享受美好生活的过程，特别是在品评酱酒的过程中，领悟出世间之美、生活之美，是品饮的最大乐趣。品饮可以从以下三个方面来看：

首先，品饮中的感性之美，涉及人的六根（眼、耳、舌、鼻、身、意）层面。著名文艺理论家周宪认为，日常生活审美本质上是通过商品消费产生感性体验的愉悦，审美体验本身的精神性在这个过程中转化为感官的快适和满足，它进一步体现为感官对物品和环境的挑剔，从味觉对饮品、菜肴的要求，到眼光对形象、服饰、环境和高清电视画面的要求等，贯穿日常生活的各个层面，是构成审美化幸福感和满足感的重要指标。品饮习酒，也是日常生活审美的一个重要方面，从感官体验来说，对应的是酒的色、香、味等。所谓色，即酒的色调、透明度及有无悬浮和沉淀等，这是视觉的呈现。酱酒在颜色方面，微黄透明，这种透明的自然色泽源于酿酒原料的本色，自然的色彩本身会给人以新鲜、纯美、朴实、自然的感觉。所谓香，习酒是多种香味的复合体，其在香味上的风格特点是"酱香突出、陈香舒适、圆润细腻、空杯留香持久"。所谓味，酱酒的特征在于幽雅细腻、回味悠长，初入口时给人以醇厚、清爽、干净的感觉，回味时又有甜味，给人以舒适、圆正、浓郁的感觉，各种味感相互配合、协调，完全以一种美学的方式"装饰"了酒精的味道，使其成为美味佳酿。

其次，品饮中的自由自在之美。有人说，饮酒是生命之间的对话、交流，酒给予了饮者丰富的想象力、信念、勇气、希望、自由。陶渊明《归园田居》中说"对酒绝尘想"，这句诗道出了饮酒的超越性价值，在品饮中，断绝了尘世的种种想法，达到自由自在的境界。可以说，自由是中国酒文化精神的内在核心，对自由意识的体验、领悟、开掘与渴求，构成了中国几千年的饮酒史。李白"呼我游太素，玉杯赐琼浆"的飘逸洒脱，正是发自生命本真的自由意识的体现，这种心灵的自由是一种审美化的情感。"饮者"在脱离日常生活的忙碌而拥有自主性"闲暇"的时空状态中，通过饮酒得以暂时摆脱各种约束，忘却许多不快，让处于压抑和扭曲状态的精神情感获得暂时的缓解与片刻的安宁，领略自由意志和自觉意识，理解人生、世界的意义和价值，体验美酒酿造的自由与逍遥境界。

最后，品饮中的君子之好。在中国传统文化中，酒被解释为"就人

品鉴

之善恶"，一直强调酒品如人品，也就是说酒和人一样，都有自己的品格，酒之品格如能与人之品格相互交融，也是一种美的境界。贵州习酒倡导的"健康饮酒、文明饮酒，少饮酒、饮好酒"观念，其实也是在重温中国传统酒文化中的审美伦理。日常饮酒场合不同、饮酒目的不同，不同地域、民族的饮酒风俗也不尽相同，但无论有何差异，在饮酒中应遵循的君子之风大体一致，也就是说，人们只要进行社交性饮酒就需要遵循一定的礼节、规则，做一个真正的君子。品饮中的君子风范至少可以从三个环节来体现：饮酒前的守信、守时与真诚；饮酒中的适度、友善与谦和；饮酒后的自制、尊重与体谅。

二、贵州习酒对美好生活的领创之功

从最初的一间厂房，两间民房，三人起家，到今天的鳛部酒谷，万名员工，千亿元品牌，习酒的星星之火，何以能发展成燎原之势，成为全国酱香型白酒第二大品牌？读一读2023年3月30日发布的《君品公约》，大概能够知晓答案。"爱我习酒，东方文明，敬畏天地，崇道务本；铭记先贤，心怀感恩，明德至善，敬商爱人；秉持古法，工料严纯，醉心于酒，勇攀至臻；同心同德，不忘初心，酱魂常在，君品永存。"这64个字，讲出了习酒对传统工艺的坚守，对商道的尊重，对天道的尊崇，对君子文化的重视，充分展示了习酒的文化追求和价值关怀。

自贵州习酒党委书记、董事长张德芹先生2010年首倡"君品文化"以来，习酒人便以君子的品德、品行与品格要求自己，将君品文化贯穿于生产与经营的全过程，到《君品公约》的发布，习酒无疑已成为"酒中君子"的代名词。可以说，君品文化是中国传统的美学精神、民族诗性与酱香型白酒传统酿造技艺、工匠精神相融合的产物，也是中国酒文化经过数千年的酒与生活、酒与社会、酒与文化传承相平衡的一种结果。无论是在社会生活层面，还是行业中，在酿造美好生活方面，贵州习酒都具有标杆性价值和领创性意义。

（一）践行君子之道

这种领创性意义首先表现在贵州习酒以"弘扬君品文化，酿造生活之美"的企业理念践行君子之道。习酒人选择君品文化、君子人格作为企业的文化价值观不是偶然的，也不仅仅是出于营销的需要，而是一家负责任的企业从自身特质出发，对时代命题本能而精准的回应。回应的是一个世界性的命题：在这个空前的资本时代、工业时代、消费时代，人类如何与自我、社会、自然和谐共存？每一种文明都在"严肃地思考"，西方后现代主义是一种反叛的姿态，而中国是回归优秀传统文化价值，从官方到民间，优秀传统文化价值都在逐渐回归。儒家传统中的君子人格，就是一种理想的追求，追求在克制中实现个人行动与精神的双重自由。将君子人格与酒融为一体，既是准确的，也是负责任的，说它是准确的，是因为美酒本身就是一系列"修炼"的结果；说它是负责任的，是因为它时刻提醒人们进行自我约束，贵州习酒提倡的"少饮酒、饮好酒"理念，既是对个人的关怀，也是对社会的回馈。

《周易》中有两句著名的话："天行健，君子以自强不息；地势坤，君子以厚德载物。"这两句话成了习酒人的精神信仰，在张德芹等习酒领导者看来，前半句说的是贵州习酒的历史和传承，后半句提出了明确的社会关切，"君品习酒、厚德自强"正是对君子精神和人格的传承与创新，是贵州习酒核心文化理念的体现。

"老吾老，以及人之老；幼吾幼，以及人之幼"，这是习酒人最朴素的想法。20世纪七八十年代，习酒人站在二郎滩头，看到食不果腹、衣衫褴褛的百姓，发出的是"总有一天，要让他们穿金戴银"的宏愿；在物资最困难的时候，为解决职工和附近村民孩子们的上学问题，贵州习酒不惜斥资兴建学校，就是本着"再穷不能穷教育，再苦不能苦孩子"的仁爱向善之心。即使到了今天，习酒人始终不忘初心，牢记造福一方的企业使命，对于他们来说，没有酒，就没有这个地方的一切，把酒做好，是善之根本。企业的成长与地方发展密切相关，一家成功的酒厂，就是方圆百里的百姓的衣食之源，围绕着酒所形成的从原料、包装到物流、生活服务业的整个产业生态，影响着这一方百姓的生存与发展。以2022年为例，贵州习酒组织了4次大规模招聘活动，累计解决3400余人就业问题；先后引入包装材料企业57家到本地落户，带动约1.5万本地人员就业；配合地方政府开展招商引资、合作共建高粱基地，解决1.5万余人就业问题；在习水县寨坝镇发展稻草种植基地5000亩，创造经济

赤水河畔的本地优质糯小高粱

价值322.5万元；低价提供98000余甑酒糟、4000多吨废稻草给养殖户，节省养殖费用，减轻养殖户负担；精准助力习水县习酒镇坪头村股份经济合作社、程寨镇罗汉寺村股份经济合作社、桃林镇永胜村和道真县旧城镇长坝村乡村振兴工作；帮扶习水县土城镇青杠坡村红色美丽村庄示范点建设；支持遵义地区老百姓种植高粱，带动1.6万余农户增收；如此等等。这些数据是贵州习酒服务地方、造福地方，践行君子之道最有力的体现。

君子博爱，兼济天下。贵州习酒不仅努力增加地方财税收入，提供就业岗位，带动上下游产业链发展，促进区域经济繁荣，还主动扩展善的边界，怀抱兼济天下的理想，去帮助更多的人。自2006年开展"习酒·我的大学"大型主题公益助学活动以来，贵州习酒累计出资1.3亿余元帮助2.3万余名优秀学生圆梦大学；2022年11月，携手习酒全国经销商、贵州省慈善总会联合发起设立"习酒·吾老安康"慈善基金，首期募集善款2000万元，专项用于解决困境老人的养老问题，满足其在生活照料、心理关爱、医疗服务等方面的需求，让更多老人"老有所养、老有所依、老有所乐、老有所安"；捐赠2000万元助力贵州、湖北两省抗击疫情；"亿元习酒敬爱心"活动向在抗疫行动中捐赠爱心的单位团体和个人赠送价值亿元的习酒产品；捐赠1000万元助力河南抗洪救灾；捐赠1000万元助力贵阳市及相关市（州）打赢疫情防控攻坚战……可以说，在70多年的发展历程中，习酒竭力参与公益事业，不断将儒家"穷则独善其身，达则兼济天下"的理想向前推进，也日益印证其君子之名。

君品是习酒人对君子精神的传承和创新，是对传统文化的敬重和践行，是品质信念和企业责任的融会贯通。至此，"崇道、务本、敬商、爱人"核心价值观的表述形式就水到渠成了。崇道，尊崇和敬畏自然社会的客观规律和道德规范，遵循为人之道、为商之道，这是习酒精神的源泉。务本，脚踏实地，胜不骄，败不馁，聚精会神抓事业，一心一意谋发展。敬商，企业要尊重经销商，服务经销商，敬畏商业之道，以质求存，最终达到尊重消费者的目的。爱人，体现在带动周围群众共同富裕，为地方经济作贡献，关注员工价值，尊重消费者，关心合作伙伴等。每一个概念，都浸透着中国传统伦理的精华——君子之道，成就了君子之美。

（二）传承君子之魂

对习酒人来说，饮酒不仅是一种行为，也代表着一种文化境界。张德芹说："习酒需要的是一套尊重脉源、尊重市场、尊重自我发展的企业文化体系，即君品文化。"近年来，贵州习酒上上下下特别重视君品文化的塑造，对于"君品"这两个字，可以这样理解：一

2023年"习酒·我的大学"活动现场

是君子的饮品，二是君子的品质。其中，君子有很多种，比如说：不浮躁，不功利，传承中国文化，承担社会责任的企业君子；勤劳、淳朴、仁义、包容，诚实做人、踏实做事的酿酒君子；坚守传统工艺、纯粮固态发酵，为顾客提供品质卓越的产品的酒中君子；公平、诚信，不弄虚作假的卖酒君子；健康饮酒、文明饮酒，少喝酒、喝好酒的饮酒君子；信守承诺，构建诚信社会的合作君子等，他们共同形成了贵州习酒的君品文化。君品文化是以君子文化为特征，以习酒历史文化为主要内容，融合鳛部文化，赤水河流域的红色文化、商业文化、纤夫文化、酒文化等构成的有特色、完整而独特的文化体系。君品文化体系，是对贵州习酒一贯以来传承先祖智慧，以敬事、敬人精神处理酒与人之间关系做法的概括，是孔子所确立的君子文化的丰富内涵和外延在中国酒文化中的发扬光大。对众生有责任，对造福天下有追求，贵州习酒从酿造到销售各环节都秉持君子之品，淬炼出了"知敬畏、懂感恩、行谦让、怀怜悯"的习酒品格。

做好酒与做君子是一致的，一群急功近利、没有工匠精神、缺乏仁爱向往、无意于自我修为的人，是做不出真正的好酒的。《礼记·中庸》中记载："君子慎独，不欺暗室。"这是说，君子哪怕在没人看到的时候，也有道德底线。习酒人早期酿酒，没有质量检测工具，也没有明文规定的标准，但他们谨守"慎独"的道德原则，用最根本的仁爱和善良来酿酒。所以，从习酒诞生之日起，诚实守信、坚持酿造良心酒的美好基因，便刻在每个习酒人的骨子里，他们拒绝急

功近利，拒绝浮躁敷衍，兢兢业业，在汲取传统精湛酿酒技艺精髓的同时，坚持创新，以"顺天法地""天人合一"的思想酿造好酒，用品质独特、受市场欢迎的产品，满足消费者不断升级的需求。

以人为核心，是贵州习酒敬人精神的主要体现。在满足味道和功能需求的同时，向消费者传递的是文化、生活方式和身份标签。2016年3月，贵州习酒在成都开展"我是品酒师·醉爱酱香酒"活动，向广大消费者普及酱香酒的专业知识以及如何健康、文明地饮酒。习酒

蜿蜒而过的赤水河犹如一条绿色的丝带萦绕在山谷

的国家级品酒师带上各种年份的酒样，到现场指导消费者如何品酒。由于将知识性、趣味性、互动性结合起来，此项活动深受消费者和经销商的欢迎，至今已经举办了几百场，参加人数达数万人次。品酒师不但告诉消费者酱香习酒是如何酿造的，也告诉他们如何辨别酒的优劣，以及饮酒的限度在哪里，以至于有些喝了大半辈子酒的人参加活动后，说喝了几十年的酒，终于弄懂了一点饮酒的知识。张德芹尤为强调"消费者主权"，在他看来，做食品行业，良知是最重要的，对消费者好的，才是好产品。所谓"消费者主权"，是指所有的市场工作都是围绕消费者展开，要关注消费者的想法和情感，倾听他们的观点和主张，重视他们的意见和建议，确保他们获得最好的消费体验。活动除了给消费者提供真正的美酒，还教他们如何健康、优雅、文明地饮酒，让他们有足够的知识来维护自身权益，追寻美好生活。

君子喻于义，贵州习酒在商业合作中，始终追求一种君子与君子的双向奔赴，用好产品、好服务结交好伙伴，一起成就伟大事业。在"崇道、务本、敬商、爱人"核心价值观的指引下，贵州习

赤水河风光

酒形成了"无情不商，服务至上"的营销理念。一直以来，贵州习酒视经销商如上帝，与经销商共享发展成果，这也是习酒的经销商团队能够迅速壮大，无数经销商愿意与习酒风雨同舟、苦乐与共的原因所在。2023年2月，在规模史无前例的全国经销商大会上，张德芹向全体经销商承诺，贵州习酒不会让任何一个经销商离开，不会让任何一个经销商掉队，对于经营困难的经销商，贵州习酒要伸出手拉一把。习酒人用朴素的语言、务实的行动承载着君子的道义与担当。

总之，在君品文化的建构中，直接或间接参与贵州习酒文化价值链的员工、经销商、消费者、合作伙伴、上下游企业、社会团体、个人等，基于对君品文化核心价值观和"多元共生、循环利益"文化特性的认同，秉承"和而不同，兼收并蓄"的原则，共创、共建、共享，共同构成了一个相互依存、休戚与共的和谐整体。这个共同体的形成，已经在整个白酒行业中起到了引领行业良性发展的作用，具有标杆意义。当前，习酒人正在将他们所继承的一种人类理想，即"弘扬君品文化，酿造生活之美"发扬光大。从这个意义上讲，习酒人是日常生活美学的探索者、实践者、领创者。

習酒品质

　　历经数千年历史长河的淘洗，从西周时期的鳛部故地到如今商贸通达的灵秀习水，贵州习酒秉持"崇道、务本、敬商、爱人"的核心价值观，赢得了如今在行业内备受消费者信赖的好口碑。

　　"君子之品·东方习酒"是贵州习酒对其产品的定位。"君子之品"，即君子之品德、品质、品格。就产品而言，"君子之品"或"君品"，可理解为习酒产品的品质追求。以君品习酒为例，作为一款高端酱香型白酒产品，其品质追求来源于多个方面。首先，它源自我国酒业发展史的深厚积淀，以及历代习酒人对美妙酒味的持续追求。其次，贵州习酒所处的优良生态环境，以及世世代代习酒人与这片土地和谐共处、相得益彰所形成的天人合一，共同构成了习酒的生态之美。再次，从美学的客体视域，即审美对象来看，作为贵州习酒的高端产品，君品习酒是贵州习酒工艺美学的集大成者。贵州习酒坚持传统工艺酿造，坚持将工匠精神与科技创新相结合，在传统的基础上创新，在创新的标准上秉持古法。同时严格遵循酱酒生产的高标准严要求，在工作流程、生产标准、生产管理等诸多方面，运用精细化、数字化的操作流程，共同构筑习酒生产美学之根基。最后，从美学的主体视域来看，高品质的酱酒生产离不开勤勤恳恳、自强不息的习酒人。在这个快节奏的社会里，习酒人仍能坚持君子操守、坚守君子品格，其励精图治、自强不息的珍贵品质，本身就是一种令人折服的美。

第一节 习酒品质发展史

《论语·乡党》有言："不得其酱，不食。"大意是美食佐以合宜的酱料，方能完满。又云："惟酒无量，不及乱。"这启发我们，饮酒文化的核心不在酒量大小，而在美酒与饮者的品质：美酒有品质，故饮之不乱；饮者有品行，故醉而不失礼。

以君品习酒等为代表的酱香型白酒，以其"酱香突出、幽雅细腻、酒体醇厚、回味悠长"的美妙风味，在世界蒸馏酒大家庭中独树一帜，其最为鲜明的特点便是酒味层面的"酱香"与饮者层面的"不及乱"。"酱香"，是对酒味的修饰，"12987"繁复工艺充分装饰了酱酒的酒味，犹如佳肴与酱料搭配合宜，相得益彰，酒味品质由此得到升华。"不及乱"，是酱酒的君子之品，品饮酱酒，入口不辣喉，饮后不头痛，不至狂醉失态。作为一种白酒品类，以君品习酒等为代表的酱酒拥有丰富细腻的口感和卓尔不群的品质。这种非凡品质首先源自历代酿酒人对醇厚酒味的孜孜求索。每一瓶酒承载的都是岁月的沉淀和智慧的传承，故而贵州习酒尤为珍视自己的历史文化传统。在习酒文化城广场上，八根文化柱庄严屹立，每根文化柱都精美雕刻着与酱酒相关的历史故事。这八根文化柱，究竟浓缩着习酒怎样的历史渊源呢？

一、酱酒的历史溯源

酱酒的历史渊源据说可上溯至汉代。《之溪棹歌》中有云："尤物移人付酒杯，荔枝滩上瘴烟开。汉家枸酱知何物？赚得唐蒙鳛部来。"这大概是习酒文化城"大汉枸酱"文化柱的命名出处。而"汉家枸酱"究竟为"何物"，又如何"赚得唐蒙鳛部来"呢？

（一）"枸酱"考辨

据司马迁《史记》记载，西汉建元六年（公元前135年），番阳令唐蒙出使南越国时，偶然尝到一种奇特饮品或食物"枸酱"，并得知：该物品来自番禺城西北部的牂牁，通过牂牁江顺流而下传入番禺。其时，唐蒙受大行（大行一职，掌管诸侯和属国事务）王恢委派，将朝廷发兵的意图委婉转告给南越。唐蒙回到长安后，又通过蜀地商人获悉：唯有蜀地之鳛部（古鳛部列入蜀地，清雍正五年，即公元1727年，由四川划归贵州辖治）出产枸酱，当地人常将其偷卖给夜郎；夜郎位于牂牁江畔，南越国一度希望以财物使夜郎臣服，乃至其势力范围已西至同师，却未能如愿使其归附。获得重要外交情报后，唐蒙心情急切，立即上书建议汉武帝刘彻联络夜郎，打通前往夜郎的道路并在此地设置官吏，以便借夜郎之兵浮船牂牁江，顺流而下出击南越，从而出奇制胜。汉武帝听从唐蒙的建议，任命其为郎中将，并派遣他率领将士千人、民夫万人及粮食辎重，由巴蜀筰关入，会见夜郎侯多同，待以厚赐，并在夜郎设置官吏，任命多同之子为且令。司马迁由是感叹："然南夷之端，见枸酱番禺，大夏杖邛竹。"[1]即开发西南夷地区的开端，

---

[1]（汉）司马迁：《史记》，（南朝宋）裴骃集解，（唐）司马贞索隐，（唐）张守节正义，北京：中华书局，2014年版，第3628、3632页。

竟是唐蒙在番禺城品尝到了枸酱、张骞在大夏国看到了邛竹杖。

《史记》是"枸酱"一词的现存最早文献出处。东汉班固《汉书》亦赞曰："感枸酱、竹杖则开牂牁、越嶲，闻天马则通大宛、安息。"[1]西晋左思、东晋常璩也谈到过"蒟酱"。后世关于"枸酱"的记载或考据，皆本于《史记》；而东汉以前，作"枸酱"；西晋以下，称"蒟酱"。"枸酱"或"蒟酱"究竟为何物，二者是否为一物，历代众说纷纭。需要说明的是，在古籍中，"蒟酱"既指以该种植物制作而成的酱类食品，也可指代用以制酱的这种植物本身，或因蒟有多种，唯蒟酱最宜制酱，故名。

那么，"枸酱"和"蒟酱"究竟是不是同一种植物呢？

许慎《说文解字》同时收录了"枸""蒟"二字，分别归入"木部"与"草部"，二者同音，均被段玉裁注为"俱羽切"。古汉语常有同音假借的现象，这成为"枸酱""蒟酱"异名同物的重要根据。然而，许慎又释"枸"为"木"，训"蒟"为"果"。这又分明将"枸""蒟"作为两种植物分列。段玉裁在《说文解字注》中注释"蒟"字时，稽考《史记》《汉书》《蜀都赋》《华阳国志》等文献及刘渊林、顾微、宋祁诸家说，释"蒟"为"扶留藤也，叶可用食槟榔，实如桑葚而长，名蒟，可为酱"。段氏据此判定枸酱、蒟酱为同一种植物，同时指出，许慎分列"枸""蒟"，可能是因为自己不能确定何种说法为是，而保留了两种不同说法："（枸、蒟）要必一物也……盖不能定而两存之。"现代学者任乃强则认为"蒟""枸"为二物，撰有《蜀枸酱入番禺考》，经考据，训"枸"为"枳椇"（拐枣），释"蒟"为"魔芋"。[2]而学者郭声波通过详考古今各说，判定："枸""蒟"

---

① （汉）班固：《汉书》，（唐）颜师古注，北京：中华书局，1962年版，第3928页。
② 任乃强：《蜀枸酱入番禺考》，载（晋）常璩：《华阳国志校补图注》，任乃强校注，上海古籍出版社，1987年版，第316—322页。

東方習酒

酿造美好生活的领创与实践

指涉同一种藤本植物——蒌叶，味辛，古时常用以制酱或制酒曲。[1]如此看来，无论"枸酱"是何种食物，可用以制作酒曲的"枸"或"蒟"与酒确有渊源。

"枸""蒟"同音，按照古人同音假借习惯，"枸酱"其实就是"蒟酱"，大概晋代以后文人学者害怕混淆二者，故统一写作"蒟酱"。而单字"枸"一般指"枳椇"，和"枸酱"其实是两种植物。东汉人刘德之所以认为"枸树如桑，其椹长二三寸，味酢（酸）"，是因为混淆了枸木和枸酱，他的观点也因此被唐人颜师古、司马贞反驳。颜师古《汉书注》认为，枸酱之枸乃为藤本植物，其果味辛："刘说非也。子形如桑椹耳。缘木而生，非树也。子又不长二三寸，味尤辛，不酢。"司马贞同意颜师古的观点，并在其《史记索隐》中引用了颜师古的说法，又引西晋郭义恭《广志》中的"枸色黑，味辛，下气，消谷"为旁证。东晋常璩亦在其《华阳国志·巴志》中记载："其果实之珍者，树有荔芰，蔓有辛蒟……""蔓有辛蒟"已明言"蒟"为藤本植物，味辛。足见，上述古代学者多认为"枸酱"即"蒟酱"，藤本植物，其味辛。也许出于这一原因，晋以降，"枸酱"一律写作"蒟酱"。有趣的是，西晋刘渊林的《蜀都赋注》中记载："蒟，蒟酱也，缘树而生，其子如桑椹，熟时正青，长二三寸，以蜜藏而食之，辛香，温调五脏。""蒟酱"味辛，在晋代已是常识，但又有"以蜜藏而食之"的吃法，大概"蒟酱"风味兼有辛、甘，颇为独特，难怪令唐蒙等古人着迷。

那么，枸酱又是怎样的饮品或食品呢？学界主要有三种不同说法，尚无定论：

其一，酱类食品说。任乃强、田晓岫、侯绍庄、唐建、郭声

————————
①郭声波：《蒟酱（蒌叶）的历史与开发》，《中国农史》，2007年第1期，第8—17页。

波、张茜等学者，均将"枸酱"视为一种用植物发酵制作的酱类食品。但当论及"枸"为何种植物时，学者们又有争论。任乃强通过文献梳理，将"枸"考证为枳椇，即拐枣，味甘。田晓岫先生身体力行、实地考察，在贵州省六盘水市六枝特区一带发现了当地特产"郎岱酱"。然今日流行于夜郎故地的"郎岱酱"是否就是《史记》记载的"枸酱"，难以完全证实。唐建、郭声波、张茜等都认为，《史记》中的"枸酱"，即"蒟酱"，而蒟即蒌叶，又名"扶留藤"，味辛，此观点前文已略作介绍。侯绍庄则指出，枸酱实际上以小麦为主要原料，只是在发酵时加入了枸叶，并认为"枸"为"枸杞"。

其二，果类发酵酒说。该说法以徐文仲为代表。他以元代宋伯元《酒小史》的"食蒙枸酱"[1]条目及清代陈熙晋诗句为据，将"枸酱"解释为一种果类发酵酒。

其三，果汁饮料说。袁华忠根据冯梦龙《喻世明言》对"蒟酱"（枸酱）的描写，判断枸酱既非调味酱也非果酒，而是一种果汁饮料。[2]该书第十九卷这样描述枸酱："白玉盘中簇绛茵，光明金鼎露丰神。椹精八月枝头熟，酿就人间琥珀新。"[3]

（二）"酱香"的古代渊源

汉代是我国酒业发展的重要时期，汉代酒业的兴盛为后世蒸馏酒的诞生奠定了基础。主要体现在以下三个方面：

首先，成书于西汉的《礼记·月令》对周代酿酒工艺进行了全面总

---

① （元）宋伯元：《酒小史》，载（宋）朱肱等：《北山酒经（外十种）》，任仁仁整理点校，上海：上海书店出版社，2016年版，第82页。
② 袁华忠：《"枸酱"是一种果汁饮料》，《贵州师范大学学报（社会科学版）》，1994年第1期，第21—22页。
③《杨谦之客舫遇侠僧》两处引文，均引自（明）冯梦龙编：《喻世明言》，北京：人民文学出版社，2005年版，第273页。

结与精准提炼，归纳了酿酒的六大标准，即"六必"："秫稻必齐，曲蘖必时，湛炽必絜，水泉必香，陶器必良，火齐必得。"依照清代经学家孙希旦的注解①，"六必"具体内涵如下："秫稻必齐"，谓制酒制曲粮食之"齐同成熟，无秕稗之杂也"，强调用料之精纯，一如君品习酒等高端酱香型白酒制作时，需精心挑选制酒高粱与制曲小麦。"曲蘖必时"，言"曲之蒸郁，必伺其温凉之时而调适之，则生衣多而力厚也"，意为酒曲蒸煮之后，需摊晾后再做处理，以确保其中的酵母等微生物菌群（"生衣"）活跃，从而提升其发酵能力（"力厚"）。如今的习酒酒曲制作，便有"凉曲收汗"的工序，即在粉碎小麦、加水拌料之后，将曲块摊晾，使其表面收汗、手摸不粘、侧立不变形，以确保其在安曲期间发挥最佳发酵效力，这正与"曲蘖必时"相合。此外，酱酒制作讲究"端午制曲"，也是以时令、气温来确保酒曲的发酵功力。"湛炽必絜"，是指"盛水之盆盂"与"所用炊之柴薪"皆需保持洁净，以免污染酒质，这对酿酒环境提出了严格要求，贵州习酒便格外重视制酒的生产环境。"水泉必香"之"香"，意为"以水泉渍秫稻，及以和曲，必欲其香，香，谓甘冽也"，是在说明制酒水源的重要性，水需甘冽，酱酒的酿造尤为重视水源，故赤水河上游绝无化工厂，以求"水泉必香"。"陶器必良"即"甒、瓺、尊、罍"等盛酒陶器需完好无损，"良"训为"不觺（折足歪斜）、垦（损伤）、薜（破裂）、暴（毁坏）"，以免破坏酒质，在当今则表现为酒企对生产设备的高度重视。"火齐必得"指"火之齐候，炊米和酒，其生熟必得中也"，换言之，制酒时酿酒师需通过把握火候来控制温度。当今高端酱香型白酒制作仍然讲究高温制曲、高温堆积、高温发酵、高温馏酒之"四高"，

①以下孙希旦对"六必"的解释，均引自（清）孙希旦：《礼记集解》，沈啸寰、王星贤点校，北京：中华书局，1989年版，第495—496页。

正是对"火齐必得"的当代实践。"六必"对原料、酒曲、生产环境、水源、器具（设备）、温度六方面皆有严格要求，今之高端酱香型白酒的各项工艺实际上也正以此"六必"为基础，并在后世的长期酿酒实践中不断精细化、丰富化。

其次，汉代已出现"大曲"的雏形：饼曲。当时，酿酒人已掌握了将散状麦曲加工为饼状麦曲的制曲工艺。西汉扬雄《方言》中列举了七种"麴"（同"麯""粬""曲"）的方言字形，七个字皆属"麦"部。其中，"麱"（huá）"麶"（cái）被东汉许慎《说文解字》释为"饼曲"[1]，"䴬"（pí）被晋代郭璞注为"饼曲"[2]。汉晋之后的北魏，则已出现专用于制曲的曲模，称为"麦范"[3]，载于贾思勰的《齐民要术》中。现今，酱酒行业虽已引入现代科技，却仍在沿用这种南北朝就已出现的曲模。

最后，东汉末年，曹操曾向汉献帝上呈"九酝法"。《齐民要术》中记载："臣得法，酿之常善。其上清，滓亦可饮。若以九酝苦，难饮，增为十酿，易饮不病。"[4]并补充说明："九酝用米九斛，十酝用米十斛，俱用曲三十斤，但米有多少耳。制曲淘米，一如春酒法。"[5]"九酝法"采用的是连续投料法，分九次投料，以此提升出酒率和酒体质量，如果第九次出酒味苦难饮，则再进行第十次投料酝酿。后世高端酱香型白酒两次投粮、八次加曲发酵之工艺或脱胎于此，两者都通过不断加料促进酒化发酵，从而提升酒精纯度与酒体口感。

无论是理论层面的"六必"，还是实践层面的"饼曲""九酝"，

---

① （汉）许慎：《说文解字注》，（清）段玉裁注，上海：上海古籍出版社，1988年版，第232页。
② （汉）扬雄：《方言》，（晋）郭璞注，北京：中华书局，2016年版，第172页。
③ （北魏）贾思勰：《齐民要术今释》，石声汉校释，北京：中华书局，2022年版，第967页。
④ （三国）曹操：《魏武帝上九酝法奏》，载（北魏）贾思勰：《齐民要术今释》，石声汉校释，北京：中华书局，2022年版，第699—700页。
⑤ （北魏）贾思勰：《齐民要术今释》，石声汉校释，北京：中华书局，2022年版，第699—700页。

东方习酒

酿造美好生活的领创与实践

凝结的都是古人对酒味品质的不懈追求。这种追求已然超越了即时性的感官享乐，而逐步升华为非即时性的审美性文化活动，并落地为历代酿酒人的汗水，结晶为通贯古今的酿酒实践智慧。感官刺激所求只在眼前快意，而酿造酒味之美，则必须将人类自身的汗水与智慧真诚地交付给时间。人类智慧与粮食、泉水、空气、菌群等自然物在酿酒实践中不断交互、融合，方能酿成酒味之美。如同粮食与水在陶器内酝酿为酒，人类对酒味之美的感性欲求，也在历史中发酵为审美性酿酒实践。从汉代"六必""九酝"到当代"12987""四高两长"，美酒之风味虽不免千变，酿酒人之匠心却万世不易。

回观枸酱（蒟酱）之"蒟"，不仅可用其作酱，还能用来制作酒曲，取其辛香味。[①]至于"枸酱"滋味如何，《史记》并未明言，后世学者或以为"甘"，或以为"辛"。综观各类观点，枸酱常被认为滋味甘美，但制枸酱之蒟，为味辛"扶留藤"（蒌叶）的可能性最大。如刘渊林在《蜀都赋注》中称蒟酱"以蜜藏而食之"，显然蒟酱有甘甜之味；同时，刘渊林又称蒟"缘树而生""其子如桑椹"。据其描述，确对应味辛之蒌叶或荜拨。或许，"以蜜藏而食之"的枸酱兼具甘、辛之味。有趣的是，由"甘"至"辛"再趋向繁复化，也暗合中国酒精饮料主导风味的变迁，王赛时在《中国酒史》中总结：从宋代开始，酒味美的标准，渐由甘甜转为劲辣，趋于丰富化。从"甘甜"到"劲辣"再到"芳以烈""和而辛""清香滑辣"，一方面，体现出宋人通过完善酿酒工艺，提升了酒精浓度；另一方面，意味着直至宋朝，饮者对酒味的审美自觉已日趋繁复化。足见在历史的"发酵"下，美酒的典范风味也在不断嬗变，其总体趋势是从单一到繁复的多维度风味。就枸酱（蒟酱）而言，其味辛，且"以蜜藏而食之"，同样是一种层次丰富的风

---

①郭声波：《蒟酱（蒌叶）的历史与开发》，《中国农史》，2007年第1期，第14页。

味。大概人类对于滋味的追求，一需和谐，二需繁复，故枸酱味辛而蜜藏，美酒"芳以烈，和而辛"。

我们今天品味君品习酒等高端酱香型白酒时，不禁想象唐蒙品尝枸酱时的内心活动及枸酱的奇妙滋味，然而在《史记》《汉书》等史籍中，我们只能看到：番阳令唐蒙从食品产地信息挖掘政治、军事情报的敏锐眼光和身为职业官吏的使命感与责任心，以及汉武帝刘彻作为国家领袖、政治家的雄才大略与审时度势。诚然，史家更关心宏大的历史意义：王朝的兴衰、帝国的疆域、君王的雄心、文臣的责任、武将的荣耀，共同结撰为一部大历史。即便如娱情之酒，在这部大历史里，也会成为维系伦理秩序或调控国家经济的治理工具（如饮酒礼仪、酒榷等）。然而，也许还存在一部无言无字的"小历史"，以普通人的劳动实践为刀笔，以社会日常生活百态为简帛，以人们对美善的求索为文意，其中就包括以历代匠人酿酒实践为笔写就的酒史。历代酿酒人的名字并未同明君贤臣一起百世流芳，然而他们以生命酿造的美酒芳香，却依然停留在我们的酒杯与舌尖。美酒风味，亦即君子品行，流芳百世，千年不散。

二、习酒的酱香路径

1965年底，在全国首届名酒技术协作会上，茅台酒厂代表宣读了由季克良执笔的论文《我们是如何勾酒的》，引起大会强烈反响，也得到了酒业同仁的高度重视。同年，中华人民共和国轻工业部在山西召开的茅台酒试点论证会上，茅台酒三种典型体"酱香""窖底香""醇甜"的分类和"酱香型"的命名正式确立。1979年，轻工业部主办的第三届评酒会又明确划分了白酒的五种香型：酱香型、浓香型、清香型、米香型、其他香型。贵州习酒也在这样的历史脉络中酿造酱香型白酒，直至2019年"君品习酒"隆重推出，习酒实现了从白酒到高端酱香型白酒的跨越性转变。对于消费者来说，习酒产品的这一转变似乎发生在一夜之间，但于习酒自身而言，酱酒品质的成熟，实际上历经了漫长的历史过程。

（一）白酒的起源与发展

白酒（中国蒸馏酒）究竟从何时诞生的呢？主流观点认为，白酒起源于元代，明代李时珍《本草纲目》便采用这种说法，当时白酒被称为"烧酒"：

曲块

烧酒非古法也。自元时始创其法，用浓酒和糟入甑，蒸令气上，用器承取滴露。凡酸败之酒，皆可蒸烧。近时惟以糯米或粳米或黍或秫或大麦蒸熟，和曲酿瓮中七日，以甑蒸取。其清如水，味极浓烈，盖酒露也。

要探寻白酒起源，必须判明以下三大问题：

首先，需辨析"白酒"的概念。在中国蒸馏酒发明以前，诗文中便已出现"白酒"一词，如李白《南陵别儿童入京》便有"呼童烹鸡酌白酒"，再如《旧唐书·文苑传》也记载杜甫临终前"啗牛肉白酒"。但此"白酒"一般指代民间自酿的粮食发酵酒，非今日蒸馏白酒，且大致是"浊酒"。

其次，需阐明"烧酒"的概念。唐宋时期的文献均记载了"烧酒"，因元明清三代蒸馏酒被称为"烧酒"，故有学者主张蒸馏酒起源于唐、宋。然而参照具体文字说明，当时"烧酒"工艺主要用以杀菌，以保障酒体不变质，而并非用来蒸馏提纯，且亦尚无汽化蒸馏过程。如房千里《投荒杂录》中记载了唐代南方的烧酒法："南方饮既烧，即实酒满瓮，泥其上，以火烧方熟。不然，不中饮。既烧既揭瓮趋虚。"从文字记载看，"烧"即对酒的加热处理，通过火烧升温，灭菌以改善酒质；且需控制温度，因此"既烧既揭瓮趋虚"，以免温度过高。这里，既未记载汽化，也未强调高温，不可能是蒸馏酒。再如宋代"火迫酒"（详见《北山酒经》），其制作重点在于通过加热手段改善酒质，并未提及蒸馏。王赛时认为："宋以前的'烧酒'，都是指低温加热处理的谷物发酵酒，'烧酒'一词所表示的'烧'的词意，指用加热的方法，对发酵酒进行灭活杀菌，促进酒的陈熟，毫无蒸馏的意思。"[1]其实，除唐宋烧

---

① 王赛时：《中国酒史》，济南：山东大学出版社，2010年版，第237页。

酒外，低温加热工艺也为现代酿酒业所采用，如"巴氏灭菌法"，便曾用于葡萄酒灭菌，即将葡萄酒缓慢加热到60℃左右，杀死致酒酸败的微生物。

最后，应厘清蒸馏器与蒸馏酒的关系。持两汉说者，以海昏侯墓出土的西汉青铜蒸馏器①及上海博物馆发现的东汉青铜蒸馏器②为据。马承源甚至用东汉时期的青铜蒸馏器进行模拟实验（添加了金属圆顶盖，用以密封甑口），蒸馏出了白酒，度数在20.4%vol~26.6%vol之间。③然而，蒸馏器的出现尚无法彻底证实蒸馏酒的诞生，因为蒸馏器也可用以蒸馏其他物品，如炼丹、蒸馏花露水等。此外，蒸馏白酒的产生还需要复杂的制酒工艺，东汉蒸馏器即便可以蒸馏酒，孤立的蒸馏器证物也似乎无法证明当时已具备成熟的蒸馏工艺，且无文献记载相佐证，难以定论。不过，尽管如此，两汉蒸馏器至少可以说明，存在汉代开始探索蒸馏酒的可能。

无论各家持论白酒最早起源于何代，学界均承认它的工艺记载最早出现于元代，如忽思慧的《饮膳正要》中记载："阿剌吉酒，味甘、辣，大热，有大毒。主消冷坚积，去寒气。用好酒蒸熬，取露成阿剌吉。"④这里的"蒸熬取露"即蒸馏过程，"露"指酒液蒸馏汽化后再次凝结的现象。综上所论，我们大概可以下此判断：元代之前确已存在蒸馏技术，也可能出现了通过蒸馏提升酒精纯度或酒体品质的探索；而蒸馏酒技术最终成熟和普及的年代大致在元代。

①来安贵等：《海昏侯墓出土蒸馏器与中国白酒的起源》，《酿酒》，2018年第1期，第11—15页。
②马承源：《汉代青铜蒸馏器的考古考察和实验》，载《上海博物馆集刊》第6期，上海：上海古籍出版社，1992年版，第174—183页。
③马承源：《汉代青铜蒸馏器的考古考察和实验》，载《上海博物馆集刊》第6期，上海：上海古籍出版社，1992年版，第181页。
④（元）忽思慧：《饮膳正要译注》，张秉伦、方晓阳译注，上海：上海古籍出版社，2014年版，第274页。

　　白酒诞生之初，时称"烧酒"的早期白酒还未如当代白酒一般受到主流文化的肯定。很长一段时间内，以糯米为主要原料的黄酒被奉为酒中至尊。如明代文学家袁宏道便在《觞政》中以"糯酿"为君子，而将"巷醪烧酒"比作小人："以糯酿醉人者为君子，以腊酿醉人者为中人，以巷醪烧酒醉人者为小人。"①然而，随着后代蒸馏酒工艺的不断进步，现代白酒凭借自身品质的不断提升，终于在中国酒类家族中登堂入室，成为酒中典范。蒸馏白酒酒精含量高、酒色清亮、口味劲烈，高端酱香型白酒的口感更是细腻丰富，这也符合中国酒的历史发展趋势。以烧酒为"小人"的袁宏道又"以色清味冽为圣"，"冽"有清凉之意，用在酒上指酒味甘而不至腻口、劲而不至辣喉。当今，以君品习酒为代表的高端酱香型白酒完全称得上"色清味冽"。

　　为何袁宏道称烧酒为"小人"呢？大概因为早期蒸馏酒工艺较为粗糙，酒精刺激味过于强烈，李时珍便谓之"味极浓烈"。酒精味浓，刺激性强，于酒味而言，缺乏层次，仅有一种莽汉般的辣口感。于饮者而言，感官刺激程度过高，也易因饮酒过度而致行为失礼，故为"小人"。如此看，白酒并非"生而知之"的圣人，甚至早年"粗鲁莽撞"，以至被责为"小人"。然而，以高端酱香型白酒为代表的当代白酒堪称"学而知之"的"君子"，通过"如切如磋""如琢如磨"的钻研与修炼，将外在修炼吸纳为内在修养，终于色味得宜。以酒喻人，从早期烧酒到高端酱香型白酒的白酒发展史，即中国蒸馏酒从"俗人"到"君子"的修行成长史。

---

① （明）袁宏道：《袁宏道集笺校》，钱伯城笺校，上海：上海古籍出版社，2018 年版，第 1544 页。

（二）"酱香型"的确立

据清道光二十一年成书的《遵义府志》记载，仁怀一带盛产一种大曲白酒，为当时贵州省第一名酒，纯用高粱酿造，酒曲以小麦为原料，被称作"白水曲"，贵州人通称"大曲"。据学者黄萍分析，这种大曲酒的雏形可能出现于明万历年间，略晚于泸州大曲酒的诞生时间，及至清代乾隆十一年，赤水河开通航运后，又随川盐运黔规模的增大而走向兴盛。从清代中叶到清末、民国，仁怀一带大曲酒的工艺也在不断改进，民国时期的《续遵义府志》明确记载了"回沙"工艺：

制法纯用高粱制沙，煮熟，和小麦曲三分，纳酿地窖中，经月而出，蒸熇之。既熇而复酿，必经数回然后成。初曰生沙，三四轮曰燧沙，六七轮曰大回沙，以此概曰小回沙，终乃得酒可饮。

相较于道光年间的《遵义府志》，《续遵义府志》的记述更为详细，尤其提到了回沙工序和七次取酒。黄萍分析，郑珍《田居蚕室录》并未记录回沙工序，可能是因为当时该工艺尚未出现或尚未成熟，并推断自明至清末，仁怀一带的酿酒法不断革新，最终于清末发展为回沙工艺，并在民国时期普及。

不过，中华人民共和国成立之前，回沙工艺虽已出现，但仁怀一带的各家酒坊却并无统一标准，也未有规律总结，一度导致因片面追求产量而面临质量危机。为此，中华人民共和国轻工业部分别于20世纪50年代末和60年代两度组织专家总结经验教训，开展了两期试点工作。在试点工作中，酿酒师李兴发担任科研组长。他率领科研组从酒库里收集到了不同轮次酒体，多达两百余种，又对不同味觉样本进行了数千次品尝，并进行了一系列科学分析，如标准酒样分析、不同酒龄酒样分析、勾酒典型体酒样分析及后续的变化测定等。最终，李兴发归纳确立了三种典型体："酱香""窖底香""醇甜"。"酱香"体具有酱类食品般的特殊香味，口感幽雅细腻；"窖底香"体用窖底酒醅酿烤好，香气浓郁而酒味劲辣；"醇甜"体富含多种芳香成分，风味醇甜。李兴发又"乘胜追击"，带领科研组按不同比例，采取任意、循环、淘汰等方法进行了数百次勾调，从而探索出一定的调配规律，最终成功调制出酱香突出、幽雅细腻、酒体醇厚、回味悠长、空杯留香持久、风格独特、酒质完美的大曲白酒，并命名为"酱香型"白酒。1965年，轻工业部正式肯定了三种典型体的分类和"酱香型"的命名。1979年，第三届全国评酒会明确将白酒划分为五种香型，酱香居其首：酱香型、浓香型、清香型、米香型、其他香型。酱香型作为最先命名的香型之一，衍生了其他香型的划分，毫无疑问具有鲜明的典范性。

（三）习酒的探索

品味高端酱香型白酒，需要足够的耐心，才能于酒味之中领会味外之妙。"酱香"的命名、"酱香型"的确立，以及高端酱香型白酒的成熟，更是凝聚了数代酿酒人的耐心、恒心与超越技艺的匠心。

高端酱香型白酒诞生于李兴发等酿酒人对酒体品质提升的孜孜探索，而对酒体的品质追求，不只停留于产品质量层面，更已深入到了心理美学层面：对品质的追求，即是对美的追求。至此，追求极致的酱酒精神已然上升为普遍性的美学追求，为整个酱酒行业所认同和继承。

高端酱香型白酒不应只是食品轻工业产品，也不应只是流通市场的商品，更是自己日常畅饮的美酒，是与亲朋好友分享的佳酿，是献给天地的厚礼。对品质的极致追求，也为习酒人所传承，如今发展为贵州习酒的《君品公约》。

这一切可以追溯到1956年。当时，茅台酒厂原副厂长邹定谦调任仁怀县郎酒厂（贵州习酒的前身）主持工作，甫一上任，即开始生产回沙大曲酒，产品定名"郎酒"，又称"贵州回沙郎酒"。只是之后酒厂未能顺遂发展，历经波折。1962年，曾前德等再次创办酒厂，生产小曲白酒。1966年开始，在曾前德的主持下，酒厂开始研制浓香型大曲酒，香浓味正，是为"习水糯酒"。这期间，酒厂只产浓香酒。直到1976年，酒厂才重新开始试制酱香型白酒。1983年5月，习水酒厂酱香型大曲酒

1956年，仁怀县工业局抽调茅台酒厂副厂长邹定谦主持生产，时有员工30多人，采用茅台酒生产工艺生产酱香型白酒，产品命名为"郎酒"，又称"贵州回沙郎酒"。

革新工艺、恢复生产小组在贵阳召开鉴定会，通过省级鉴定，命名为"習酒"。1992年1月，酱香型习酒在美国洛杉矶国际酒类展评会上荣获"金鹰金奖"。

然而，福祸无常。1993年，习酒公司生产经营开始滑坡，再次进入困难期。为抢救、复兴习酒，政府主导了茅台集团对习酒公司的兼并。1998年，习酒公司加入茅台集团。此后，由于集团战略规划，原本以酱香为主打的习酒一度将营销重点转为浓香，主推浓香型五星习酒。2003年，习酒公司获准恢复酱香型白酒的生产。其后，习酒公司相继开发、推出酱香产品金典习酒、习酒·窖藏1988、习酒·窖藏1995、习酒·窖藏1992（小坛酒）、金质习酒、银质习酒等，销售

效果良好，深受市场欢迎。自2018年起，习酒公司设立"首席质量官"，实行质量"一票否决制"。对质量的不懈追求，让贵州习酒成为行业内唯一一家连续三年问鼎省级、国家级、国际类质量奖的企业。

2019年，"君品习酒"隆重上市。"君品"之名，承载了从蒸馏酒诞生到当代高端酱香型白酒成熟的数百年酒业工艺探索与品质追求，凝结了历代酿酒师顺应天地、道法自然、自强不息、厚德载物、讲究奉献、勇于担当的文化精神，也融入了赤水河谷酱酒行业酿酒人的君子之风、卖酒人的君子之德、饮酒人的君子之好，以及合作伙伴的君子之为。就贵州习酒而言，"君品"不只是一款高端单品的名字，更是70余年艰难创业史赋予贵州习酒的独特气质。张德芹曾说："习酒好比向圣人修为精进的君子。"数十年来，贵州习酒不懈追求酱酒的极致品质，而这"极致品质"的内涵，不只是科学测量意义上的"质量"，更是美学意义上的"品质"，是无法被计量的审美意味，是无数匠心的凝结并呈现于风味层次丰富、细腻幽雅的酒液佳酿。

三、习酒的典范意义

2023年6月15日，"君品习酒传统文化巡游"活动第一站在孔子故里——"东方圣城"山东曲阜的尼山圣境圆满举行。活动期间，张德芹指出："此次活动来到这里，就是追寻先圣的足迹，立志把习酒做成酒中君子，让消费者品评的每一杯习酒里面都有一份君子的风味，都有一份对传统文明的坚守。"酱香型习酒的风味品质确实承载着习酒人对君子品行的坚守，堪称酒中君子。经过笃志修行，君品习酒等为代表的当代高端酱香型白酒，以其浓郁的酱香、幽雅的色泽、细腻的口感、醇厚的酒体以及悠长的回味、持久的留香，已然成为当代白酒的典范，具有相应的独特美学内涵。

（一）酱香四溢的白酒市场

当下的中国白酒市场，酱香型白酒日益受到消费者青睐，乃至形成"酱酒热潮"。研究数据表明，2021年酱香酒的产能只占所有白酒的8.4%，然而1900亿元的销售收入，却占据白酒总体销售收入的31.5%，销售利润更高达780亿元，占比45.8%。据各公司2021年财报，酱酒销售额习酒位居第二。淘系网购平台（淘宝、天猫）2021年4月至2022年3月的数据显示，排名前五的品牌中，习酒位居第二。据《中国酒业"十四五"发展指导意见（征求意见稿）》规划，到2025年，白酒行业销售收入将高达8000亿元。照此趋势，2021—2026年酱酒行业销售收入将达2556亿元，年均增长速度则将保持在6.5%左右。

君品习酒传统文化巡游活动现场

同其他白酒品类相比，酱酒产能低，这与酱酒的复杂工艺密不可分，一年生产周期、两次投粮、九次蒸煮、八次发酵（同时八次加曲）、七次取酒、五年窖藏，不可能在产能上体现优势，但繁复工艺带来的高品质，却使酱酒尤其是高端酱香型白酒在销售情况和利润上占尽优势。相较其他香型，酱酒生产工序的确最为复杂精细，口感层次也最为丰富。就原料而言，清香型的酒曲往往由大麦、豌豆制作，不止一种粮食，浓香型也可能用到多种粮食酿造。酱香型白酒大道至简，制酒（高粱）、制曲（小麦）均各只用一种粮食，加上水便是全部原料，其繁复之处主要体现在工艺上，但对三种原料品质要求极高，高粱必用赤水河谷一带的本地优质糯小高粱且需用坤沙工艺加工，麦曲则分为黄、白、黑三种，水源必须为赤水河水。就制曲而言，清香型低温制曲，浓香型中温制曲，酱香型高温制曲。就发酵方式而言，清香型以陶缸为发酵容器，并将陶缸埋于地下；浓香型专用泥窖，借助泥窖中的微生物催化粮食的酒化发酵，窖池分为三层，即上层面糟、中层母糟和下层红糟；酱香型则采用石窖，四壁为石板，窖底为泥。就酒体主体芳香物而言，清香、浓香以己酸乙酯为主，酱香芳香物则最为复杂，据说难以检测出其全部芳香物质。就整体工艺特色而言，清香型清蒸清烧，生产周期较短，往往在一个月以内；浓香型混蒸混烧，原料和酒醅混在一起同时蒸料、蒸酒，投料、发酵、蒸馏取酒、丢糟等，也都用一个窖池，生产周期在两三个月；酱香型则为：一年生产周期，高温制曲、高温堆积、高温发酵、高温馏酒，生产周期长、储存时间长，用曲量大、发酵轮次多。

虽同为白酒，但以下三种主要香型存在明显风格差异：清香型为"无色透明、清香纯正、醇甜柔和、自然协调、余味净爽"，以汾酒为代表；浓香型"无色透明、窖香浓郁、绵甜醇厚、香味协调、尾净爽口"，以五粮液、泸州老窖为代表；酱香型"微黄透明、酱香突出、幽雅细腻、酒体醇厚、回味悠长、空杯留香持久"，以茅台、习酒为代表。而酱香三种典型体涵盖"酱香"（酱香型关键词之一，即"酱香突出"）、"窖底香"（浓香型关键词之一，即"窖香浓郁"）、"醇甜"（清香型关键词之一，即"醇甜柔和"），或兼有酱香、清香、浓香三种白酒香型的不同特点。据学者考证，酱香酒工艺可能兼容各类名酒的工艺优势[①]，又因地制宜根据赤水河谷自然条件和社会需求大胆创新，终于形成了独树一帜的工艺流程和酒味风格。

酱香是中国白酒较早命名的香型之一，具有鲜明的原创性、典型性、复合性和规范性。比之以菜肴，清香如同清蒸，原汁原味；浓香犹如红烧，香气浓郁；酱香则同时用到腌、蒸、煮、煎、炸、烧多种烹饪技艺，精心筛选食材，工序虽繁，却能使食材散发真味。喻之以美人，清香如轻扫黛眉，素手弄笛；浓香如浓妆霓裳，舞步雍容；酱香则如绝代佳人，内外兼修，静则焚香抚琴，动则抽剑拂衣，变化莫测而不失其真。譬之以风景，清香若月照春江，小舟听雨；浓香若画桥红枫，霞落花谷；酱香则若山中漫游，峰回路转，时闻清泉，时见飞瀑，山腰则林木碧绿，峰顶则冰雪皓白，昼则落英缤纷，夜则松月朦胧，一山之间，一日之内，竟有四时之景。

（二）酱酒的品类意义

以习酒等为代表的酱香型白酒具有典范性意义，具体表现为原创性、典型性、复合性、规范性四个层面的内涵。

首先是原创性。美酒究竟由谁创造？自古有三大造酒之说。其一，仪狄、杜康造酒说。刘向《战国策》有言："昔者，帝女令仪狄作酒而美。"许慎《说文解字》有言："古者仪狄作酒醪……杜康作秫酒。"这类造酒传说虽有附会之嫌，却说明了人类创造性之于酿酒的重要意

[①]黄萍：《贵州茅台酒业研究》，博士学位论文，四川大学，2010年，第86—94页。

义。其二，酒星造酒说或上天造酒说。该说法常见于诗文，如"天垂酒星之耀"（孔融《难曹公表制酒禁书》），"天若不爱酒，酒星不在天"（李白《月下独酌·其二》）等，这种说法纯属神话，但又说明了自然（"天"）与美酒的密切联系。其三，猿猴造酒说。该学说认为人类的先祖猿猴，偶然发现果实天然发酵的风味甘美独特，嗜好之，由此发现了"酒"。猿猴造酒一类的故事，也常见于古代笔记小说，如清代文学家袁枚小说集《子不语》便收录有《猢狲酒》，这一假说可能较为接近历史真实。不过，果实的天然发酵酒化，却还不是美酒的真正完成。因此，古人才不断改进酿酒技术，来提升美酒的纯度与口感，原始发酵酒才逐步发展为黄酒，进而蒸馏酒出现并渐趋成熟，直至酱香型白酒诞生。酱香型白酒由"天人共酿"，少不了赤水河谷的自然环境因素，同样无法离开历代酱酒人的原创性探索。清末，茅台镇烧房酿酒人为应对繁重的赋税，汲取各地酿酒工艺精髓，创造性地发明了"回沙法"。中华人民共和国成立后，李兴发又发现"酱香""窖底香""醇甜"三种典型体，并以"酱香型"命名。如果说自然是酱香型白酒酿造的基础，原创性则是它得以诞生并发展的原动力。

其次是典型性。美学概念中的"典型"，来自黑格尔在其论著《美学》中阐释的"理想"或"艺术理想"，它与哲学意义上的普遍性理念不同，往往呈现为具体形象："理念就是符合理念本质而现为具体形象的现实，这种理念就是理想（Ideal）。"[1]黑格尔进而认为，最完美的艺术，其理念与表现形式完美契合："最高的艺术里，理念和表现才是真正互相符合的，这就是说，用来表现理念的形象本身就是绝对真实的形象，因为它所表现的理念内容本身也是真实的内容。"所谓"典型"，即内容与形式

---

[1]两处黑格尔引文均引自［德］黑格尔：《美学》（第一卷），朱光潜译，北京：商务印书馆，1979年版，第92、93页。

的完美契合。如上文所述，高端酱香型白酒注重甄选原料，其原料只有高粱、小麦、水三种。然而原料的精纯仅是开始，必经"12987"的繁复工艺，必循"四高两长"的工艺特点，方可使天然原料与人工酿造水乳交融，才能将酱香型白酒的"内容"与"形式"完美融为一体。

再次是复合性。在各类白酒香型中，酱香型最为繁复丰富，具备鲜明的复合性。酱酒的三种典型体恰与酱香、浓香、清香三大香型的评语关键词"酱香突出""窖香浓郁""醇甜柔和"相对应。而酱香、浓香、清香三种主要香型，加上米香型，又共同衍生出其他八种香型：芝麻香、药香、兼香、凤香、特香、馥郁香、老白干、豉香。真可谓"道生一，一生二，二生三，三生万物"。

最后是规范性。犹如织布需先定经线，再织纬线，作为酒中典范的酱酒也必须体现规范性内涵。酱酒制作向来有一套严密的工艺流程和工艺标准，如"12987""四高两长"等。贵州习酒《君品公约》所言"秉持古法""工料严纯"，既是酱酒生产的外在工艺规范，亦是生产者"醉心于酒""同心同德""不忘初心"的内在文化自觉。这表明，此种"规范性"并非局囿于流程形式上对工艺规范的表层遵循，而是精神内涵上对工艺传统与工艺精神的深层领悟。清代哲学家戴震释"理"为"以情絜情"："曰'所不欲'，曰'所恶'，不过人之常情，不言理而理尽于此。惟以情絜情，故其于事也，非心出一意见以处之，苟舍情求理，其所谓理，无非意见也。未有任其意见而不祸斯民者。"[1]这里，戴震认为"所不欲""所恶"等伦理规范，不过是人之常情；"以情絜情"，即在具体情感体验基础上絜度、衡量、判断，进而推导出普遍之"理"。酱酒的"规范性"同样如此，它并非基于一连串陈腐教条，而是直接来自千百年的鲜活酿造实践，融入了历代酿造者

————

① （清）戴震：《孟子字义疏证》，何文光整理，北京：中华书局，1982 年版，第 4—5 页。

与品饮者对醇美酒味的内在审美追求，同时又充分照顾了消费者的品饮需求体验。

（三）习酒的品质内涵

作为酱香型白酒代表之一，习酒具有丰富的品质内涵。其内涵或可从酒味、工艺、匠心三层面归纳：

首先，酒味层面，"绘事后素"。

一部中国酒史，实际上即酒味的"修饰"史。如孔子所言，"绘事后素"，修饰（"绘"）的基础乃是美好的质地（"素"），包括酒在内的任何事物，唯有原本就具备美好质地，才能通过后天的修饰与雕琢焕发出独特鲜活且层次丰富的美感。就酒味而言，这种质地的美好不只是制酒原料的纯正（形），更是酒味的本真（神）。历代酿造技艺革新对酒味的修饰，追求的正是穿越酒精的味之形，抵达酒美的味之神。这种酒味之美，已超越了感官刺激，是饮者与美酒交互生成的内在精神体验。

以酒史为例，商代好酒，但当时统治者对美酒的痴迷，主要局限于生理感官层面的快感。沉溺于这种感官刺激，轻则伤身，重则亡国，是以商纣王"以酒为池""为长夜之饮"，而殷商覆灭。周、汉二代吸取了商代教训：一方面，将酒与礼乐文化结合，赋予其文化内涵；另一方面，通过工艺的完善（如"六必""九酝"等），不断提升酒味的美感，使酒精浓度提升的同时，还能给人带来超越性的审美体验，而非单纯的生理刺激。元代，蒸馏酒开始流行，但蒸馏酒并未因此立即获得文化认同。直至晚明，被称为"烧酒"的蒸馏酒仍被袁宏道比作"小人"，这大概因为早期蒸馏酒工艺尚不成熟，刺激性较大，口感远不如工艺纯熟的黄酒醇厚。而当代高端酱香型白酒则在提升酒精纯度的同时，以其上佳原料与繁复工艺修饰了酒精味，使得风味幽雅细腻、回味悠长丰富，堪称"酒中君子"。

以习酒的酿造为例，从原料筛选、制曲、酿酒到贮存、勾调到最终出厂，工艺繁复，流程细密。七轮次基酒中，第一轮次基酒涩味较浓、微酸、后味微苦，尚不够醇香，即便是酱香突出、味道醇厚的第三、四、五轮次基酒（亦被称为"大回酒"），也尚未达到细腻幽雅的最佳状态，因此，基酒的贮存与勾调，才显得至关重要。这便是"绘事后素"之"绘"，通过勾调之"绘"，基酒之"素"才能得到最大限度的显现。如，经白酒酿造专家团队倾心勾调而成的君品习酒，呈现圆润饱满、细腻丝滑的酒体风格，并且散发舒适的陈香、曲香、花蜜香，入口时首先经过舌尖，没有劲辣的强烈刺激感，而如春风柔和，又自带滋养万物般的力量感；进而入喉，细腻、幽雅又厚重，正如君子之言，因琢磨而细腻，因修饰而幽雅，又因德行而厚重；最后，是绵长而繁复的回味，犹如赤水河流经云、贵、川三省，又淌过春、夏、秋、冬四季，所有时空忽然于此刻一同融化，交汇为回味无穷的酒香。

西洋蒸馏酒如白兰地、威士忌、伏特加等，其酒精味大概并未得到较好修饰，具有一种原始野性，因而掺兑饮料调制鸡尾酒。与鸡尾酒的修饰方法不同，酱酒通过勾调基酒来修饰酒味。如果说鸡尾酒以饮料掩盖酒精味，犹如用香水遮掩体味；那么，酱酒以酒调酒，则宛若通过身体调养，使得身体自带芳香。

品味美酒，或许有两个层次：第一层，通过酒精获得直接而强烈的刺激感，这不同于欣赏文艺作品带来的审美体验，具有直接性和即时性；第二层，超越酒精带来的直接感官刺激，这时，品饮行为便由即时性感官活动转化为非即时性审美活动，可以获得与文艺鉴赏活动相类的内在审美体验。而高端酱香型白酒通过对酒精的修饰，更容易为品饮者带来深层次、非即时性、审美化的饮酒体验。

其次，工艺层面，"进乎技矣"。

纵观酒业发展史，从较为粗糙的早期白酒到细腻幽雅的酱香酒，精益求精的工艺追求已超越单纯的技术性质，臻于美学境界，如同庄子对庖丁解牛的描述——"臣之所好者道也，进乎技矣"。"技"字从"手"，这说明"技术"原本与人类的亲手劳动密切关联。因此，《庄子·养生主》在描述庖丁解牛之时，着重描写了庖丁身体与牛的充分接触，所谓"手之所触，肩之所倚，足之所履，膝之所踦"。君品习酒等酱香型白酒的制作工艺，正是一种需要充分调动身体机能的操作技艺。以看似简单的摊晾工序为例：第一道工序，工人需将刚从酒甑里倒出来的滚烫糟醅分撒各处，铲多少，撒多远，都必经反复操练、充分熟练使用铁铲后，方能掌握得游刃有余；等待酒糟自然摊晾，则是第二道工序，工人需用立锨打垱，推动立锨亦需技艺熟稔，必须来回反复划动，既不能太平，也不能太直。摊晾之后，工人还需将曲药均匀地撒在糟醅上，同样需手持铁铲铲上曲药、抬起，再走到合适的地方将曲药撒出去，行走时必须踢开糟醅、脚挨地面，这无疑是对体力与身体协调的挑战：手臂负重，撒太高则体力难支且曲尘扬起，撒太低又无法将曲药分散，双脚踢糟醅触地而行，则可能随时扎到谷壳或被烫伤。制酒完成后，基酒还需经过反复勾调方能呈现完美酒质。据说，勾酒师为保持灵敏味觉，往往严格自律，不食辛辣，饮食清淡。在勾酒时，他们必须心无旁骛，反复品尝，凝神静气，物我两忘。

现代人习惯了自动化技术，容易淡忘技术与身体的亲密关系。习酒人则时刻坚守传统技艺，身体力行，须臾不忘工匠精神。应当说，酱酒的酿造工艺与身心紧密联系：工人以身体践行工艺，在身体与酒糟、酒曲的反复接触中，在舌尖对基酒的深入感知中，在长期的劳动实践过程中，身与心逐步融为和谐一体，"得之于手而应于心"，从而由日常技艺进阶到心领神会的道境。按照贵州习酒的优良传统，进车间参与一线劳动，从事制曲、酿酒、包装等，是每一名新入职大学生的必修课。据国家级评酒委员胡建锋回忆，硕士研究生毕业一年后，他来到贵州习酒工作，刚进厂时被分配到制酒三车间，做了半年酿酒工人。他至今记得，第一天进车间便光着脚、铲酒糟、上甑。如今，贵州习酒对古法的严格秉持，对酿酒的专注醉心，不只是工艺规范与职业道德，更是习酒人内在的赤诚匠心与充沛生命力的外在显现。

总之，"进乎技矣"必须以充分熟练技艺为基础，通过身心深入技艺之内，在技中见道，进而超越技术的功用性及技术自身，获得审美性生命体验。技术，正是沟通酿酒人和酱酒之间的桥梁。

"进乎技矣"也意味着，习酒工匠宛如庖丁"以神遇而不以目视"，已然消解了自己与酒曲、酒糟、基酒之间的对立和区隔，也超越了酿酒技艺对身体的制约，进入到一种自由而充盈的审美状态。

最后，匠心层面，"尽善尽美"。

孔子以"尽美矣，又尽善也"形容《韶乐》感性美与德性善的统一。"尽善尽美"同样可用以形容君品习酒等高端酱香型白酒：历代酿酒人孜孜不倦、精益求精，最终将自身之匠心"对象化"于高端酱香型白酒之中，从而天人合一、主客观统一。高端酱香型白酒并不仅是具备物理属性和商业性质的食品轻工业产品，而是融入了人类审美体验与审美心理的"味觉艺术品"。贵州习酒，匠心代代相承。习酒创建人之一、原习酒负责人曾前德白手起家，在艰苦条件下潜心钻研酿酒技术，在他的主持下，浓香型习水大曲与酱香型习酒相继研制成功。白酒酿造工程师、全国劳动模范、原习酒厂长助理易顺章曾用朴实的语言道出了"匠心"的真谛："工匠精神，实际上就是精心做事，把该贡献的热和光发挥出来。"新一代习酒人胡建锋曾荣获2017年"贵州工匠"称号，他指出，每一代习酒人都拥有追求卓越品质的工匠精神：在日常工作中，他自己一直身体力行地刻苦钻研如何提升习酒的产品质量。无疑，习酒人精心酿酒，既追求酒味之美，又恪守敬业之善。

蟾宫舒广亭

其实，在汉字文化中，美善互训。《说文解字》将"善"解释为："吉也。从誩从羊。此与义、美同意。"①复又释"美"为："甘也。从羊从大。羊在六畜主给膳也。美与善同意。"善美同义，文化层面的"吉"便与味觉层面的"甘"紧密联系起来。有趣的是，"酒"被许慎解释为"就也，所以就人性之善恶"。因此，在汉字文化里，酒味美兼有人性善之义。酿酒人需有君子之风，真正的匠心、真正的工匠精神，必然同时赋予酱酒以美味与善性。而美、善原本就不截然两分，感性美可升华为理性善。如孟子言："口之于味也，有同耆焉；耳之于声也，有同听焉；目之于色也，有同美焉。至于心，独无所同然乎？心之所同然者何也？谓理也，义也。圣人先得我心之所同然耳。故理义之悦我心，犹刍豢之悦我口。"人口无不嗜美味，人耳无不耽美乐，人目无不好美色，

①以下三处许慎《说文解字》引文均引自（汉）许慎撰、（清）段玉裁注：《说文解字注》，上海：上海古籍出版社，1988 年版，第 102、146、747 页。

由感官推及心灵，人心也本应无不爱理义之善。这本是人"不虑而知"的良知，以及"不学而能"的良能。就习酒而言，对酒味美的追求，当然即是对人性善的信仰，因此方有"君品文化"。诚如张德芹对消费者的承诺——每一杯习酒里都有一份君子风味。

高端酱香型白酒的酿造者，非常重视以繁复的工艺与尽善尽美的匠心，不断完善酱酒之味，已然将自身对美善的追求，对象化在了酱酒产品之中。消费者在品饮酒水之时，也在与融入酒中的匠心神交。

同时，匠心又非闭塞固执之心，而是开放通透之心，犹《庄子·人间世》所言的"心斋"："若一志，无听之以耳而听之以心，无听之以心而听之以气。听止于耳，心止于符。气也者，虚而待物者也。唯道集虚。虚者，心斋也。"酿酒人之匠心如游气，流动于天、人之间，"常行于所当行，常止于所不可不止"。

第二节 习酒的酿造生态

　　自有人类历史以来，人与自然的关系，便成了中西方众多哲学家、思想家、历史学家不断探讨的核心命题。

　　先秦时期，老子通过对"道"的论述，来阐述人对自然的认识及其关系问题。《道德经》第二十五章言："人法地、地法天、天法道、道法自然。"也就是说，"自然"是世界万物所遵循的根本法则。那么，何为自然？作为第一个将"自然"概念引入中国哲学思想体系中的思想家，"自然"一词在老子的哲学思想中与"人为"相对，一切按照事物本身规律自生自成、自衰自灭的过程即为自然。在老子的思想基础上，庄子在《庄子·齐物论》中进一步提出了"天地与我并生，万物与我为一"的哲学主张。由此，人与自然的关系，在人的主观认识层面发生了改变，人从效法自然，发展到与自然并生并立。到了孔子那里，人对人与自然的关系又有了认识论层面的进一步突破，《论语·雍也》中指出，"知者乐水，仁者乐山；知者动，仁者静；知者乐，仁者寿"。在对具体自然的感受中，作为主体的人，从对自然的效法与崇拜中逐渐转向对自然的审美层面认识。同时，这种对自然山水喜好的偏向与传统伦理精神相结合，在对"知"与"仁"的理解中形成对自然山水的审美文化辨析。

　　反观习酒与赤水河谷的关系，也体现了中国古代哲学中人与自然的关系。赤水河滋养了两岸人民，习酒则在遵循赤水河谷自然生态的基础上衍生了延绵不绝的酿酒文化，反哺了赤水河两岸的生态与文明。

一、鳛部酒谷的自然与人文

贵州习酒位于赤水河生态圈内的鳛部酒谷，一方面天然享有整个赤水河优良的自然环境，另一方面其自身内部也形成了别具一格、利于酿造酱香型白酒的小气候群。同时，其丰富的微生物群落，形成了得天独厚的微观生态。另外，鳛部酒谷悠久的酿酒历史，沉淀了丰富的酿酒文化遗产与资源。以上种种，共同铸就了东方习酒的天时、地利、人和。

（一）小环境：鳛部酒谷局部特征

贵州习酒地处赤水河中游河谷，具有区别于赤水河上、下游的气候特征，构成了酿造东方习酒的核心要素。

赤水河自进入茅台-习酒段，便呈现出与上游完全不同的风貌。虽然河流中游分段至今说法众多，但现基本以茅台至丙安流域为中游为准。中游段也是赤水河沿岸酒厂最为密集的流段。从茅台至丙安，沿岸大大小小酒厂数千家。从仁怀一路北行，途经二郎滩、土城镇，诞生了茅台、习酒、郎酒等众多知名美酒。

以茅台所处的茅台镇为例，该地处峡谷地带，河道沿岸多为丹霞地貌，两岸土壤多紫红泥，这种经过岩石风化而来的特殊紫红色泥沙，成为酿造茅台的特殊材料之一。这种泥土的质地与酸碱度十分适宜用作酒的封窖和窖底，能给微生物提供良好的生存环境，酱香之味可以在这泥土中不断发酵。同时，这种泥土土质松软，渗透性极强，富含各类对人体有益的微量元素。

与茅台同宗同源的习酒，其生产地习酒镇与茅台镇仅相隔50公里，气候环境与茅台镇极为相似，但也略有不同。

首先，从整体上说，习水县属亚热带季风性湿润气候，位于群山环绕的低凹河谷地带，冬暖夏热，湿度大，云雾多。同时，这一地带植被

赤水丹霞

茂盛、针阔混交，全年无霜期长，峡谷地带风速小，空气流动相对缓慢稳定，为各类微生物提供了良好的生长、繁衍环境。习酒就诞生在这样一个天然酒窖之中，仿佛处在一个甑锅上，具有先天优良的蒸酿环境。

其次，从水源上讲，赤水河在茅台镇处河床较宽，水不深，也不急。但从仁怀市美酒河镇以下，河水便湍急起来，而这一流段，一直以来也都以险滩闻名。明"后七子"吴国伦曾写下著名的《赤虺河》

一诗，其中写道"筏趁飞流下，樯穿怒石过。劝郎今莫渡，不只为风波"。河流不断从悬崖坠落，形成旋涡，冲刷着两岸，于是形成了黄荆坪与黄荆坝。境内丙安以上属中游河段，呈"V"形河谷，河床较狭窄，滩多流急，通行机动船；丙安以下属下游河段，河床开阔，水流平缓，通行100~300吨级轮船。标准水位河面最宽处约200米，最窄处约20米。境内河段落差67.2米。此段奔腾湍急的赤水河，恰似习酒自强不息、艰苦创业的精神。从远古奔流而来的河水，在遥远的现代与习酒相遇，它们的碰撞，注定会掀起味觉的巨浪。

另外，与茅台镇不同的是，习酒镇周围的土壤以石灰岩、黄壤为主。石灰岩形成了诸多天然溶洞，星罗棋布，鬼斧神工，而黄壤结构松散，也适用于制作酒池的窖底。与茅台酒相同之处是，习酒与其共用一河水，地表水经过红壤、黄壤等土层时，通过层层过滤与吸收，最终转化成硬度适中、酸碱适中、清透爽口的优质水源。作为全国唯一一条未受工业污染的河流，赤水河以自身独特的甘甜滋养了习酒的酱酒之味。

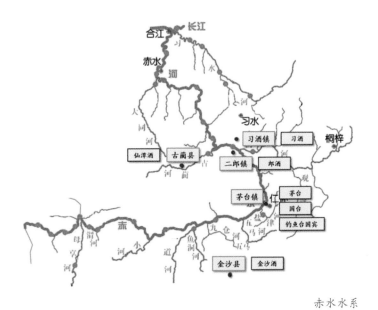

赤水水系

据土生土长的习酒人所述，习酒厂所在的鳛部酒谷几乎每半个月会有一场降雨，极具规律地形成一个小型气候带。这样的气候条件，极有利于微生物进行堆积发酵。每年从立春开始到9月左右，整个鳛部酒谷就是一个天然的窖池，堆积的曲坯在高温潮湿的环境中，默默进行着最重要的发酵环节。由此，习酒里充满着时间沉淀的味道。品味习酒，品的是赤水河千百年来奔腾不息的豪迈与勤恳，品的是整个鳛部酒谷年年岁岁安静沉淀的呼吸，品的是自然天地间独一无二的化学作用所产生的那一丝丝微妙的味蕾感受。

（二）微观生态：微生物的生长消亡

鳛部酒谷除了得天独厚的自然环境优势外，其最具特色的自然生态便是河谷地区丰富的微生物资源。鳛部酒谷内微生物的生长消亡与其独特的自然环境相辅相成，共筑了鳛部酒谷独一无二的酿造环境。

微生物，作为地球上最丰富的资源，其出现时期比人类还要久远。作为地球上分布最广泛的生命形式，它不仅常见于日常生活中，也被人类广泛应用于各个领域。如医疗领域对青霉素抗生素的应用，环境保护中利用微生物对污染物进行降解处理，农业中利用微生物提高农业生产技术等。在日常饮食中，发面馒头、酸奶、酱油、香醋等，微生物都在其中起到了核心作用。微生物改变了人类的生活习惯，不断影响着人类的饮食方式。酒，同样也是其作用下的产物。

处于自然环境中的微生物并不是单独存在的，它们通过各种信号传递，在不同的空间中形成微生物群落。在与环境的相互作用下，微生物群落不断进化和演替。这些微生物之间存在互生、共生、寄生等多种关系，形成了极为复杂的微生物系统。而正是这复杂的微生物世界，给予了习酒生产酿造绝佳的天然条件。在酿酒的生产过程中，微生物代谢与消亡是其作用于酒体并使自身得以不断繁殖的关键。微生物的代谢产物

摊晾

大概可分为碳水化合物类和蛋白质类。碳水化合物是酿酒生产中不可缺少的物质，而在发酵过程中所产生的大量蛋白质，则是形成优质白酒风味物质的重要因素。除此之外，微生物在生长代谢的过程中，还能释放一定的香味物质，而某些重要的香味成分则是白酒风味的重要来源。以上种种，共同构筑了习酒的酱香风格。

赤水河谷尤其在习水一带有一种九香虫，油脂含量极其丰厚。九香虫学名蝽蟓，也被戏称为打屁虫。这种虫指甲大小，复翼善飞，落地后蠢笨无比，任人摆布，可以当作药引泡酒。旧《绥江县志》中记载："此虫少时青色，撒尿臭不可闻，每到白露后，河水初退，遂成百千万飞藏岩底，约一小时，顿变黑色。身体肥大，肚中尽是白脂，月余绝迹，翻石捕之置温水中去尿炒食，味鲜而美且大温补，实乃绥江特产中之奇异者。"九香虫虽是绥江的特产，但在川黔一带都有生长，尤其在贵州地区，九香虫更是成为"贵州十大怪菜"之一。九香虫是自然界中与酒共生且能够产生出独特气味的昆虫。同时，九香虫也是一种特殊的生物，是由活的微生物和昆虫幼虫在特定的潮湿、闷热的环境中共生形成的。在不同的环境条件下，可以形成不同的气味。因此，九香虫也可以作为酿酒的重要生物。而从中医的角度来说，九香虫味甘，性平，入肺、肾经，具有补虚乏、养肺阴、益肾壮阳等功效。现代医学研究也表明，九香虫具有较高的药用价值，因此很多人也用其来泡药酒。

以上种种表明，整个鳛部酒谷，就是一个巨大的微生物富集的天然酿酒厂。酒曲、窖池、窖泥和空气中，处处飘浮着微生物，形成了一个酿酒发酵空间。

随着科技的发展，酿酒技术的不断进步，人们越来越意识到，微生物的生长消亡对于人类的健康及生产活动起到了不可替代的作用。酒的酿造，是一门既古老又年轻的艺术，也是一门极具生命力的学科。未来，伴随着人们对微生物及其生态环境的深入了解，微生物的可利用性将不断提升，可以促进酿酒技术更上一层台阶，推动人与自然的关系更进一步。

（三）地利人和：酒乡与酒香

中国白酒经历了从清香型、浓香型，最后到酱香型为主的发展历程，而今中国的白酒市场则形成了清、浓、酱、兼、米、凤等十余种香型百花齐放的局面。如果要问中国的白酒之乡在哪儿，一时间似乎无法说出个所以然，山西汾阳、四川宜宾、贵州遵义、江苏宿迁都有着全国闻名的白酒品牌，以及悠久的白酒酿造历史。

山西汾阳是我国清香型白酒的第一大产区。在中国传统的酒文化中，清香型是历史最为悠远的香型，无数酒友偏爱清香型白酒，于是汾酒的地位就这样被推崇上去了。早在南北朝时期，汾酒就作为宫廷酒上供朝廷，而酿制汾酒的杏花村也被称为"中华名酒第一村"。因此，虽然没有专门的机构授予称谓，但山西汾阳的酒都之名，在白酒界早已成为不争的事实。再如四川宜宾，久有"川酒甲天下，精华在宜宾"的说法，四川宜宾盛产美酒，无数酒友为之倾倒。四川是中国最大的白酒生产地，全国一半的白酒来自四川，而宜宾又是浓香型白酒的核心产区之一，如浓香型白酒中最出名的五粮液就产自宜宾。还有江苏宿迁，虽然是江苏最年轻的地级市，但掩盖不了它是历史悠久的酿酒之都，是实力雄厚的酿酒核心区之一。

作为中国酱香型白酒第一大核心产区，深处云贵高原地区的贵州仁怀一直受到广泛关注。如果提到贵州酱酒的代表，享誉世界的茅台酒必定稳坐头把交椅。1915年，北洋政府以"茅台公司"名义，将土瓦罐包装的茅台酒送到巴拿马万国博览会参展，外国人对之不屑一顾。一名中国官员情急之中将瓦罐掷碎于地，顿时，酒香扑鼻，惊艳四座。茅台酒世界闻名的征程，就此开始。

在茅台的带领下，贵州的酱香酒一骑绝尘，俨然成为如今白酒圈的主流香型。2018年10月，习酒公司在纪念加入茅台集团20周年庆典上公开表示，习酒公司在加入茅台集团20年来，累计实现销售额250.99亿元，实现利润32.7亿元。而在接下来的几年，习酒公司的销售规模更是像坐上了火箭——2019年80亿元，2020年103亿元，2021年156亿元，2022年突破200亿元。算下来，在过去的20余年间，习酒累计实现了近700亿元的销售。2022年7月，贵州习酒从茅台旗下正式独立出来，重新启航。

不回顾贵州习酒艰难坎坷的创业历史，不足以理解它是如何筚路蓝缕壮大成为如今的习酒品牌。1952年，习酒缔结了与茅台的关系纽带。1959年，因粮食紧张，酿酒原材料缺乏，故停产。1962年，国民经济开始好转，曾前德等三人研发出浓香型习水大曲，继之又开发出酱香型习酒，为企业的发展奠定了坚实的基础。20世纪80年代，习酒厂乘"改革开放，搞活经济"的东风，通过技改建设，扩大产量，又实行内部改革，转换机制，壮大了习酒公司。20世纪90年代中期，由于没有跟上宏观经济调整的节奏，习酒跌入低谷，后被茅台集团兼并。此后，贵州习酒涅槃重生，走出了一条国有大型酒企资产成功重组的振兴之路。

自然与人和，天时与地利，共同铸就了习酒如今的辉煌。"一身天地窄，祇是酒乡宽"，习酒，身处酒乡，亦成了酒乡本身。贵州习酒在漫长的酒乡文明中成就了自身，也为万千芸芸众生提供了酒足饭饱后的精神故乡。在酒乡中品习酒酱香，于是遥遥人世间，天地也微醺。

二、酿酒原料的自然天成

以贵州习酒为代表的酱香型白酒企业，之所以能酿造出无可替代的酱酒产品，离不开其自然天成的酿酒原材料。而在其酿造所需的所有原料中，对激发其顶级酱香风味起到重要作用的，细细数来大致有三。一是突显"甘"味的赤水河之水，二是展现粮香的本地优质糯小高粱，三是酱酒风味中最重要的"酱"味制造者——赤水河谷丰富的微生物群。在这三者的相互作用下，习酒酱香风味的生成有了不可替代的基础与前提。

雨季的赤水河

（一）水为酒之骨

"水为酒之骨，酒为诗之魂"，在这句广为流传的民间俗语里，流露的是水、酒、诗三者之间的关系。诗人通过饮酒获得思想灵魂上的短暂放松和自由，从而捕捉到在日常世俗生活中无法获得的灵感，然后以文字的方式记录下来，成就千古流传的诗篇。水之于酒，正如酒之于诗，是其灵光一现的菁华。

赤水河，作为西南地区历史上最重要的河流之一，在不同时期履行着截然不同的历史使命。古代的赤水河，是西南地区最重要的河运要道之一，承担着运输川盐的重要职责。近现代以来，赤水河又因其水力资源丰富、流域面积广阔，一跃而成重要的水能发电基地。后来，为了保护赤水

美酒河

河优质的水资源，我国启动长江经济带小水电清理整改工作，水电工程逐步退出赤水河流域。如今，对于赤水河而言，最为广泛流传的是其"美酒河"的美誉。如果说在"美酒河"之前，赤水河给予人类的是顺势而为的便利，那么在"美酒河"蓬勃发展的今天，赤水河给予世界的则是，以其清源之本、甘甜之身滋养了两岸大大小小的酒厂，以清冽的河水成就了至纯至烈的酱香美酒。

赤水河的水，并非一年四季都是澄清之色。端午赤浪，重阳碧波。每年端午节前后，清澈见底的河水会伴随着雨季的到来而鲜红似血；待到重阳结束，雨量减少以后，河水逐渐恢复到往日清澈见底之貌。究其缘由，是赤水河两岸的紫红土壤所致。这种松软细碎的土质，伴随着端午前后暴雨的冲刷滚入赤水河内，染红了清澈见底的河水。科学研究表明，紫红土壤中含有益于人体的微量元素，它们溶解于赤水河中，后经酒厂工艺的层层过滤，最终成为酿造酱酒的核心原料。于是，赤水河便在这年复一年赤碧交换之间，履行着自己独属于酱酒的使命。

如果说习酒令人着迷最重要的原因是其在口腔味蕾中所产生的丰富滋味，那么在这万千滋味中的甘甜一味，一定是赤水河的水所赋予的。《云笈七签》中记载："古人治病之方，和以醴泉，润以元气，药不辛不苦，甘甜多味。"这种甘甜，撇去了辛苦与涩味，独留一份回味悠长。如果要用科学数据来证明，赤水河无色透明、无异味的水质，之所以会给人以微甜爽口的味觉体验，是因为其酸碱适度（pH 7.2～7.8），硬度适中，未受污染，因此是酿酒的极好资源。

赤水河，既是云贵川三省交汇的"母亲河"，又是蜚声中外的"美酒河"，但地大物博的中国，大江大河数不胜数，为何偏偏就赤水河形成了世界白酒的核心产区，且达到了其他河流、产区无法代替的绝对地位呢？这一问题的答案是十分复杂的，但单单就赤水河的水质而言，它确实具备其他河流所不具备的特征。入口微甜、无溶解杂质、微量元素丰富等客观

第一章 习酒品质

因素自然不必多说。其"美酒河"之地位，还与川盐入黔的历史背景密不可分。如果没有清代航运、盐运的重要历史变迁，没有那商船喧嚣的市井岸边疲惫的船夫和赶路的商人，没有在那歇脚处打一碗散酒解乏的需求，或许就不会有赤水河的酿酒传统和销酒渠道。正是长期以来，客商在此聚集，一方面带动了本地经济商贸的繁荣，另一方面也加速了当地对酒的需求与生产。这样的历史背景，是得天独厚且不可复制的。同样不能复制的，还有赤水河附近独特的自然生态环境，这也是在赤水河流域以外的地区，使用同样的制作工艺却不能生产出同样品质美酒的原因。

赤水河滋养了两岸的美酒土壤，"一方水土养一方人"是这片土地最好的写照。

（二）粮是酒之肉

"粮是酒之肉"，高粱作为酿造白酒的主要原材料，其特性直接决定了酒的风味。贵州习酒所选用的是独产于赤水河流域的优质糯小高粱，正是这种独特的原材料，让东方习酒充盈着粮香与焦香。

本地优质糯小高粱，主产于赤水河谷，是高端酱酒酿造的主要用粮。用这种高粱酿造出的酒，酱香突出，醇厚丰满，细腻体净，回味悠长。重阳节前后是本地优质糯小高粱成熟的季节，走在种植区，放眼望去，漫山遍野的糯小高粱火红的一片，饱满的高粱穗在风中轻轻地摇动。

本地优质糯小高粱粒小、结实、皮厚、干燥，因此被形象地称为"沙"，这一物理特性形成了其耐蒸煮、耐翻糙、不易破碎的特点。同时，其淀粉含量高，吸水能力极强。习酒选择的本地优质糯小高粱，其支链淀粉含量高达90%以上，可谓酿造美酒的上乘原料。除具有以上的酿酒优势外，如果要进一步了解本地优质糯小高粱对于酒之风味加成的"秘密"，那就不得不提到其中的一种特殊成分——单宁。

高粱穗压弯了枝头

据科学研究，本地优质糯小高粱含有1.5%~2.0%的单宁，能对发酵过程中的有害微生物起到一定抑制作用，提高出酒率；而单宁在发酵过程中会形成丁香酸等特殊香味物质，最终形成优质白酒香味的芳香化合物和多酚类物质，从而赋予酱香酒特有的芬芳。

和水稻、小麦等作物相比，本地优质糯小高粱似乎无法成为人类餐桌上的常客，并不是日常所需的粮食作物。同时，它也不像藜麦那样，具有成为太空食品的特殊使命。但本地优质糯小高粱本身，似乎天生就具有一种野性之美。著名导演张艺谋拍摄的《红高粱》，是中国第一部获得"金熊奖"的电影。影片中，张艺谋用红高粱象征着勃勃的生机，也象征着中华民族威武不屈的精神。在夕阳的照射下，大战后的十八坡伴着一抹血色残阳，但也是这抹残阳，染红了整个坡，与红色的高粱相映成了一片红色海洋。这一切都预示着生命的崛起，"红高粱"三个字，天生仿佛就代表了某种冲动、某种深情，某种可贵的真实、某种野性的赞歌。

高粱和酒的关系，似乎就是一种不言而喻、自然生成的关系。只有充满着顽强、野性与不屈的糯小高粱，才能承受酱酒生产的千锤百炼，一种奔放寄托于另一种奔放，一种不屈投向于另一种不屈。实践也在不断证明，只有本地的优质糯小高粱，才能酿出高品质的习酒。品一口东方习酒，你便可以感受这片大地给予人类的特殊慰藉——不论顺境逆境、高山深谷，人类见证了食物的一生，食物安抚人类永远热烈的心灵。

（三）菌为酱之源

一般情况下，谈到"酱"味，本能地就会想到与食物有关的一切，如酱油、酱肉、酱板鸭一类，在人类的记忆里，一定是浓油赤酱的味蕾感受。《说文解字》中对"酱"字的解释，其本义是用盐醋等调料腌制而成的肉酱。因而，对盐、醋、酒等调料及肉类食材的综合浓烈味觉感受，很多时候可以称为"酱"味。

而当用"酱"字来形容白酒时，有趣的化学反应便发生了。在酱香型白酒诞生之前，人类对于"酱"的感受更多是综合且复杂的，起码从其发生过程来看，是由多种味道组合叠加而成的新的味觉体验。但酱香型白酒的出现，打破了这一复杂的规律。当我们端起酒杯，喝一口，再仔细品尝口中滋味时，猛地发现口中之酱味与盐醋肉鸭完全无关，此前关于酱味各种各样复杂的想象已然完全融合为一种崭新的味道。对于稍懂酱酒酿造过程的人来说，"酱"味来源复杂，它在每个品酒人心中都有深深的"前理解"。但每次在重新入口那一刻，对"酱"味的全新体验又重新被激发。烈，是一种刺激，准确来说是一种神经刺痛；酱，却仿佛既包含了味觉又包含了嗅觉，甚至还有心理感受。此时已很难判断"酱"味到底更偏向于酸、甜、苦、辣四味中的哪一种，它仿佛是专为白酒创造的第五种基本滋味，复杂却整一。

那么接下来的疑问便是，对于白酒而言，这种酱香味到底从何而来？这就不得不提到酿造习酒最离不开的元素——微生物。

习酒镇位于赤水河中下游的河谷地带，群山环绕，草木葱郁，全年气候温和湿润，空气流动慢，且无霜期长。由于空气流动相对稳定，且环境湿润，微生物大量在此富集沉降。习酒人称赤水河就是一个天然的大酒窖，夏湿冬暖，无风无浪，仿佛一个天然的无形大网，把各式各样的微生物笼络其中，为酒神赋灵。值得一提的是，如果你第一次来到赤水河谷习酒镇，一下车就能闻到空气中随处弥漫着浓烈的酱香酒味，要不了一会儿嗅觉便适应了，也就闻不到了。习酒人说，这就是散发着酱香的微生物在"捣鬼"。

据科学研究，习酒镇空气中、土壤中常见的可培养的细菌共24种。当然，微生物发酵是一个多菌种的混合发酵的过程，这些在地球上已经存活了三十五亿年的"第三域"生物，用一种人类至今还没有完全弄清楚的方式，创造了新的味觉体验。酱香型白酒采用的是传统固态发酵法，大部分是天然菌种，除一些酒曲使用人工菌种制曲，整体开放式发酵。开放式，意味着酱香型白酒的微生物来源非常广，从自然环境中的原料，到酒糟、容器、窖池等，甚至在酿酒师衣服上、空气中，处处都存在着这些"味蕾大师"。而在酱酒的发酵环节，有堆积和窖池两种发酵方式，它们的共同目的是让微生物充分进入原料中，产生出酱酒独有的风味物质。截至2023年，贵州习酒已分离保存137种共4200株可培养微生物，检测出1064种未培养微生物，丰富了习酒酿造微生物资源库。

品一口东方习酒，便能从中尝到酸、甜、苦、辣、咸、鲜各种滋味，它们融合而成一种复杂又整一的味觉。在人类古老的饮食文明中，似乎只有"酱"这个字最能体现它的繁复与独特，而"酱"味的所有源头，均来自这些微小却强大的生物，于是人也在由这种微小生物所创造出来的神秘味觉中，感受着与自然的交融。

三、人与自然的和谐共生

自然是社会存在和发展的基本物质条件。人类能通过劳动将自然力作为体外劳动器官，用于改造特定对象，创造自然界中不存在的物质对象，以满足人的生存与繁衍。对于赤水河谷而言，如果说自然生态是美酒之"肉"，那么酿酒大师的劳动实践则是美酒之"骨"，没有骨的串联，肉散而无形、飘而无状。

（一）酱酒酿造的古法工具

在马克思主义哲学中，广义的生产实践活动具有不同层次与形态，它包含物质生产、人口生产和精神生产三个子系统。酱酒作为人类实践活动的结晶，自然属于物质生产之列。物质生产是一种客观可触的现实结果，即习酒人通过对赤水河谷天然环境的了解与应用，生产出了一坛坛具有一定价值、可供上市销售的酱香习酒。但除此之外，人在不断地劳动实践中也实现了自我价值，不然不会有一代代酿酒工艺技术的提高、产能的飞跃、品牌的提升。物质生产与精神价值在习酒生产的历史中反复显现，在世世代代的习酒人中形成了一种默契的平衡，两者相互促进，相互成就。如果要探寻这一切劳动的秘密，应该从人类如何发明并制作酿酒工具，开始进行酿酒的尝试说起。古代最早生产出的酿酒工具，在如今习酒酿造的过程中也有所还原与保留。

习酒车间最吸引人眼球的必定是不锈钢甑桶。两排银色的甑桶立在车间的两旁，齐人高的桶身内壁，深红色的糯粮印记，仿佛在无声地诉说这一桶又一桶美酒的酿造历程。

"甑"，现代汉语对其有三个解释。一是古代炊具，底部有许多小孔，用来蒸食物，类似今日家中日常所用的箅子、笼屉；二是蒸米饭的用具，形似木桶；三是蒸馏用的器皿，如曲颈甑。不论是哪一种解

润粮

释，"甑"的发明，都离不开一个"蒸"字，蒸肉、蒸米、蒸酒，食材物料不同，器具形态不同，但其物理原理与方法都有共同之处，即利用液体水的受热转化成气体上升，从而达到使物品变热、变熟的目的。

有蒸腾的过程，必然也有水汽回落的过程，在酿酒这门艺术里，水汽的回落意味着酒精的浓缩。相传，古代最早制酒时，酒与糟是混在一起的，直至周代，无"糟"的"清酒"才形成。而之所以会形成这种清酒，与古时的祭祀仪式有关。据说古代人祭祀时，认为糟酒一体无法体现对神灵的崇敬，于是利用茅草将酒醪与清酒分离，让酒汁渗下，供神明饮用。那时还没有如今先进的酿酒工具，人们只能简单地过滤残渣，让酒液伴着茅草清香滴落在大地之上，完成神圣的与天通感的仪式。

到了宋代，终于创造出了类似今日酿造白酒的谷物蒸馏器。据考古发现，最早在南宋张世南的《游宦纪闻》卷五中记载了关于蒸馏器的使用，用于蒸馏花露；宋代的《丹房须知》一书中也画有当时蒸馏器的图形。由此推测，至少在宋代，中国人已经掌握了蒸馏技术。而当时蒸馏所用的工具器皿，就是现在所说的"甑"。1975年，河北省青龙县出土了一套由上下两部分组成的铜制蒸酒器皿，下部是一只圆形蒸汽锅，上部是像只木桶的冷却器，底是半球形的穹窿底。蒸汽锅与冷却器完全装合后，形成了一套能够完成整个蒸馏流程的蒸馏酒器。以现代人的眼光来看，这套蒸馏器无论是从外形上，还是从原理上来看，都与如今的"甑桶"存在某种演变的关联。

以前的甑桶多为木质，现在酿酒的甑桶多为不锈钢材质，另外还有少数酒厂有石头甑、水泥甑等。现代的甑桶设计得更加科学合理，一般呈花盆甑形状，是为了防止蒸馏时，因酒醅体积收缩，蒸汽容易沿边而出。而花盆型上宽下窄的设计，有利于蒸汽的回流。

关于"甑"的故事，还有一个"甑尘釜鱼"的典故。《后汉书》中记载，"甑中生尘范史云，釜中生鱼范莱芜"。意思是说，甑桶里积满了灰尘，锅里已经生了蠹鱼，显示家中因贫困已断炊许久。古代穷苦人家的甑桶里是如此状貌，在当今是很难看到的。在如今酿酒的甑桶里，倒不希望它"干净"得一尘不染，作为蒸馏使用的甑桶，有一个最大的功用就是在其内部进行固态发酵。甑桶实际上是一个填充式蒸馏塔，在酿酒过程中，内部有约60%的水分以及酒精和数量众多的微量香味成分的固态发酵酒醅，在蒸汽不断地加热下，甑桶内醅料温度不断升高，其中可挥发性成分

传统酿酒器具

浓度逐层增大，使酒及香味成分经过汽化、冷凝，从而达到综合的浓缩，然后提取的目的。同时，在高温蒸馏中，某些微生物代谢产物，进一步起化学反应，产生新的风味物质。

遥隔千年，很难想象曾经主要作为满足人类日常生活使用的甑桶，如今全然发挥了其创造精神性产品的功能，日常生活与精神世界的联结，在这一个不大不小的甑桶内实现了。古代劳动人民的这一伟大创举，不仅填饱了先辈的肚子，也滋养了后生的心灵。当人类的注意力从神的意志转移到自我精神之上时，可能我们与天地之间的距离便更近一步了。

（二）赤水河流域环境保护与污染防治

酒是自然的产物，好的环境才能酿造品质美酒，因此对自然环境的保护一直以来都是贵州习酒重要的工作内容。韩愈在《原道》中说："古之欲明明德于天下者，先治其国；欲治其国者，先齐其家；欲齐其家者，先修其身；欲修其身者，先正其心；欲正其心者，先诚其意；欲诚其意者，先致其知，致知在格物。"在传统家国语境中，"格物""致知""诚意""正心""修身""齐家""治国""平天下"是君子需修行的"八目"；而在现代社会的语境中，企业，尤其是优秀企业，同样需履行这种君子义务与责任。当一个优秀的企业在稳定了自身的发展之后，就会不自觉地将目光投向周遭，对于靠水吃水的赤水河沿岸的酒企来说，回馈赤水河是其必达的使命。

多年来，贵州习酒不仅对自身所在赤水河中游开展了一系列的环保公益活动，更关注整个赤水河流域的整体生态状况，开展了一系列"保护赤水河"的生态文明建设工作及公益活动。贵州习酒设有环境保护部门，专门负责公司与环保相关的一切事宜。2015年，为贯彻落实国家和地方环保法律法规，公司组织全厂员工在植树节期间开展"保护母亲河"植树活动，在厂区内栽种植株四4000多株，小苗1万多株，麦冬6000多平方米，新增绿化面积近200亩。贵州习酒坚持贯彻赤水河岸生态建设行动，坚持打造"绿"字招牌，2015年，启动"保护赤水河·习酒在行动"的全员义务植树活动，至2023年已累计新增绿化面积近1000亩，植树近3万株。

在塑造良好生态环境的同时，贵州习酒兼顾工业生产中的污染问题，如酒厂在工业生产过程中的水、气、原料废渣等处理与排放问题。早在1994年，习酒厂代表出席贵州省第八届人民代表大会第二次会议时，就提出"保护桐梓河、赤水河资源，治理水污染"的建议。1999年，习酒公司成立工业污染源达标排放领导小组。2001年3月，习酒公司启动浓香车间锅炉烟道气治理工程，将原来4台燃煤锅炉旋风除尘设备进行脱硫除尘改造，总投资34.2万元，提高锅炉脱硫除尘效率，大幅度降低燃煤烟道气中二氧化硫和烟尘的排放量。之后，习酒公司于2004年、2007年和2008年陆续实施大地片区和向阳片区燃煤锅炉脱硫改造，全面实现公司锅炉烟气达标排放。2020年以来，为了加快推进环保基础设施建设，习酒公司展开了多方面工作：一是污水处理厂建设方面，高标准建设黄金坪生产废水处理厂2号系统和中度污水处理厂，选择国内白酒行业最为权威的设计单位进行工艺设计，选用进口和国内一流的大型设备。二是退水工程方面，购置安装黄金坪生产废水处理厂2号系统在线监控设备，实现对赤水河排污口改造——退水工程的污水联网监测、数据上传。三是环境空气管控方面，安装氮氧化物在线监测设备8套，实现锅炉废气氮氧化物的联网监测，按照标准站配置标准，筹备建设空气质量监测站1个，将空气质量监测数据融入"智慧习酒"中。四是污水治理方面，开展公司生产经营场所及员工宿舍产生的生活污水的收集处置工作，修建不锈钢窖底沟井、不锈钢污水管道、职工宿舍生活污水管网，严防生产污水和生活污水跑冒滴漏。2020年，公司环保总计投入近3亿元，包括污染防控、绿化美化、环境卫生三个方面。

从生态美学的角度来说，人类需要用美学的眼光处理人与自然生态之间的关系，那么对于环境的绿化保护，自然就成为这一美学眼光的具体实践。贵州习酒长期以来以绿色发展为核心理念，开展植树造林等一系列保护自然环境的活动，一方面是对自然美的重建与恢复，另一方面是表达贵州习酒"天人共生，知行合一"的生态理念。庄子在《齐物论》中说："天地与我并生，而万物与我为一。"北宋大思想家张载在《正蒙·乾称篇》也说："儒者则因明致诚，因诚致明，故天人合一，致学而可以成圣，得天而未始遗人。"因诚致明是指由内心而穷天理，经过这一路径就可以达到"天人合一"的境界。贵州习酒从关注自身发展，到关心环境发展，即从自我向外延展，摆脱了"唯我论"的思想，重新确立了人与自然相生相成、繁荣共生的和谐关系，赋予自然万物以伦理与美学价值和意义。

（三）习酒厂区的环境美化

从马克思主义劳动哲学角度来说，酱酒的酿造过程既包含物质性生产劳动，也包含非物质性生产劳动。物质性生产劳动，即酿酒师通过对赤水河岸自然环境的利用，创造出酱酒这一人造物；非物质性生产劳动，则是满足人们的精神需求或思维创新需要。赤水河流域有大大小小2000多家酒厂，在构筑"美酒河"美誉的同时，酒厂自身对于自然环境的"入侵"也成了其生态建设中无法回避的议题。贵州习酒对于这一议题是观照的，是自觉性的，不仅在赤水河流域的环境保护与污染防治方面有突出贡献，其自觉性更体现在对厂区本身的美化工作上。对周围自然环境的维护是出于义务与责任，对厂区本身的美化与提升则是一种自觉性的审美观照，虽然其实质上仍是物质性生产劳动的一部分，但其劳动目的却是为精神性的审美体验而服务。

现在的习酒厂区，与沿岸赤水河谷相得益彰，虽然有现代工厂的痕迹，但却并不突兀。尤其是在夜晚，俯览赤水河谷，更具别样的风情。当夜幕降临，整条赤水河仿佛一条熟睡的卧龙，厂区零星的灯光点缀在两岸的山体上，静谧浪漫。贵州习酒秉持着不过度美饰的原则，只用简单的美化手法让厂区与周围环境更显融洽。如办公楼前的花池、人工制作安装的梅花瓣围栏、仿古的习酒阁和厂区凉亭等。值得一提的是，2018年，习酒公司建立了一座航船形状的文化城，屹立于半山腰，集中展示了习酒的酿酒文化、生产工艺、历史沿革等。习酒文化城于2021年12月正式启用，这既是习酒发展历程中的一件大事，也成了赤水河畔的一座新地标。

建筑是人类赋予大自然的大型人造物，古今中外，对于建筑的美学探索与实践，各大理论流派不计其数。单就中国而言，传统意义上有六大建筑派系与风格：青瓦白墙、砖雕门楼的皖派；尊贵威严、四方而立的京派；脊角高翘、藏而不露的苏派；大气稳重、斗拱飞檐的晋派；错落有致、单体宏大的闽派；吊脚鼓楼、竹林风情的川派。这些派系各有特色、独具风格，但都兼具中华传统文化中最精髓的特征——对"天人合一"的追求。落实到具体的建筑表现上来说，即一种对和谐对称美的追求。中国传统建筑设计不强调某一个突出建筑元素的特殊形状或者形式美，而是讲究整体建筑群的协调与融合，呈现和谐互通的统一，以群体的力量给人以突出的视觉震撼力。航船造型的习酒文化城，也完全展示了这一中国传统美学观念。习酒文化城在空间分布上以中轴线为基准，左右完美对称而立，给人一种井然有序的对称之美。

古者云："喜、怒、哀、乐之未发，谓之中。发而皆中节，谓之和。中也者，天下之大本也。和也者，天下之达道也。致中和，天地位焉，万物育焉。"这句话原本指的是，喜怒哀乐没有表现出来的时候，叫作"中"，表现出来以后符合节度叫作"和"。"中"是人人都有的本性，"和"是大家遵循的原则。达到"中和"的境界，天地便各在其位了。古人对"中和"的追求，正是对人与自然、主体与客体、生态与文明之间关系的解答，也是贵州习酒所追寻的方向。贵州习酒将自身对于天人关系的理解，融入其厂区建设、文明建设之中。每一位习酒人，既是赤水河美景的保卫者，也是赤水河人文的构建者，他们将对宇宙、自然、人生、美酒的理解，融入日常生活的平凡劳动。于是，酒厂便不再是单纯的现代化工厂，劳作也不再单纯是价值交换的渠道。对贵州习酒和习酒人而言，建设赤水河谷所产生的精神满足，已远远超过了他们所获得的物质回报。

登顶远眺，一艘航船在绿波中缓缓驶向光明的未来，于赤水河急波旁乘风破浪、云帆高挂。

第三节 习酒的酿造工艺

中国白酒传统酿造工艺已有几千年历史,至今发展出十余种不同类型的香型产品。无论是哪一种香型,其背后都包含着传承千百年的酿造技艺和质朴沉静的匠人精神。其中,尤其以酱香酒的酿造最为复杂。酱香酒经历复杂的"12987"工艺,还需三年至五年的窖藏,检验合格后方可出厂。经历了岁月的风霜,浮华尽散,庄严尽显,其热辣的光芒转化为内敛的回味,曾经的浓艳转化为深沉的唇齿留香,细品一口,只剩一份回味悠长。在酿造过程中所展现的工艺技术,是东方习酒除好产品之外,对世界酒文化作出的另一重大贡献。

一、自我超越

建厂70余年来,贵州习酒在酿酒科技创新上所做的努力不容忽视,"科学技术是第一生产力"早已从一句口号变为了每个人观念里的常识认知。在稳定生产后,贵州习酒对于自我技艺的不断突破与挑战创新,不仅使其实现了质的飞跃,更展现了习酒企业精神中不断自我超越的胸襟和勇气。而其勇于拓新的精神品质,在其制曲、制酒两大酿造环节尤为突出。

酿造美好生活的领创●实践

习酒科技中心

（一）创新："路"的开拓

翻开记录习酒几十年风雨征程的《习酒志》，一项项科研发明的硕果，见证了贵州习酒一路前进的脚步。为提高生产效率、降低生产成本，贵州习酒在生产过程中不断于细微处找寻突破，格外注重科技创新发展：1989年，习酒公司成立科研所，为产品科研提供了一个集基础研究、应用研究、科技创新为一体的科研机构；1992年，成立贵州省习水酒厂科学技术协会，并创刊出版《习酒科技》，内部发行；1998年，伴随着贵州茅台酒厂（集团）习酒有限责任公司的成立，明确了科研所为科级管理机构。在此之后，贵州习酒的科技创新硕果累累：2012年，发明开窖器，加快了开窖工作，有效减少碎泥的产生，提高面糟酒质量；2012年，改用竹席封窖，简化了开窖、封窖工序；2014年，发明泡铲池、摘酒器具箱，规范了生产现场管理；2015年，对抱斗技术进行改造，提高了生产安全性，减少了安全事故的发生，同时提高设备使用寿命，降低生产成本等。

这样的创新精神，在贵州习酒进行产品研发的过程中，也是一以贯之的。1957年，习酒厂开始采用传统酱香型酿酒工艺，试制成功第一个酱香酒产品，揭开企业生产技术发展的序幕。1966年，在学习和借鉴其他名优浓香型大曲酒生产工艺的基础上，成功研制具有地域文化特色的浓香型习水糟酒，该系列产品随后获得国内外大奖40余项。1981年，贵州省科学技术委员会为发挥酱香型白酒的优势，扩大酒类产品的市场竞争能力，把试制酱香型白酒的科研任务下达给习水酒厂。经过18个月的技术攻关，1983年5月，产品研制成功并通过省级科技鉴定，获省科技成果三等奖。1984年11月，习水酒厂生产的习酒被贵州省人民政府授予"贵州省优秀新产品"称号。1992年，为满足公司调整产品结构、开发中高档系列产品星级浓香习酒的需要，企业经过多年的工艺创新，试制成功多粮型星级优质基酒。星级基酒的投产，改变企业传统单粮型酒的生产格局，从而为形成五星浓香习酒独特的酒体风格奠定坚实的基础。1994年12月，习酒公司生产的习牌习酒大曲酱香38%vol、53%vol，经第五届国家评酒委员检评、权威质量监督检验机构检测，被中国食品工业协会、中国质量管理协会、中国质量检验协会、中国食协白酒专业协会评定产品质量继续保持国家优质酒水平。1999年，习酒公司的茅台液系列产品通过省级技术鉴定，并获贵州省新产品一等奖。2003年，习酒·九长春、习酒·六合春、习酒·三元春被中国食品工业协会评为2001—2002年度优秀新产品，并获贵州省优秀新产品三等奖。2010年，通过对市场的准确把握，对产品结构进行细分，习酒公司开发出"窖藏系列"新产品，并着力打造高端酱香品牌——"习酒·窖藏1988"。2014年，习酒公司开发的38%vol、52%vol习水特曲新产品分别获2014年度中国白酒酒体设计奖和白酒感官质量奖。

《周易》有云："富有之谓大业，日新之谓盛德"，即若能广泛创造物质财富和精神财富就能称为宏大的功业，若能持续创新就能称为盛美的德行。在《周易》里，日新被当成一场盛德来看待，这是为何？原因是这贯穿了《周易》中"生生之谓易"的核心思想，即生生不息、变化不止，乃是天道。既然生生不息乃是天道天理，那么遵循这样的天道，日日维新则是顺其而为，即为盛德了。日益创新，虽然是今言今语，但在中华文化的悠久历程中却有着古老的印记与根脉。从这一方面来说，贵州习酒追求科技与产品创新，同样是对中华文明中古老天道哲学的默默承袭，以及自我发展路径的探索和开拓。天道运行不止，顺应天地法则，坚定地不断革新，带着传统东方的哲学之美，与时偕行。

（二）制曲："味"的发掘

在制曲与制酒两大核心环节中，对于酒的风味的发掘，制曲这一步至关重要。流传于白酒行业的"曲定酒型"的俗语便说明了这个道理。能完成高质量的制曲工作，最重要的前提就是麦料，麦料的粗细程度与质量，直接影响酒曲的成型程度。于是，贵州习酒对此所做的保障就是形成自己的麦料基地，严格管理酒曲的前身——麦料的生产过程，以确保原材料的稳定与可靠。

在压曲阶段，贵州习酒顺应科技的发展，让机械模仿人工脚感，逐步替代纯手工劳动的人工压曲。在压曲过程中，对过程稳定性的要求不容忽视。将原麦料粉碎，形成三种不同的状态：粗皮、细粉、颗粒。其中，细粉是淀粉蛋白质，能很好地吸水，确保酒曲水分充足；颗粒则是起到骨架支撑的作用；最后的粗皮空隙较大，有一定的疏松空间，让氧气有孔渗入。总之，这三者需要达到一个完美的有机结合，使整块酒曲既含水也含氧，整体达到一个结构性的完美状态，从而让微生物在其间进行充分的发酵、融合。

在曲块成型阶段，根据不同的入室安放标准和要求，会形成三种不同的曲药：黄曲、白曲、黑曲。在最终的制酒阶段，三种不同的曲药是按照不同比例搭配使用的。当然，在不同类型的白酒中，三种曲药的比例也不相同。白曲温度低，决定着出酒率；黄曲酱香突出，是酱香习酒制酒的关键；黑曲则是最后香味的补充。而在不同的仓内，黄、白、黑三种曲块的成型程度也不尽相同，最终会由专人针对不同香型、不同层次的白酒酿造进行挑选。

贵州习酒有关制曲的科技革新，起步于20世纪90年代。1991年以前，习酒全部采用传统人工踩曲，同时开始对大曲功能微生物的选育和应用。习水酒厂与中国科学院成都微生物研究所合作，从传统优质大曲中分离选育出数株糖化酶、液化酶、蛋白水解酶、酯化酶等活力较高而代谢乳较少的红曲霉功能菌株应用于大曲生产，取得显著效果。随后为改进传统制曲工艺，习水酒厂于1992年与四川大学新星应用技术研究所合作，建立大曲发酵微机控制系统工程，人为地模拟大曲发酵过程所需要的微生物生态环境，为功能微生物生长繁殖代谢创造合适的环境条件，这是制曲工艺的一项重大改革，最终顺利投入生产应用。从2011年开始，应用中温机械曲架式发酵，形成粗麦粉、大水分、无稻草架式制曲。这一设备的应用，大大降低员工的劳动强度，节约劳动成本，用其酿出的酒窖香浓郁、醇厚丰满、绵甜爽净，浓中显酱而不失典雅风格。2015年，习酒公司又开始使用中温机械曲架式无电发酵，通过降低曲架，用麻袋覆盖曲架顶棚及四周等方式保温，代替电辅助升温，曲香味浓郁。从2013年开始，习酒公司就一直在试验高温复合型仿生压曲机，希望通过仿生技术模拟人工踩曲，真正达到人工踩曲的质量与标准。经过三年悉心试验，最终成功地探索出高温机制曲工艺，制作出的高温机制曲理化、感官等各项指标达到人工曲标准，于是将其投入酿酒生产中。

高温慢炼，是酱香型曲坯与浓香型曲坯的最大区别。例如，酱香习酒，其高温曲坯要求达到60℃~65℃，而浓香型曲坯则只需要55℃~60℃。这个难点就在于，需要在操作过程中，依靠管理人员的技术水平，不断地翻曲，以使曲的内外都可以达到这个标准。于是我们最终可以看到，酱香型曲坯，其颜色呈酱黑色，比浓香型曲坯的褐色要深得多。

对曲"味"的发掘、培育、提炼，是一个漫长且细致的过程，有些味道只能用时间说话，有些滋味只有在沉淀后才能品尝。那曲坯翻来覆去、高温慢炼的成型过程，恰似人生的体验。饱经沧桑的人，对于习酒的品评一定是更加厚重与深沉的，抿一口，于千滋百味中回溯独属于曲坯的一生，思绪万千，尽在心头。

（三）制酒："酱"的沉淀

在曲坯制作完成之后，便来到了酱酒生产中最复杂、最考验耐心的制酒环节。整个持续一年的"12987"的完整闭环中，制酒占据了漫长的时间。而正是这漫长的工艺环节，使得酱酒的"酱"味在时间中得以沉淀、酝酿。

酱酒生产的两次投料，是其百炼成精的第一步，两次投料分别是"下沙"和"造沙"。两次投料全部完成后，便开启了酱酒历程的"九九八十一关"——九次反复蒸煮、八次发酵变化、七次取酒。

在下沙、造沙两次投料环节已经各混蒸过一次，但这两次是不取酒的，从第三次蒸煮开始直到第九次蒸煮完成，需经过摊晾、撒曲、堆积、下窖、封窖发酵、开窖取醅、蒸酒六个轮次的循环，每个环节都有一次蒸煮，整个过程共有九次蒸煮。从重阳下沙开始，高粱、小麦、微生物、温度、水汽，便在这宛如太上老君的炼丹炉中，没日没夜地反复"淬炼"。而酱酒便像"酒界的孙悟空"，没有在高温蒸煮中消亡，却在金刚炉内练就了"火眼金睛"。

在九次蒸煮的过程中，第一次蒸煮前不加曲，只有后八次加曲，故而形成八次发酵。每一次蒸煮后，把酒曲铲入窖坑进行封存——进入"窖期"。而发酵也分为堆积的"阳"发酵与入池的"阴"发酵，每一轮次均需两种发酵方式。贵州习酒最初生产酱香型酒时用的是本地青石制作而成的窖池石，在发酵过程中，石头慢慢被腐化、脱落，需不断更换，且影响酒的品质。加入茅台之后，学习采用紫红砂岩做窖池石的技术，沿用

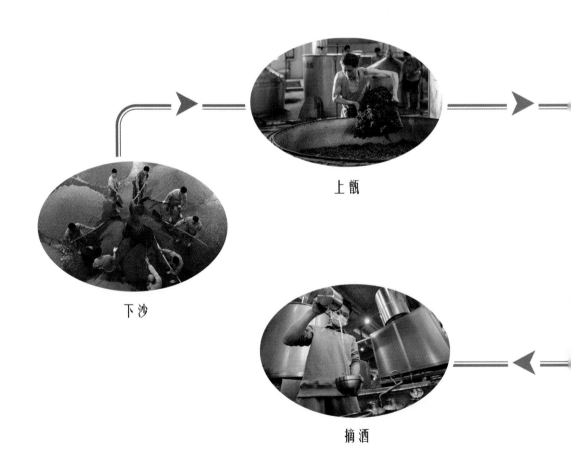

上甑

下沙

摘酒

至今。而用作封窖池的窖泥，则是用的紫红泥，这种泥酸碱适中，土质松软，渗透性好，含有多种有益人体健康的元素，可以赋予酱香酒丰富的健康因子。与浓香型白酒讲究"千年窖池、万年糟"不同，酱香酒的生产在这方面克制得多。酱香酒发酵对泥的需求并不多，且由于发酵物质带有腐蚀性，顺着窖池容易流入土壤对环境造成破坏，为了响应环保上的要求，贵州习酒在窖池池底做了收集发酵残液的沟渠，以减少其腐蚀性伤害。

　　七次取酒是指除了第一次和第二次投料蒸煮后不取酒，后面每一次蒸煮完成后都取酒保存。每个轮次取酒完毕之后，再对酒糟进行摊晾、加曲、堆积、下窖、封窖发酵等流程，如此周而复始，每月一次，共需

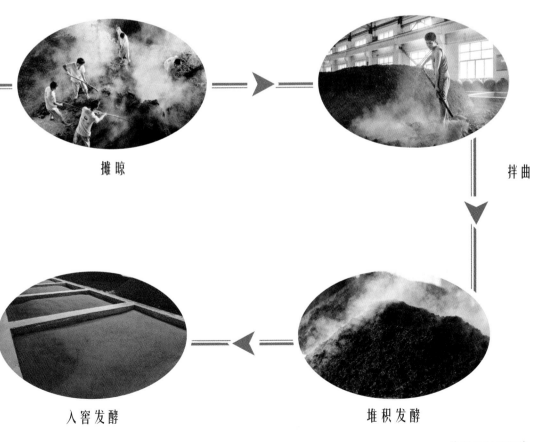

摊晾

拌曲

入窖发酵

堆积发酵

酱酒的制酒环节

经历七次取酒，于是时间便已经到了第二年的8月左右，七次取酒完成后才开始丢糟。在七次取酒中，每一轮次的酒风味都有所不同。一、二轮次的酒，酸涩辛辣，还略有生粮味；三轮次至五轮次取出的酒，口感最好，酱香味突出、醇和香甜、后味悠长；而第六轮次取出的酒，则酱香味更加明显，且略带焦煳味；到了最后一轮次取出的酒，口感带苦煳味，焦煳味更浓厚了。

就这样，从投料到取酒完毕，一年时光就过去了。

然而，这并非酱酒历程的终点，在完成一整年的制酒环节之后，还需经历五年贮存、四轮勾调，最终定型合格后，才能装瓶销售。在贮存的时光里，白酒需忍受日日夜夜的孤独与沉淀，让酒体分子与水分子聚合得更为彻底，使酱香酒体酝酿得更醇厚绵长。而在这漫长的窖藏时光里，勾调师需对七个轮次的基酒进行两次盘勾、贮存、组合和调味，这四轮勾调的目的是调和酱酒口味，使其达到既定标准。一次盘勾是将同一年度、同一轮次、同一质量的基酒综合在一起，贮存缔合一年后开始二次盘勾，二次盘勾是将同一年度、同一质量、不同轮次的基酒按比例综合在一起，再返入陶坛库贮存三年以上。贮存是对基酒品质提升的必经过程，勾调师会定期开坛普查酒体变化情况，实时升级维护酒体，组合是产品成型的"画龙"阶段，将达到产品生产年限的多种基酒按不同等级、不同年份、不同特点以风味为导向科学组合在一起。调味则是最后的"点睛"阶段，用少量的精华调味酒弥补细微差异，使产品达到统一的标准，完成出厂前的最后融合。虽然如今的检测技术已经非常发达，但对于酱香型白酒来说，机器无法检测或者判断它的"好与坏"，最终还是要靠人工进行品鉴。

就在这样至少三年五载的制酒与陈酒之后，酱香型白酒才终于可以完满地展现其沉淀后的独特风味。时间与精力，都浓缩在了每一滴酱酒醇香的舌尖体验之上，为饮者提供一份独特且回味悠长的时间滋味与岁月沉香。

二、生产自律

在习酒生产的整个工艺中，对于其质量的具体把控并非笼统模糊，而是细致入微的，体现在生产原材料源头的把控、生产过程品质的把控、生产完成残料的追踪处理等环节，这是习酒人对产品品质的极致追求，也是习酒人对生产自律的忠诚坚守。

（一）对源头的把控

对于食品来说，原料是品质的决定性因素，正如"巧妇难为无米之炊"，不合格的原料即使用再高超的生产技术也无法生产出优质的产品。为了严格保证生产质量，贵州习酒从源头上就严格把关。

从2012年开始，习酒公司大力建设红粮产业园，开始主推有机红粮的相关产业。例如，在桃林镇下的永胜村，建设了3300多亩红粮种植基地。有机红粮种植从2012年延续至今，十多年的发展历程验证了这是一个见效好、产量稳，让老百姓受惠的产业。红粮种植全部按有机标准来进行，每年贵州习酒都要请专家来做有机认证。与农户自家及周边其他县种植的红粮相比，有机红粮的收购价格每斤高一元到两元，保底价逐年上升。红粮产业不仅帮助贵州习酒保证酿酒源头材料的优质，也对农户增收起到了显著作用。

有机红粮与本地的糯高粱一样，属于酱香酒的优质原料。而外地生产的高粱都是大高粱，不具备本地红粮的"糯性"。从技术上来说，大高粱和小红粮的区别在淀粉的利用率上，而淀粉利用率直接影响的就是酒的口感，小红粮酿出的酒口感更好。

企业与社会相辅相成、互相促进。在一个良性的社会中，优秀且勇于承担社会责任的企业是整个社会的顶梁柱；而对于一个真正优秀的企业而言，如果没有良好的社会环境作支撑，也无法持续发展。贵州习酒在对社会责任的履行与维护中，不仅成就了自身的发展，也实现了对社会的反哺。实践证明，如果坚持正确的为人之道，遵守社会规范，企业就可存续；如果为了眼前利益不择手段，只注重企业私利，企业就得不到社会的认可。

多年来，贵州习酒不断推进当地农村产业发展，让广大农民种植有机高粱，共享时代红利。随着大批优质酿酒原料供应基地的建成，既可解决白酒优质原料的保障问题，也可解决白酒品牌质量的支撑问题。质量的意义，对消费者来说，可以简单地理解为品质保证，但对习酒人而言，质量的意义是企业存在的理由，也是与消费者坦诚相待的诚意。

习酒高粱基地高粱熟了

（二）对过程的把控

在对原材料严格把控的基础之上，贵州习酒对于产品生产过程品质的把控也十分严格。习酒整个生产过程的精细化与数字化，前文已有详细阐述，而想要达到这种精细化与数字化，需要建立一套完善的生产管理制度，这也是酿造高品质习酒的核心因素。

根据富有经验的习酒老员工介绍，习酒在质量的突破上，最重要的一个因素就是对生产现场管理的重视。例如，从最开始原料的投放、红粮的粉碎、发酵，再到后来的每一次蒸酒、烤酒、馏酒、摊晾，以及现场收温和入窖的管理，整个生产流程都竭尽全力地把一切工作做到极致。又如，每一个环节的卫生管理，在没有正规化操作以前，现场其实是比较脏乱的，而脏乱的现场很容易将杂质带进酒里。再如，员工在生产车间外面走一圈回来，鞋上沾有泥巴，泥巴留在生产车间，就会对产品质量产生或多或少的影响。现场管理标准化、规范化之后，员工如果离开了生产车间再返回，就要对穿着的衣服鞋帽等进行处理或消毒，这样就有利于在生产过程中把控好产品的品质。

对生产过程品质的把控，也体现在对产品安全的监管能力上。2012年，白酒行业发生了"塑化剂事件"，某知名酒企被查出塑化剂超标。塑化剂事件曝光后，所有的白酒企业都十分警觉。所有白酒企业都被要求建立正规的检测方法，贵州习酒也不例外。于是，习酒搭建了自己的检测体系，还把酒库里所有的酒样全部取出来普查了一遍，以保证白酒生产的绝对安全。

贵州习酒对于生产过程的品质把控，最早由包装车间提出了5S管理法。这是一种现代企业管理模式，5S，即整理（Seiri）、整顿（Seiton）、清扫（Seiso）、清洁（Seiketsu）、素养（Shitsuke），又被称为"五常法则"。这样的管理办法由包装车间逐步扩展到了其他各个车间，效果十分显著，即对生产过程的每一个具体细节做到精细化管理，即使再小的步骤、操作，都必须按照规定来做。"不积跬步，无以至千里；不积小流，无以成江海"。贵州习酒在管理上长期积累与坚持，一步一个脚印地踏实生产，今日的辉煌是必然结果。

生产过程品质把控的最佳证明，便是贵州习酒多年来得到的一个又一个国家级甚至世界级的质量奖项。1988年，习牌习酒获商业部系统优质产品称号；2002年，获贵州省名牌产品称号；2011年，获贵州十大名酒称号；2012年，成为第一批"贵州老字号"；2018年，"习酒·窖藏1988"获评华樽杯全球酒类产品四十强品牌；2019年，习酒获第十八届全国质量奖，成为继茅台之后第二家获此殊荣的酱香酒企业；2020年，习酒获第三届贵州省省长质量奖；2021年，在"华樽杯"第十三届中国酒类品牌价值评议中，习酒以1108.26亿元位列中国前八大白酒品牌；2022年，习酒荣获有"质量奥林匹克"之称的第47届国际质量管理小组大会的特等金奖，其品质标杆效应从国内传导至国外，在"华樽杯"第十四届中国酒类品牌价值评议中，贵州习酒品牌价值达1690.53亿元；2023年，贵

贵州习酒以品牌价值2224.63亿元位列中国白酒前八、中国酱酒第二、贵州省白酒第二。

1988年，习牌习酒获商业部系统优质产品称号。

2019年，习酒公司荣膺第十八届全国质量奖。

州习酒品牌价值以2224.63亿元位列中国白酒前八，"君品习酒"品牌价值达到1226.05亿元，居全球酒类产品第十六名、白酒类第八名，"习酒·窖藏1988"品牌价值达到1042.45亿元……习酒，用一张张优秀的质量"成绩单"，向世界证明了自己对高质量追求的不变初心。

多年来，贵州习酒以高质量在消费者心中树立起不可撼动的地位，这是几代习酒人匠心酿造的果实。对质量的孜孜追求，已经深深嵌入每一个习酒人的骨子里。

（三）对残料的把控

白酒的酿造过程，并非在生产结束产品出厂售卖之后便完成了，其后还有对于生产残料的漫长处理过程。对于一家有责任、有担当的优质企业而言，如何合理地处理好白酒生产后的残料问题，最大限度地体现一家企业的精神与品格。

这些年，随着现代白酒酿造工艺的发展，白酒废料的处理也得到了极大的改善，许多酿酒的废料处理形成了产业化集群，将废弃物能源化、资源化已经产生了显著的社会效益。而针对酱香型白酒，同样有一套完善的废料处理方法，酱酒酿造产生的主要废弃物包括酒糟、污水、燃煤烟尘等，都有一一对应的处理方式。

关于废水的处理。酿酒的过程中产生的废水均属于有机废水，含有高浓度有害物质，如果直接排放，会对环境造成严重的危害。处理这类废水的主要方法有物理处理法、化学处理法和生物处理法，处理之后的废水可以直接排放，甚至可以用来养鱼，极大地降低了对环境的污染。废水通过厌氧发酵还会产生沼气，酒厂通过煤沼混烧技术循环利用，降低能耗，提高经济效益，同时能节约能源。

经历过九蒸煮八发酵七取酒之后的酒糟，需要进行一系列的无害化专业处理。酒糟含有丰富的淀粉、粗蛋白、粗脂肪和微量元素，还含有丰富的氨基酸、醇类以及酒类的芳香物质，营养成分极高，是很好的饲料和肥料生产原料。不过酒糟不能直接用作肥料给作物施肥，否则容易烧坏植物根茎，丢糟需要通过工业手段才能生产出饲料或者肥料。另外，酒糟的成分与酱油主要原料的许多成分类似，所以用酒糟作为主要原料酿酱油也是可以的，如果质量能够达到国家标准，酱油因为酒精等的作用，还会形成独特的风味。同样，酒糟也可以用作辅料生产食醋，让醋的风味多样化。

"问渠那得清如许？为有源头活水来。"贵州习酒一直以来都在竭尽全力地投入与支持对残料的处理，像爱护眼睛一般呵护绿色赤水河。保护美酒河，贵州习酒义不容辞；美化赤水河，贵州习酒责无旁贷。长期以来，贵州习酒秉承发展、生态、安全三大理念，在废气、废水、废料"三废"污染治理上，一直作表率、走前列。

废水处理方面，2012年，习酒公司启动包装车间洗瓶水的循环再利用工程，先后投资100多万元完成包装车间的洗瓶水打回高位水池处理后再用于浓香锅炉的供给水。2013年，建成能综合处理废水的处理厂。2014年，建成制酒车间冷却水回收站并投入运行。除此之外，为了处理当地居民生活污水，习酒还垫资修建了习酒镇生活污水处理厂，每天可以处理当地生活废水2000吨，竭尽所能履行酱酒头部企业的社会责任。

废料处理方面，贵州习酒与北京一生物生产公司合作，使废料回收，生产成可利用的饲料，专供周围村镇的养殖户，一定程度上帮助村民解决了冬季饲料短缺的问题。

废气处理方面，习酒公司于2010年已完成燃煤锅炉的升级换代，燃煤锅炉全部改用生物质燃料和燃气，新投入燃气锅炉6台。这样做虽然会增加成本和运行费用，但贵州习酒坚持按照低碳排放、绿色环保的要求，以实现可持续发展。

在酒的成品生产过程中，残料废料的处理不仅是一个环保问题，也是一个公司责任与品格的体现。贵州习酒的浩然正气在企业生产、发展的全方位都是一以贯之的。精于技、匠于心、品于行，胸怀一颗真心，方不负大好时代。

三、标准理性

除科技的不断创新和对生产原料的严格把控之外，习酒的工艺美学还体现在对工艺标准的纯然追求之上。具体而言有生产过程的精细化、生产管理的数字化和品酒师的高超技艺把控。以上种种，均体现了习酒在生产过程中的标准理性。

（一）精细化：生产过程逐步细化

贵州习酒在发展过程中，对其生产过程的把控与标准化管理是逐步细化的，体现了时代发展的要求和自身发展的内驱动力。而其生产过程逐步精细化的趋势，不仅体现在对生产要求标准的精细化，也体现在对各个生产环节人员管理的逐步精细化。种种方面，都展现了贵州习酒对生产标准的理性把控。

前面已经阐释了在制曲、制酒环节，贵州习酒的层层把关和严格监控，这两大环节直接影响酒的质量与品质，在精细化生产的过程中，自然是重中之重。但除此之外，在完成前中期的主要环节后，后面便是白酒生产的"外在"环节，即产品包装。

2002年以前，习酒公司包装车间仅有一条简单的流水线，成品直接堆在车间里面，车间场地十分狭窄。随着逐年完善，现在成品酒储存在库房，虽然包装材料还是存储在车间里面，但是成品酒已经挪开。随着生产条件的逐步改善，生产流水线也逐步优化。

包装车间的精细化生产，第一需要依靠完备的流水线工序与模式。现在包装车间的流水线生产，尽管工序步骤还是一样，但不同的是可以在一条流水线上完成包装全流程，除部分需手工包装的产品外，其余所有产品当天在流水线上完成检测并全部打包入库。

在完成流水线模式后，对于精细化生产来说，第二重要的便是对以上环节进行复查。在流水线上，员工会对前期包装的酒做不定时抽查，根据抽查的情况来决定是否要返工，决定合不合格、能不能出库。而对一些关键岗位的管控检查力度尤其大，如内在质量的灌装岗位。在灌装之前，灌装人员要进行多轮抽检。抽查结果的容量、浓度都达标之后，才能批量灌装。进行批量灌装以后，现场的管理人员要将整个流程循环检查多遍，以确保内在质量。

除了对上述环节的检查，精细化的管理过程还体现在对员工的管理。在包装车间，首先规范员工的头饰问题。女性员工，最初要求把头发扎起就可以，戴的帽子是空姐帽，但这种帽子不能把头发全部罩进去。后来改用发网夹把头发全部罩进去，但是效果也不理想。再后来，有员工向公司建议，改成缩筋的形式，可以把女性额前的刘海全部罩进去，这个建议被采纳。这一精细化要求，不仅提升了员工的形象，还能防止发生质量事故。据说，刚开始实施这些看似鸡毛蒜皮的要求与标准时，很多员工也不太习惯，毕竟处处需要留意。但一段时间过后，员工们便逐渐意识到了精细化管理的好处，一来二去，大家都接受了这样的标准，工作效率也得到了提升。

此外，每日复盘工作也是精细化生产的重要内容。贵州习酒包装车间的所有班组每天早上开班前会、质量例会。一是点名，看员工是否到位，以便安排当日的工作内容；二是总结前一天存在的问题，提醒操作时可能出现的问题，从而加强监控。在这样严格的精细化管理下，习

习酒物流园包装车间

酒公司产生了一批"全国质量信得过班组"，成为习酒包装质量把控的"守门员"。

包装车间，虽然是酿酒生产的"外环"，但其在精细化管理过程中却做成了酿酒生产全流程的标杆。其原因就在于，整个包装车间的员工，不管是领导，还是基层员工，都将注重产品质量和安全放在工作的首位，牢固树立"质量就是生命"的价值观。质量问题是整个包装车间的工作重心，为了捍卫这一核心标准，包装车间启用了考核机制、返工机制、连带机制进行监控。同时将考核事项列入年终绩效考评，包装车间每个月都有星级员工评定的考核机制，考核结果直接影响员工当月的工资、当月的星级员工评定，甚至年终绩效等级评定等。在奖惩机制的刺激下，每一个员工都将产品质量与标准当成最重要的事，从而推动了整个车间的高效生产。

（二）数字化：数据支撑的严格管理

在生产过程精细化这一道路上，通过数据来制定标准并加强管理，是贵州习酒近些年突出的发展倾向。加大对数字化标准优势的利用，可以保证白酒的生产长期维持在一个稳定、可靠的层面上，是理性之美的具体展现。如今，贵州习酒已形成一套完整的数字化指标，用以指导、规范习酒的生产。

在制曲环节，如在曲药入库验收阶段，中温曲和高温曲有不同的验收标准。对于中温曲来说，按照六点技术要求项目，分别设置权重，对其进行量化打分，判断是否合格，项目与权重分别为颜色20%、香味20%、断面40%、手感10%、皮张10%，同时，按照习酒专业人员的判断标准，将曲药分为三个不同等级，每个等级的曲药在香味、颜色、质感、水分含量等方面都有区别，以此来挑选品质优良的曲药。

在成品酒包装质量检测方面，也有一系列的指标标准。例如，在灌装阶段，需要抽样送到化验室进行酒精度检测，且要对每一灌装头进行灌装容量检测，检测总数需大于等于30。进入包装阶段后，需对每托盘抽样大于等于1件，每检验批抽样大于等于80瓶，对装瓶质量逐一检验并记录，同时提取留样酒。包装完成后，对包装车间提交成品酒检验申请，在这个过程中，又需要至少抽验14件进行复查，复查内容包括一次性酒盒的装箱、打包质量检验，检验时是否开盒由检验员确定，另外也要对非一次性酒盒的装瓶、装箱、打包进行质量检验。等这一系列检测合格后，才能出具合格检验证明，通知各生产班组和物流中心保管；如果不合格，需要通知送产班组，返工处理，处理完成后重新提交检验。

另外，对于包装材料的验收，贵州习酒也是精细到了每一个小点，在一切可以进行数字化规范的地方提供了相应标准。检查内容包括商标、打包带、封口胶、胶套、包装纸、泡沫垫等。其中，如封口胶、包装纸、泡沫垫、飘带，都需要符合贵州习酒规定的正确尺寸，铆钉则针对不同产品线有不同标准，其精细程度达到了毫米级别。在这一系列高度数字化、精细化的流程标准下，贵州习酒才能在最大限度上保证产品出厂的一致性与标准性，从而不断提高习酒在消费者心中的可信度。

（三）品酒师：久久为功方得心中圭臬

贵州习酒的技术水平在不断发展的同时，更注重经验的积累，尤其是在品评基酒、勾调定级等重要环节。"酒"是一种特殊的商品，有人偏爱果味浓郁的红酒，有人偏爱清爽解渴的啤酒，也有人更中意辛辣刺激的白酒，不同种类的酒有不同的喜好人群。在保证酒的质量的基础上，如何勾调出让大多数消费者喜爱的酱香型白酒，是每一个习酒人，每一位品酒师不断努力的方向。习酒的评价体系，无法用精准数据去衡量相对主观的感受，要依赖于众多优秀且经验丰富的品酒师，动用其几十年的经验累积来作判断。那么，这样一种"主观"的口味和标准，是如何在经历了百般训

成品酒质量检测

练的品酒师那里得到统一的判定的呢？

在贵州习酒内部，口感与质量的重视程度是齐平的。质量可以按照国家标准，而口感则是无形的，能表达出来，却无法数字化。但口感又是一个非常神奇的指标，消费者们会自动筛选出口感好的产品，并为此买单。在中国想要研究饮食，去市场上逛一圈就能找到行业的标杆，因为中国百姓的口味永远是最严苛的。"民以食为天"的古训，深深印刻在每一个中国人的基因里。

如果想要提升口感，最核心的是需要培养优秀的勾调师。优秀的勾调师拥有无法被人复制与模仿的勾调经验。然而，不论是优秀的勾调师，还是品酒师，他们在成长为行业大师之前，都经历了千锤百炼。在贵州习酒，想要成为一名优秀的品酒师，离不开一步一个脚印的努力与积累。想要申请成为品酒师，需要通过一个基础考试，考试合格后，公司会把员工分配到尝评班，进行为期三个月的实习工作。三个月后，再进行一场考核，如果考核通过便成为真正的品酒师，如果失败便会被退回原岗位。考核内容全是实操，即分酒样。据品酒师回忆，在三个月的试用期内，每天的工作就是把所有的酒样来来回回地品。在评酒班，每日流程就是等勾贮中心勾调好酒以后，去酒桶里取回酒样进行暗评。暗评结束后，如果这个酒和标样酒、对照酒两个酒样相差不大，便能判定合格。如此日复一日，在不断地对比与重复中，分出酒样。

外行人对品酒还有一个误区，认为品酒师的酒量一定不错。实际上，品酒师不一定要喝每一杯酒，更多的时候闻香占据了品酒工作的很大一部分。每个人对酒样的认识，在口感上的天赋、嗅觉上的灵敏度，都会存在诸多差异。有些品酒师领悟得慢一点，有些品酒师快一些，这与味觉、嗅觉等综合天赋能力有关。另外，品酒需要评断酒的年份，一般优秀的品酒师在品评之后能有一个大致的判断。对于不同年份的酒，贮存年限差距越大便越好判断。

品评

随着中国白酒行业的不断发展，品酒师也成了一个行业标准与等级逐渐完善的职业。中华人民共和国成立以后，国家从全国各地的各个厂抽调了技术人员做国家级评酒委员，后来慢慢发展出了省级白酒评委。每个品酒师的职业最高路径，就是成为国家级白酒评委。长期以来，贵州习酒都高度重视白酒酿造技术的提升和专业技术人才的储备，为企业可持续发展锻造"人才力量"。截至2023年，习酒拥有中国酒业科技领军人才、中国白酒工艺大师、黔酒大师、贵州酿酒大师、国家级评酒委员、贵州省评酒委员、正高级工程师、高级工程师100余人，各类专业技术技能人才2000余名，在同等规模酒企中处于前列。

一方面，国家级评酒委员的荣誉，是对品酒师能力水平的最高认可；另一方面，随着白酒行业的不断发展，尤其是像以贵州习酒等为代表的酱香型白酒龙头企业，对于国家级品酒人才的需求也在不断扩大。优秀的品酒师是酒企的灵魂，他们用自身几十年的经验累积，为酱香酒的品质保驾护航。

第四节 习酒的酿造精神

赤水河，尤其是茅台、习酒、土城三镇沿岸，集聚了酿造东方习酒的核心生态优势。在融入茅台的20余年历程里，习酒吸收了其诸多顶尖的酿造技艺与方法，在酱酒质量与产量方面更上一个台阶。然而通过对习酒的深入了解，就会发现除了得天独厚的自然环境和孜孜不倦的技术革新，贵州习酒之所以有今天的成绩，离不开这一切的生产主体——习酒人。他们秉持着"知敬畏、懂感恩、行谦让、怀怜悯"这十二字箴言，奠定了贵州习酒如今行业前列的地位。

一、技艺与匠心

走进酱酒的酿造世界，一片新的天地徐徐向众人展开：龟背形密实又透气的曲块、干枯又坚实的卡草、锯牙般锋利的刮曲刀、蒸汽升腾的酒甑、山丘形棕黑的粮摊，还有汗流浃背在炎热的生产车间里一铲一铲劳作的师傅。

与其他类型白酒不同，酱香型白酒有众多从古至今传承不变的规则与技艺，这些规则与技艺在工业化覆盖的今天，对酱香酒的酿造师傅来说，几近苛刻。但正是这样苛刻的手工技艺要求，保证了酱香型白酒不可复制甚至不可超越的价值和地位。如何让这些精湛的手工技艺年复一年地流传下去，成为贵州习酒最关注的问题。而他们也用自己的行动，给出了最朴素的答案：坚持古法，代代相传。

（一）古法取心

酱香型白酒有一个非常古典的别名——坤沙酒。这一名字的由来属于音译，"坤"又音似"捆"，有完整的含义。这一名称，包含原料与技艺两个方面的含义。第一，关于原料方面，坤沙中的"沙"，指的是贵州本地所产的优质糯小高粱，这种高粱颗粒小、饱满均匀、圆润如沙，因此有"沙"这一别称。第二，坤沙酒也寓意着一系列复杂的酿造工艺，这些工艺被笼统称为"坤沙"工艺，即耳熟能详的"12987"工艺。每年酱酒生产始于端午前后，端午制曲、重阳下沙，完成整个酿制过程需要一年的周期，在这一年内需要二次投料，九次蒸煮，八次发酵，七次取酒，于是便有了"12987"这一工艺流程。然而，这一年的周期还不足以让当年生产的"新酒"装瓶出售，这仅仅是完成了基酒的酿造。之后，至少要让这些酒液贮存三年，再将基酒相互勾调，继续贮存至少一年，检验合格后方可出厂。所以说，当消费者可以在市面上买到并品尝一瓶正宗的酱香型习酒时，意味着这瓶酒至少等待五年，才能来到消费者面前。

酱香型白酒酿造工艺复杂，酿造周期漫长、酿造成本高昂，这是其他香型白酒所无法替代与比拟的。而这种酿造工艺，并不是后生所创，而是沿袭于我国悠久的酿酒历史传统。这种酿酒古法代代相传，以茅台、习酒为代表的头部酱酒企业，仍沿袭着传统酿造时令，因时制宜，遵守"端午制曲，重阳下沙"的古老传统，这种自然与古法的结合，体现了酱酒的内在生态美学。

"端午制曲，重阳下沙"是现代生态社会所倡导的生态美的典型体现。虽然端午、重阳并非时令节气，但这一说法背后蕴含的是习酒人对

制曲原料小麦

于自然节气的了解与利用。端午节前后，气温逐渐升高，是高温制曲的最好时期。此时空气中的微生物种类数量多且活跃，有利于高温大曲的培养。曲药以小麦为原料，将粉碎的小麦加入水和"母曲"搅拌，放在木盒子里压成"曲块"，然后用稻草包起来，进行"装仓"。这个过程并未就此结束，十来天后，曲块要被"翻仓"，以保证其每一面都能充分接触微生物，进行发酵活动。再过一个多月，曲块便可顺利出仓。但要真正投入制酒流程，还需储存四至八个月。由此，这前前后后的制曲工作，差不多要到重阳节前后才算真正结束。

"重阳下沙"即投粮。重阳节前后是一年中秋高气爽的时候。重阳节之后的投粮其实分为两次，第一次叫"下沙"，第二次叫"造沙"。第一次的"下沙"，从农历九月初九开始，此时气温微降，河水清澈甘甜。

仓储一年的糯红高粱，经过润粮、加母糟、蒸粮、摊晾、加曲堆积，然后进入窖池发酵。第二次的"造沙"，时间一般为下沙一个月后，下沙和造沙的投料量分别占50%。第二次的投粮与第一次发酵后的糟醅进行完全混合，然后上锅蒸煮、摊晾、加曲、堆积、再次入池。直到这里两次投料全部完成。

"端午制曲，重阳下沙"这一系列复杂的生产工艺，体现着酱酒生产"高温制曲、高温堆积、高温发酵、高温馏酒、长期贮存"的特点，也是酿酒人切身经验的体会与总结。这是一种内熟于心的先天技艺，这种手工技艺带有许多只可意会不可言传的体悟，具有某种神秘性，展现了中国传统生态文化中人与自然和谐共生的思想，同时继承了古人对流变的自然节律的生命体验。

除此之外，酱酒酿造的过程中处处体现着取心于古法的传统技艺。许多古法劳动，是辛苦而机械的。据老习酒人回忆，最早习酒厂缺少机器，酒糟在窖里，只能靠人工一铲一铲地挖出来，体力消耗极大。从这些劳动技艺的描述中，不难看出其中的艰辛。但对于世世代代靠水而生的习酒人来说，一份普通的劳动就是终生的依靠，只有每个人把工匠精神发挥到极致，才铸就了如今的东方习酒。

（二）革新今技

千百年来，酿酒技术在古法中锤炼、提升，贵州习酒也不例外。纵览习酒酿造技艺的发展历史，不难看出其在技术革新中的几个关键因素：一是习酒的技术革新离不开向其他白酒工厂的学习与借鉴、交流与合作；二是习酒的技术革新是一种传统技艺与现代机械相结合的模式，并非现代对传统简单粗暴地直接代替；三是习酒技术革新离不开最早一批习酒人的默默耕耘，他们为贵州习酒日后的发展打下了坚实的基础。

1990年，贵州习酒和中国科学院成都微生物研究所合作，通过最新

下沙

的生物工程技术，将传统优质大曲中有利于提高红曲霉功能应用的微生物提取出来，应用于制曲生产，最大限度地提高了曲坯质量。

具体针对酱香型白酒的生产，贵州习酒在科技创新上一直稳扎稳打，不断前进。其中，在制曲环节最重要的突破是自主研发了高温仿生制曲技术。2012年，时任习酒制曲车间主任的杨刚仁，在高温制曲上积极创新，牵头与设备厂家合作，成功研发了首台仿生机械压曲机。这套自主研发的高温仿生制曲技术，高度模拟人工踩曲的特点，几只机械脚掌交叉踩压麦料，不断对麦料起到揉熟和提浆的作用，最大限度还原了人工踩曲所制成的麦曲特征。2015年，杨刚仁作为主要研究人员，参与了贵州省科技厅"酱香型白酒酿造机械化关键技术研究及产业化示范"课题研究，围绕酱香型白酒酿造机械化关键技术进行攻关，带动、促进了酱香型白酒酿造技术发展，引领贵州传统白酒产业向现代产业发展转型升级。在不断推广试验后，2018年，高温大曲仿生机械化生产线在习酒公司全面铺开。与传统人工制曲相比，一台高温仿生压曲机的工作量相当于6位工人的工作量，这一技术的革新为习酒产能的提升奠定了坚实的基础。

在革新传统技术方面，贵州习酒将传统技艺与现代科技相结合，两者之间不是单纯的替代关系，而是互补关系。例如，现在贵州习酒用的工艺仍是传统技艺，如"12987""四高两长"等，这些都是传承下来的。贵州习酒并没有脱离这套工艺，而是在这中间加了一些可以用机械化代替的地方。比如，运输环节可以机械化，冷却系统方面也可以机械化，这样既减轻工人们的劳动强度，又没有改变古法传统。两者相互结合，帮助习酒的酿酒技术走得更远、更稳。

（三）师徒传承

作为一门传统技艺，中国白酒技术之所以能够代代相传，离不开古老的师徒传承制度。师徒关系，是中国传统伦理中重要的非血缘关系之一。如果说习酒是酱酒的嫡传大弟子，那么在贵州习酒内部，也存在这样的师徒关系。正是这种师徒关系，才使得习酒的酿酒技艺能一脉相承；也正是这一段段情谊深厚、口传心授的师徒关系，将酿酒技艺中诸多只可意会不可言传的经验保留下来，发扬光大。

习酒厂最初的艰苦创业时期，是一个广泛的师徒关系建立的时期。20世纪60年代，国民经济逐渐好转，曾前德等老一辈习酒人，开始烤制小灶酒，紧接着又研发浓香型习水大曲。在这期间，涉及酿造小曲白酒的工艺技术等方方面面的细节问题，他们一遍遍向周边酿酒的老师傅请教。不管是赤水河对面四川那边的酿酒老师傅，还是贵州当地的师傅，只要周边有烤过酒的、多少懂点酿酒技术的师傅，老一辈习酒人都虚心讨教。就这样，在不断向周围老一辈师傅学习的过程中，习酒人的经验不断增长，完成了酿酒技艺的最初积累。

　　"师带徒"制度在如今的贵州习酒，成为一项基本制度。例如，为了加快培养新一代品德优良、技能娴熟、贡献突出的青年岗位能手，以适应公司生产和发展需要，习酒制曲车间在近些年大力开展"师带徒"工作模式，对车间来的新员工进行结对帮扶，开展传、帮、带活动，拓宽员工职业技术、技能培训渠道。对于这样的基本制度，贵州习酒也明确规定了师傅的职责，即热心传授理论知识和实践操作技能；而对徒弟来说，则是要求其遵守基本的工作规章制度，热爱本职工作，虚心学习，能吃苦耐劳。在这样的"师带徒"制度下训练出来的一代又一代的习酒人，逐渐内化出了一些独属于贵州习酒的酿酒经验与技艺。

　　贵州习酒一直在进行机械化生产的研究与尝试，但许多传统人工技艺仍然是机器无法取代的。在这一部分的技艺传承中，师徒传承便显得尤为重要。如"红粮造沙"的传统，在这一阶段，需要反复通过人力进行揉制，对红粮颗粒进行揉制发酵。酿酒是一个微生物采集的过程，脚踩手摸都会带来微生物，机械化虽快，但目前还无法与人工相比拟。这种手工捏制的技艺，对于师傅的力道、动作幅度都有要求，师傅需要通过双手来判断红粮是否达到标准，这一切都需要长年累月

"师带徒"工作模式培养了一代又一代的习酒人

的技艺积累才能完成。而这门关于身体的技艺，无法用任何的数据、文字来记录和传达，只能通过徒弟对师傅日复一日操作的模仿与感悟，方可达到匠心的境界。

除了"红粮造沙"的技艺，习酒的大师圈里还有"看花摘酒"的绝活。厉害的酿酒大师可以在酒液流出后，用手试温判断酒精值，并且最终与检测结果的差距不超过2%vol。酿酒大师根据酒桶出来酒花的大小、酒花滞留时间的长短，进行分段摘酒。这一项令人叹为观止的技能，绝非一朝一夕可以成就。类似的例子，在习酒的酿造过程中还有很多，如有关糟醅的含水量，经验丰富的师傅徒手就能捏出来个大概。

再如，在摊晾拌曲时，诸多细节都需注意。刚蒸煮出来的粮食温度很高，需要借助外力来降温，而降温的程度需要师傅严格把控，对温度过高的糟醅进行摊晾，温度过低的进行收拢，避免不均匀的情况出现。另外，摊晾时为了防止粮粘连结成块，师傅们需要掌握特殊的手法：用锹从摊晾的粮醅中间铲一条线，到达终点后，回头将粮划成条埂，再紧接此条埂进行其他条埂的操作。第一次打造完后，横向进行第二次打造。打造后，用拉耙或叉扫将粮醅拉细、扫松散，保证摊晾后的粮醅不成团。这一系列复杂的人工手法，都需要老师傅们言传身教，代代传承。

二、分工与合作

酱酒的整个生产过程分为制曲、制酒、贮存、勾调、检验、包装六个环节，每一个环节，都需要习酒人在流程与技艺上的通力合作，才能确保生产出质量高且稳定的习酒。在整个过程中，有不少因素会影响酱香酒最后的质量，为了确保万无一失，贵州习酒在整个生产流程中，将标准、经验与协作，视为最重要的生产因素。将这三大因素置于酱酒生产的全流程来看，方能挖掘其背后的协调之美，找到高品质习酒生产的核心因素。

（一）标准：稳定至上

酒，尤其是酱香型白酒，具有生产周期长的特点。君品习酒，因为要经历老酒、基酒的反复勾调工作，一瓶可以出产的新酒背后至少要经历五年的制作时间。在这一客观现实的背景下，生产流程中的标准问题便显得至关重要。标准是确保产品稳定的核心，酒的稳定就是年份酒的风味的稳定，贵州习酒为此做出了不懈的努力。

习酒的酱香型白酒试验，是1976年由老习酒人曾前德提出的，目的是改变公司当时产品单一化的生产模式。1990年以前，习酒的酱香酒生产经历了一系列跌宕起伏的过程。在1976年提出生产酱香酒后，经过多年的反复试验、试产，在1981年，习酒的酱香型白酒生产才正式提上日程。在参照1976年酱香酒试制工艺后，到1988年酱香型白酒产能从几十吨增长到3000吨，随着产能的扩大，许多参数指标管理迎来了巨大的挑战。例如，曲药质量的把控问题、不同批次酒之间的产品稳定性问题、新酒的口感问题等。随后，习酒内部充分讨论研究了这些问题，最后在1990年，制定出了制曲、酿酒工艺规程和各工序操作标准，确定了生产技术中应遵循的原则，对工艺工序的管理也提出相关要求。从此，有关酱香型白酒酿造过程中的一系列工艺要求，在贵州习酒内部便统一、稳定了下来，并且每年都在不断提升。

酱酒生产的每一个过程，都需要有严格的标准进行产品质量的把控。在深入了解习酒人对于标准的理解后，最终得到一个肯定的答案，也是他们一以贯之的宗旨：稳定。

邓小平同志曾有句名言："稳定是压倒一切的。"由国家到社会，由社会到企业，"稳定"二字的现实意义不言而喻。从企业生产产品的角度来说，产品的稳定性是一个极其重要但又容易被忽视的因素。

对"稳定"的重视，体现的是企业对质量的严格把关与要求。对于白酒行业来说，这一点至关重要，因为产品最终流向了消费者的身体。1963年前后，茅台酒受到了质量问题的深刻影响，这件事对当时的习酒厂触动很大，从中吸取了深刻的教训，坚持年复一年对稳定质量的追求，最终使习酒在白酒界不断斩获荣誉。2019年，习酒荣获"全国质量奖"，2020年荣获"贵州省省长质量奖"，2021年荣获"亚洲质量卓越奖"等，这一系列奖项都是对习酒品质稳定、优良的肯定。

（二）经验：层层累积

白酒酿造是一个传统产业，有些标准无法被量化，有些精华与核心的技艺是现代科技无法取代的。这样的行业特殊性，使手工经验占据着重要地位，而这种经验，是经由个体代代相传的。这些经验的积累，体现在酿酒的各个环节。

易顺章回忆起他刚进车间进行酿酒生产时说："我们来的时候只有三个车间，三个车间就是三个班。那时候的产量少，吃饭都成问题，酿酒用的粮食是从当时的生产队交的公粮里来的。那个时候，全厂好像也就一两百吨（产量）。旺季的出酒率就高，可能有三四十斤；淡季，天气一热，用人工降温，出酒率就低。我们来的时候，我们那个车间可以用电风扇了，降温了以后，出酒率要高一点。但是跟现在比，那个降温条件要差得多。冬天才是旺季，它容易降温，糟子容易把温度降下去，这个在窖头去发酵温度才好。热天天气热了，它温度高了，发酵温度不好掌握，所以那个时候的出酒率就低。我们通过多年的摸索以后，才逐渐掌握发酵温度与气候的关系。"可见，在最初习酒生产的过程中，经验是在不断地试错与摸索中总结出来的。无数个日夜，无数年尝试，老匠人们才慢慢领略了发酵的奥秘。易顺章说，自己所在的车间连续三年（1981年、1982

年、1983年）获得优质高产车间，全靠自己和其他队友多年摸索，积累经验。

如果说在酱酒生产流程中，制曲、酿酒都还算是一些"间接"能体现习酒生产经验的环节，那么在勾调和品酒出厂环节，则最直接体现经验。它们的直接性体现在，虽然有一定的数据指标作为支撑，但最重要的还是需要品酒师们的味蕾经验去作判断。真正的酱香型白酒的生产，要经历五个板块，基酒生产、选酒、存酒、老酒定型、陶坛养酒。除了在第一个基酒生产板块，品酒师参与得相对少一些，在后面的四个板块，品酒师都起到了至关重要的作用。在每一轮需要品酒师参与的环节，至少要5名专业品酒师，进行暗瓶品评。待一切指标达到合格标准后，才能进行下一个环节。而对于品酒师而言，每一次品评都是对自身味蕾的检验，品酒师对自己的生活要求极其严格，不能熬夜，不能吃辛辣刺激的食物，女性品酒师不能用化妆品，这一切的自律都是为了保护味蕾的纯净，以便能最大限度准确对酒进行品评。

与经验丰富的品酒师细聊，从他们的口中便可得到他们对酒的品评标准，即对每一款产品定性、定型、定格。乍一听，似乎是在故弄玄虚，无法直接把握要义。但其实，在这样看似抽象但实为严苛的标准里，一方面是分辨出不同层次的酒，另一方面是对任何层次的酒都进行品质上的严格把关。品酒师的工作看似主观，但他们却是最严格的标准执行者，只不过他们依靠的并非具体的数据，而是灵敏的嗅觉和味觉。酱香型白酒入口与其他类型的酒有明显区别，它带有酸、涩、苦、煳等多重风味，因此，品酒师在对每轮次酒进行挑选的过程中，也会将中间段位好一点的基酒挑选出来，这类酒入口没有那么难受、刺激。而在选酒环节，品酒师们都有各自对应的标准，而这些标准，也是通过多年经验的沉淀和消费市场的反馈总结而来。

对于普通人来说，普通白酒也许半斤就倒，但君品习酒可以多喝二

学员评酒实践

三两，因为好的酱香型白酒，入口柔滑顺畅，喝完之后神清气爽，第二天也不会头昏脑涨，身体反而十分通透。据专家叙述，想要把入喉与第二天喝完之后的感受都做到极致，是很困难的，同时是品酒师的责任所在——通过自身味蕾的敏锐体察来控制产品质量，从而给消费者带来身心愉悦的体验。

（三）协作：同心协力

贵州习酒自1952年国营建厂至今已有70余年历史，其间经历了大起大落。特别是在加入茅台之后，习酒在改革浪潮之下，得到了长足的发展，20余年间取得了巨大的进步。2022年，习酒独立，又开启了它新的征程。

在这70余年跌宕起伏的历程中，习酒有好几次濒临险境，但正如习酒人每一次举杯必喊口号"习酒，一、二、三，干！"一样，无数次的险境，都是靠每一个习酒人齐心协力，共同克服，直到今日。

在茅台集团兼并习酒公司的初期,因为刚刚恢复全面生产,资金一时间难以完全供给,于是习酒公司的员工们便自掏腰包,只为能尽快恢复生产。

20世纪90年代中后期,是习酒厂最艰难的时刻,为了生存下去,公司作了一个决定——让副总经理去跑市场,一个人划分一块区域。当时习酒的几个年轻副总,钟方达、陈应荣、黄树强、吕良科、陈长文等人,纷纷下场跑起了销售。据钟方达回忆,当时他负责华东市场,1996年至1998年,他跑了整整两年。当时华东市场销售高峰期的销售额,可以占据整个习酒销售额的50%。尽管如此,当时的习酒公司生存仍十分困难,甚至一度连员工工资都发不出来。在这样的关头,许多领导、经理,都拿自己的钱给员工发工资;而许多员工也自愿不拿工资,帮公司挺过这一关。在习酒厂最苦最难的时期,这样的领导、员工,比比皆是。

20世纪90年代,习酒公司用的是临江的河水。1999年遇到干旱气候,生产停水了十余天。当时的习酒领导找到县长,县长的回应是,遇到干旱气候,优先要保农业的人畜饮水和灌溉用水,对于习酒公司的用水需求实在是无能为力。面对这样的无奈,习酒领导们暗下决心,自己解决用水问题。于是在被茅台集团兼并过后,习酒公司就自己内部搞了一套抽水工程,停用了临江的河水。就这样,在水电等一系列问题解决后,习酒公司终于投入了大规模的生产活动。

在产品研发与技术稳定的过程中,习酒也面临诸多难题。酱香型白酒刚刚出现在市场上时,消费者有一个接受与反馈的过程。酱香型白酒对比之前的浓香型,明显呈现酸涩味重、风味老辣厚重的特点,消费者一时间无法适应。但习酒人在考虑这一问题时,并没有简单化理解,而是思考到底是消费者需要一个接受的过程,还是公司初期生产的酱香型白酒并不"好喝"?为了弄清这一问题的答案,习酒公司专门

"习水魂"石碑

邀请贵州轻工所所长丁祥庆到厂区研究。当时尝试进行复蒸，把酒重新蒸一道来提炼，还有在酱香里面调一点浓香进去，把酒改善一下，就不是纯酱香。再然后，习酒公司又在四川请到白酒专家庄名扬当顾问，进行科研。庄名扬从曲药里面提出一些优势曲，优势菌种培养以后，再回到曲药里面去强化曲。接着又在四川大学请专家来改善窖泥，改善后的窖泥，贵州习酒直至今日都还在使用。

总之，习酒的研发、生产、销售等各个环节，都是依靠习酒人强大的凝聚力与协同作战能力。"千淘万漉虽辛苦，吹尽狂沙始到金"，习酒在一遍遍淘漉泥沙与碎石的过程中，终得恒久酱香。

三、人才与发展

"千军易得，一将难求"，贵州习酒能一路前行到今天，离不开每一位习酒人的付出与努力。高品质人才，是确保贵州习酒高质量发展的根本。对于人才的重视，贵州习酒一直走在前列。不论是从人才的整体管理与规划、专业人才的职业技能培训，还是每个习酒人的业余文化生活的培育与投资上，贵州习酒都牢牢地把"相才、育才、护才、用才"的人才理念贯彻到了极致，从而成就了自身的发展。

（一）聚才：制度与规范管理

公司是社会化的产物，而人是组成社会的全部条件，因此，在公司发展的管理与规划上，对人的管理与培育，成为重中之重。"人才不振，无以成天下之务。"一个国家、民族的发展需要依靠人才，同样一个企业的发展更需要依靠人才。贵州习酒一直以来对于人才的管理，都遵循"相才、育才、护才、用才"的理念。酿造出一坛习酒的基础是人，是每一个习酒人所展现出的专业规范与人文素养，让这坛习酒历久弥香。

贵州习酒的人才管理制度，在其70余年的发展历程中，经历了一个从无到有，从缺失到全备的过程。20世纪80年代初，习酒职工整体文化素质偏低。1989年公司引进第一个大学生起，开始注重各类专业技术人才引进。1992年，陆续引进大学本科生、专科生和中专生200余人。1998年，在被茅台集团兼并之后，习酒公司把引进各类专业技术人才作为企业发展的一个主要方面，逐步健全人才引进机制。从2000年起，公司员工文化水平全面提升，专业技术大幅度提高。

贵州习酒对于人才的招工规范，是在其发展过程中逐步完善与前进的，并且招工标准与要求也随着其不断地发展而提升。例如，20世纪七八十年代，当时的习酒还叫红卫糯酒厂，整个厂区工人40余名，那时每年的白酒产量有100千升左右，工人大多是临时工，因此并不存在过多的人才专业技能培养、福利保障等。到20世纪80年代，习酒厂实行"面向社会、公开招工、自愿报名、全面考核、择优录取"的原则，扩招了各类员工100余人。到20世纪90年代，为了配合企业的改革与发展，同时优化员工队伍，习酒公司进行了多次千余人的大型招工。而迈入21世纪之后，习酒公司一步步提高了自己的招工门槛，大批量引进本科生人才，甚至引进了研究生、博士生等；员工的专业方向也在不断地丰富、拓展，工商管理、经济、统计、物流管理、计算机、汉语言文学等，诸多不同领域的专业人才慢慢会聚到了贵州习酒。如今，相比起70多年前刚刚创立的仁怀县郎酒厂，贵州习酒已长成一片郁郁葱葱的森林，各类树种在这里生根发芽、相映成趣。

除了对公司内员工进行规范化的招聘，贵州习酒对员工们的劳动保护、社会福利等诸多方面，也处处体现着其标准化与人性化的管理理念。例如，坚持给员工发放劳保用品，并且标准随着经济发展水平不断提高。1985年，制定《习水酒厂职工劳动保护用品管理办法》；2014年，为了响应国家最新的劳动保护法，重新制定了《劳动保（防）护用品管理办法》。

在社会福利方面，贵州习酒在公司内外都为员工们提供各类保障。在公司内部，为了改善职工生活，在产区范围内开设了食堂、水房、小卖部、小食店、医疗室等。伴随时代发展和人民物质生活水平的提高，其为职工的服务标准也在不断提高，如在食堂餐厅内配备电视、空调、风扇、饮水机等设备，同时食堂的餐食也在不断提高标准。而在公司外部，贵州习酒也为员工提供一系列的福利住房服务，成立了专门的住房改革领导小组，不仅在厂区附近修建员工保障性住房，还不断改善住房质量，提高住房标准，如翻新老旧房屋，配备停车场、运动场等配套生活设施，用最切实的方式保障员工的工作与生活。

（二）专才：技能教育培训

人才作为企业的立足之本，一直以来都是贵州习酒的核心工作方向。随着公司的不断发展，人才的需求问题也越来越突出。贵州习酒一方面大力引进所需人才，以满足企业日益发展的需要；另一方面尊重知识、尊重人才，努力营造良好的公司氛围，不断吸引人才、留住人才；同时鼓励探索和创新精神，促进优秀人才脱颖而出。

1984年，习酒厂创办了子弟学校，后来许多领导型管理人才，都是从这个子弟学校走出来的。由于当时习酒公司领导对教育非常看重，从全国各地聘请了非常多优秀的老师来子弟学校任教，这所学校越办越好，甚至成为遵义市文明学校。在贵州习酒达到一定的规模后，便开始大力培养管理层人才，子弟学校一直以来源源不断地为企业输送人才，贵州习酒的老员工们常开玩笑，说习酒是个"校办工厂"，习酒子弟学校是"黄埔军校"。担任过习酒子弟学校校长的吕良科，在回忆当时办学的场景时说："我在习酒子弟学校当校长时，我家里就被称为沙龙，是知识分子成堆的地方。晚上在我家里面搞聚会，谈政治、谈经济、谈人生、谈婚姻、谈爱情，半夜三更拍脚打掌的（方言，意为手舞足蹈）。那个时候，我也喜欢读书，书读得也不少。大家谈到历史上的共同话题，我就到书房去，把书翻来背。那时候，习酒厂有很多人才。"

习酒子弟学校，一方面为日后贵州习酒的管理层输送了大量人才，可以说是集团的"氧气泵"，源源不断地给企业发展以力量；另一方面，贵州习酒又跳出了只建设为公司"供氧"的人才框架，走向了一个更高的维度和理想——《论语》中"文、行、忠、信"的教育追求，即孔子所认为的教育中的四大板块，文化知识、品行、忠诚、信实。

文为知识，行是实践；拥有坚定不移的心智并且付诸行动，叫作忠；当心领神会之后产生的信仰力量，便能称为信。"文"和"行"都属于外在的表现，"忠"和"信"则是内在的修养。外在的修养虽然是在为内在涵养打基础，但也是造就内在人格的必要条件。忠厚和诚信，是仁的本源，只能够启发，无法教导，忠信是一种道德精神，必须从实践出发。作为一个君子来说，这四者是一个整体，相辅相成，不可或缺。贵州习酒对于员工的培育如同其对于酒的酿造一样，都是依照君子的标准在进行。

除了开设子弟学校，贵州习酒也为员工提供职业技能培训等一系列提升专业技能的机会。如开展定期员工教育培训、各类技术标兵评比，甚至和贵州大学合作开办生物大专班，帮助职工提升综合能力和专业技能。就是在这样的努力与推动下，贵州习酒和员工一路肩并肩共同进步、互相成就，不仅实现了专业领域上的突飞猛进，也成就了如今"酒中君子"的文化底蕴。

（三）文才：多样文化建设

除了对人才的专业技能培训，贵州习酒还十分注重丰富员工的文娱生活，培养激发习酒人的各类艺术潜能，这与习酒"崇道、务本、敬商、爱人"的企业核心价值观十分吻合。习酒人除了在公司里能找到自身职业发展的路径，也能找到生活的爱好与乐趣。贵州习酒在关于人才队伍的文化建设、文娱生活的丰富上，做了文化硬件建设、文化软组织建设及文化活动各方面的努力与尝试。

在文化设施的硬件建设上，贵州习酒十分注重文化景观建设，把工厂建设得像花园一样——楼台壮丽、亭阁玲珑、树木葱茏、鸟语花香，既让员工有休闲娱乐的地方，又让来客赏心悦目，流连忘返。例如，1989年建设了可赏花观鱼、登楼远眺的"习酒阁"和代表着风雨如磐岿然不动的习酒精神的"习水魂"石碑。1991年建设了公司的文化苑林"习酒苑"。除此之外，公司还专门为员工建设了影剧院，这里经常举行歌舞表演和各类大型文化活动；另外还建设了专为员工体育运动的黄金坪灯光球场、大坡篮球场和子弟校运动场，同时在各个生产部门如包装车间、制曲车间，建立了图书室、文化展览室、台球室、乒乓室。1993年搭建了位于大坡与大地之间的阳雀岩观景台，观景台悬于半空，视野开阔，将鳛部酒谷尽收眼底。

除此之外，贵州习酒也建设了一系列文化组织，在丰富员工业余生活的同时，也加强了团队的凝聚力，增加了员工之间的感情与协作能力。例如，成立了文学艺术界联合会，下设写作协会、书法协会、读书协会、美术摄影协会、艺术团等，可供职工自由选择参加，提升了员工的工作满意度和幸福感，增强员工对企业的归属感和认同感。这些丰富多彩的文化活动，可以提升员工凝聚力和团队合作，促进员工创造力和创新能力，提

贵州习酒纪念第 113 个国际劳动妇女节文艺汇演

高员工的情绪和幸福感，增强企业形象和吸引力，促进员工个人成长和发展。而员工丰富的工作和生活体验，有助于提升企业的绩效和竞争力。

在中国哲学中，爱人之本既是一种价值观也是一种行为准则，其不仅涉及人与人之间的关爱和互助，更强调家庭、社会的责任和义务。贵州习酒将这样一种"爱人者，人恒爱之；敬人者，人恒敬之"的中国哲学思想，深深根植于其对员工的责任与义务之中，而这种"爱人"精神，也深深融入了酱酒的生产美学之中。人作为"万物的尺度"，只有用长远的眼光看待社会、环境的和谐共生与持续发展时，才能达到真正的天时地利人和之境。

君子之品　东方习酒

第二章

习酒品牌

从品牌价值的历史温度，到品牌形象的君子之风，再到品牌传播的动人动情，贵州习酒把酱酒繁复的酿造工艺、漫长的酿造过程和特殊的环境条件，不断扩展为一种层次丰富的审美体验和永无止境的审美追求，逐渐形成一种独具内涵的品牌风格。这种品牌风格，不仅表现在品牌的价值、品牌的形象、品牌的传播上，还表现在品牌符号本身所产生的酱香联想和所确立的酱香典范，以及对"君子之品·东方习酒"核心概念的完美诠释。

第一节　习酒品牌发展史

　　赤水河畔，百里酒城。以茅台镇、习酒镇为核心的赤水河中游河谷地区，如今聚合着繁盛兴旺的酱酒产业。这里以赤水河为母，以大娄山为父，山水哺育了酱酒产业的生命；这里以酱酒文化为宗师，浸润了东方习酒的灵魂。

一、赤水河谷酱酒产业的勃兴

　　酒液从酒瓶中缓缓流出，剔透其外，温润其内，醇厚繁复的滋味最终带给饮者的，是一种超越性的平和之感。这种平和并非死水般的沉寂，而是潜藏着一股柔和又厚重的力量，这种力量来自天、地、人三元素的水乳交融。微观层面，天、地、人共酿一樽酒；宏观层面，天、地、人一同构筑起一个产业。

（一）顺天：赤水河谷的自然天时

　　天，首先显现为气候的冷暖变化。酱酒产业在赤水河谷地区的萌芽与发展，受惠于自然气候的馈赠。习酒厂区地处群山环抱的赤水河谷地带，四周山高坡陡，属亚热带湿润季风气候，冬暖、春旱、夏热、秋润，常年湿度大、云雾多。正是拥有这样不可复制的气候环境，赤水河谷才能酿造出高端酱香型白酒的独特口感。

　　特殊的土质也是自然天时对赤水河谷地区的恩赐。赤水河一带的紫色土壤，由紫色砂页岩风化而成，富含矿物质，如大量稀土元素，这些元素有利于农作物的生长，同时也成为微生物多样性的源泉。同时，这种紫色土壤，呈微酸性，酸碱度适中，恰到好处地保证了微生物生长所需的营养原料。贵州习酒的酱酒发酵窖池，便在这种特殊土质上掘地而成。窖池由方块石和黏土砌筑，窖底则是由本地土壤筑造的泥底。

　　蒸馏酒常被好酒之人视为"生命之水"，而酒之生命则是水源。我国名酒往往以甘泉为源，如神井之于汾酒，龙泉井之于泸州大曲，柳林古井之于西凤酒，杨柳湾古井之于茅台酒等。习酒厂区内亦有一口古井，名为"仙人泉"，亦称"黄金井"，又常被当地人呼作"老水井"，井水冬暖夏凉，水量常年不增不减，汇成清泉一泓注入赤水河。习酒创立之

被誉为"黄金井"的习酒泉

初，曾用古井泉水酿造美酒，之后才改用赤水河水。赤水河水源充沛、连绵不绝，由此成为酱酒酿造的主要水源，故有诗云："垒曲流醇赤水河，急滩卧石醉青波。"

赤水河谷一带得天独厚的气候、地形，也孕育了当地优质的小麦与高粱，这同样是上天对赤水河谷地区的垂爱。用于制曲的小麦需富含淀粉，赤水河谷一带所产的小麦正好满足这一不可或缺的条件。这里的小麦冬耕夏收，冬季温度较高、降水较少，光、热、水配合得宜，此时耕种利于小麦发育生长；及至夏日，温度高、日照足，小麦不仅色泽淡黄、颗粒饱满，而且表皮薄、无虫蛀。贵州习酒严格遵循"端午制曲"之时令，就是对小麦冬耕夏收规律的顺应。

制曲以小麦，制酒则以高粱。赤水河谷的糯小高粱颗粒坚实而均

人工踩曲

匀，色泽黄褐，杂质少而无虫蛀霉烂，种皮薄而有玻璃质的颗粒断面。与小麦冬耕夏收不同，这里的糯小高粱清明时节播种，秋天收获，贵州习酒等酱酒企业均"重阳投料"，遵循的正是糯小高粱春种秋收的天时之律。此外，酱酒产业集群遵循的"二次投粮"工艺法则，也只能在赤水河谷的自然条件下方能实现。赤水河谷高粱的种植区域分为山下与山上。重阳时节，山下的高粱率先成熟，酒厂开始第一次投料；待山上的高粱成熟后，再进行第二次投料。

总之，酱酒由"天人共酿"，没有赤水河谷特殊的自然环境，便难有酱酒。这也说明：酱酒之酿造并非刻意人为造作，而是人与自然的一次亲密交流——酒窖正是微生物的牧场，人不过是与它们朝夕相处的牧人，而非凭空创造它们的上帝。

（二）法地：仁岸码头的通商地利

除自然天时外，仁岸的地理优势和商业活动，也为赤水河一带的酱酒产业集群夯实了牢靠的基础。乾隆十年（1745年）十月十一日至乾隆十一年（1746年）闰三月一日，赤水河迎来一次大型治理疏浚工程。河道整治后，开辟了川盐入黔的新航道。[①]在中国历史上，食盐关乎国家政治、经济命脉，为政府牢牢控制、垄断、专卖，虽除官运官销外，也有商运商销的模式，却必然在官府的监督下运行。

清朝初年，清政府沿袭明王朝的"专商引岸"制度："引"是指"盐引"，即食盐专卖的官方许可证，由布政使司颁发给商人，商人以此为凭据前往盐场取食盐，转而运往销售区；"岸"是指食盐专卖的指定区域，"岸"又分为"计岸""边岸"两种，"计岸"是指川盐所供销的本省各州县腹地，"边岸"是指川盐所运销的滇、黔两邻省及其

---

①陈果主编：《赤水河盐运史料》，北京：团结出版社，2017年版，第62页。

他附近边境，行销云南者为"滇岸"，行销贵州者则为"黔岸"。"黔岸"则分为仁、綦、涪、永，其中，仁岸水陆运输路线最长，《成山老人自撰年谱》中记载："自仁怀入黔，运行遵义、贵阳、都匀、石阡、平越诸府州，是为黔边仁岸。"①据黄萍考据，该路线起始于四川省合江，沿赤水河溯流而上，直抵茅台镇，经由水路670里，陆路150里；随后又从茅台镇转运至贵州腹地，此路段全为陆运，具体又分为"鸭溪—刀靶水—扎佐—贵阳""金沙—滥泥沟—安顺"两路。第一路440里，第二路460里。如此，产区与销区之间就形成了固定关系：一方面，通过固化产销关系，"专商引岸"确保并维护了清政府对食盐经营权的垄断；另一方面，这种食盐经营制度也催生了仁岸地带盐业的隆盛，从而带动了其他产业的发展。

咸丰、同治年间，贵州境内苗、回、汉各族揭竿而起，仁岸在内的边岸运销因此严重受阻。四川总督丁宝桢在奏折中说："黔地处处被扰，人民离散死亡，十不存一。商人歇业，引滞岸悬，直同废弃，而川省之利尽失。"②与此同时，长江中下游地区，太平军与清军展开拉锯战，长江航道梗阻，淮盐在两湖地区的销岸因此废弃。咸丰二年（1852年）湖广总督张亮基便奏请湖南"借销"粤盐，然而当时又因战争无法顺利推行，随后便借拨川盐，史称"川盐济楚"。由此，暂失滇黔边岸的川盐迅速占领了两湖市场。

然而，历史之河却又忽然转了一道急弯。太平天国起义失败后，长江航运恢复正常，时任两江总督的曾国藩筹划收复楚岸，试图以"重抽厘金""以征为禁"等策略，迫使川盐离开湖广（湖北、湖南二省）市场。直至同治末年，经由朝廷户部议准，施行食盐"划界分销"之

---

① （清）唐炯：《成山老人自撰年谱》卷五，清宣统二年（1910）京师铅印本，第554页。
② （清）丁宝桢：《丁文诚公奏稿》，卷十三，《筹办黔岸盐务官运商销折》，光绪三年七月二十二日，光绪十九年刻本，第23页。

法，对川盐行楚进行了实质性的限制；1876年（光绪二年），户部议准"两湖引地全部复归两淮"，川盐再次面临失去市场的窘境。值此紧要关头，丁宝桢赴任四川总督，他深知，若川盐不得不退出两淮市场，就必须恢复滇黔边岸，亟须大力整改遭受战争破坏的盐政。丁宝桢率先着手恢复黔岸，对黔边盐岸施行"官督官运商销"的盐政，其具体整顿措施主要有：其一，设局管理，各司其职，平抑盐价；其二，招引盐商各岸引领；其三，规定各岸傀额；其四，杜绝四川境内的"计商"侵销边岸；其五，成立各岸商销组织系统。由此，仁岸在内的四大黔岸的川盐运销随之恢复，涵盖赤水河谷地区的仁岸一带，再次成为川盐集散地，并汇聚了盐商在内的各类商贾和各种商业活动，每日都有大量流动人口往来，自然催生对美酒消费的需求。[1]商贾、水手、纤夫、劳工等人解乏、交际、疗伤、医病、解忧、行乐，无不需要酒。至此，盐业的种子在仁岸的土地上生根发芽，最终结出了酒业的果实。

（三）成人：酱酒集群的协作人和

1952年，仁怀县回龙区郎庙乡黄荆坪开始孕育习酒品牌，之后这里将与茅台形成"双子星座"格局，共同支撑起赤水河谷酱酒产业集群以及世界酱香型白酒核心产区。

黄荆坪，群山之中，荆棘丛生，原为一片荒凉之地。但这里地质、水质上佳，明万历年间便有殷家酒坊。1952年，黄荆坪当地一家白酒坊，为仁怀县工业局收购。至此，贵州省仁怀县郎酒厂创办，是贵州习酒前身。1956年，邹定谦调任郎酒厂主持工作，之后开始生产白酒，产品命名"郎酒"，俗称"贵州回沙郎酒"。1959年，酒厂因粮食紧张而停产，邹定谦调任茅台机械厂厂长，工人解散。1962年，曾前德等再次

---

①黄萍：《贵州茅台酒业研究》，博士学位论文，四川大学，2010年，第198—201页。

東方習酒

酿造美好生活的领创 实践

1976年，习水县红卫糯酒厂按固态大曲法生产工艺成功试制酱香型大曲酒，恢复酱香型白酒生产。

创办酒厂，厂名"仁怀县回龙区供销社郎庙酒厂"（也称"黄金坪酒厂"），生产小曲白酒。1965年，仁怀县回龙区划归习水县，酒厂因此更名为"习水县回龙区供销社郎庙酒厂"。

这之后，几经波折，习酒厂（当时名为"习水县红卫糯酒厂"）于1976年再次开始试制酱香型白酒。据季克良先生回忆，20世纪80年代以来，习酒、茅台二酒厂关系密切，经常进行技术交流："我们在技术上没有保密，没有封锁，像一家人一样互帮互助"。当时从茅台镇到习酒镇，交通不便，要走上四五个小时，但季克良先生一行人不辞辛劳，经常往返。因为茅台与习酒两酒厂的相互扶持，赤水河谷中游一带逐步形成了"百里酒城"的酱酒产业集群。其实，荆棘永远不可能转化为黄金，但人性的光辉往往可以化腐朽为神奇。"成人"之"人"，不局限于个人的成长，更可以是一个产业和一个品牌的成长；产业集群和企业品牌并非脱离人情因素的纯物质性存在，它的形成与持续发展，永远离不开人的因素，永远需要以"人和"为基础和根本。"人和"并非排斥良性竞争的"死水般"假性和平，而是同时包含良性竞争和协作互助的活性动态和谐。同时，"成人"也意味着，酱酒之美需要由劳动实践来创造，美是人类本质力量的对象化。

二、酱酒产业集群中的习酒品牌

作为赤水河谷酱酒产业集群中的重要成员，习酒继承了酱酒产业的"回沙"工艺，同时又拥有自己的独特个性，既勇于革新，又尽显君子之雅。但是，这种"雅"又并非拘囿于书斋的文雅，而是在酿酒、卖酒实践中不断磨砺而成的雅正品质。

（一）传承：习酒的君品文化传承

张德芹多次表示："习酒在大山深处，从诞生之日起，身上就有沉甸甸的社会责任。"这份责任，既是经营酒厂的生产责任，又是传承赤水河酱酒文化传统的文化责任。

贵州习酒的前身郎庙酒厂在1965年之前归属仁怀县，在第一任厂长邹定谦的带领下，生产"回沙郎酒"。20世纪80年代以来，习酒与茅台的技术交流非常密切；1998年习酒公司加入茅台集团后，继承了高端酱香型白酒传统。2022年7月，贵州习酒投资控股集团有限责任公司正式成立后，"醉心于酒"成为习酒人共同遵循的价值观，进一步弘扬它发源于赤水河酒文化的酿造精神。

传承，首先是酱酒"回沙"传统工艺的传承。自清末以成义烧坊为代表的近代茅台酒业开创"回沙"法以来，"12987""四高两长"早已成为酱酒产业必须遵循的准绳和法则。而这种工艺传承，又是一种经过酱酒人实践检验和理论反思后的自觉遵循与自觉追求。锐意追求革新的贵州习酒通过实践，检验了传统工艺的典范性，从而自觉传承、遵守。贵州习酒副总经理曾凡君回忆，2003年，他和两位同事深入考察四川一家酒厂后，向茅台集团高层汇报，获准研制酱香型白酒新工艺。曾凡君等习酒人在新工艺道路上苦心求索十年，蓦然回首，发现真正的酱酒精髓仍体现在传统工艺中，转而自觉专注于传统工艺："在2012年、2013

东方习酒

酿造美好生活的领创⊕实践

年，我们就把新工艺全部否定掉了，专注传统工艺。"

传承，既是秉持"回沙"传统工艺，亦是践行"自强不息、厚德载物"的君子之品。自1952年创立开始，贵州习酒便屡遭挫折，甚至一度停产，几近荒废。1962年9月，受仁怀县回龙区委、区政府委派，一位青年与两位中年人负责原仁怀县郎酒厂重建工作，一行三人只从回龙区供销社获得区区20元经费。经过精打细算、周密筹谋和辛勤实践，三人在极其窘迫的经济条件下奇迹般地完成了重建任务：厂房修建需要木材，便亲往生产队的山里去砍伐；需木工、泥瓦匠等，则争取生产队的支持；修厂房、整地坪、建窖池、打酒甑等，则全靠他们自力更生。烧酒的一系列器具难于制作，便将这20元经费派上用场。这便是贵州习酒史上尤为著名的"3人20元创业"传奇。这三人便是曾前德、蔡世昌和肖明清。

1995年前后，习酒再次遭遇重创，公司发生"断崖式滑坡"。1996年底，时为习酒青年员工的陈宗强，为解决年底员工工资发放问题，飞赴西安、重庆等地找经销商收款，十几万现金塞满了整个背包。从西安飞往重庆时，因航班延误、通信不畅，陈宗强错过了厂里接待的车辆。当时已入深夜，陈宗强先找公共电话亭向厂里回电话，随后连忙寻找住宿之所。找到住处后，发现房间中已睡下四人，陈宗强不放心背包里的货款，便背着包和衣躺在床上，彻夜未眠。

自强不息的君品精神支撑习酒人一次又一次地克服艰险、坚定向前，是为"天行健，君子以自强不息"。真正的君子正如天体运行一般坚定不移，此为"君品之刚"，这是习酒人一以贯之的精神传承。"地势坤，君子以厚德载物"则是"君品之柔"，一刚一柔，构成贵州习酒君品文化传承的整体。陈宗强曾说，经营一个产业，必须善待员工，提升实际待遇，同时身体力行、以身为教、春风化雨，将君品文化植根于每位员工的内心深处。这些，正是"厚德载物"的"君品之柔"。回望创业史，"君品之柔"亦曾帮助习酒渡过难关。曾前德为推广习酒品牌，几经波折前往北京：第一日从酒厂步行至习水县城，第二日从习水县城乘客车抵遵义，第三日从遵义赴贵阳，第四日坐火车由贵阳往北京，舟车劳顿、风尘仆仆。当时的曾前德除简陋背篓、简易衣物和样酒外，别无他物。到了北京，曾前德欲请教专家，却因不是受邀人员，多次被工作人员阻拦在会场门外。于是，他从背篓里拿出一瓶酒送给工作人员，才得以进入会场。会间休息时，他赶忙找来几只杯子，倒上酒，端到专家面前。以诚动人、以柔克刚，曾前德最终成功打动了专家，获得了他们的帮助。由此，"习水大曲"逐步为外界知晓。

（二）革新：习酒的酱酒产业革新

习酒与茅台比肩同行，坚定传承酱酒产业的工匠精神，在创业经营方面自强不息，在社会责任方面厚德载物，一如既往地秉持君品文化，这是习酒之"不变"。而作为在艰辛中不断砥砺奋进的酒企，习酒必然不断穷则思变，以适应不同时期的不同市场需求，这又是习酒之"变"。

20世纪50年代，贵州习酒遭遇了经济困难、工厂解散等坎坷命运。1962年，曾前德、蔡世昌、肖明清三人接手，由于经费短缺，他们不得不改弦更张，由生产酱香大曲酒转为烤制小曲白酒。即便是工艺最为简单的小曲白酒，曾前德等人也进行了刻苦钻研与大胆创新。起初，他们用方块型糠曲或丸状米曲，这两种小曲都是无菌曲，且添加中药，以中药消毒并催化微生物的生长。一两年后，酿酒技术进步，科研人员在曲药中分离出根霉和酵母，两者均是专用于酿酒的真菌，其出酒率和质量较糠曲、米曲更高。为了节约成本，曾前德日夜钻研，把购买的根霉和酵母接种于麦麸，并以适宜的温度和湿度对这些菌群进行培养。当时条件恶劣，无水无电，也没有实验专用的酒精灯。曾前德充分发挥了自己的创造力：他钉了一个木箱，在木箱中把

東方智酒

酿造美好生活的领创

实践

煤油灯装置固定于一个玻璃方框内，煤油灯便提在木箱内透过玻璃方框向箱外加温。曾先生还根据气候条件调控火焰大小，温度低时，便将煤油灯火焰调大，或放两盏灯。但煤油灯会产生煤烟，若不能及时导出一氧化碳、二氧化碳等废气，这些气体就会严重影响酵母和根酶的培养，于是他便用牛皮纸制作了一个烟囱，安装在玻璃上，通过烟囱导出烟雾。

因为曾前德的革新精神，郎庙酒厂生产的小曲白酒不仅质量稳定、产量也稳中上升，而且具有较好的口感，当时在遵义、贵阳一带小有名气。然而，曾先生却不满足于小曲白酒的烤制。小曲白酒是一种成本较低、技术含量不高、口感也相对较差的散装白酒，由供销社散装卖给附近村民。曾前德深知，没有品牌，酒坊就没有发展前景。为了更好地革新，他主动前往四川的泸州老窖和郎酒厂学习烤制浓香型大曲酒。他决意以浓香型白酒技术创立品牌。1966年，曾前德及其团队向上级申请试制浓香型大曲白酒，顺利获准。当时，他和郎酒厂厂长建立了良好私交，获准试制大曲浓香酒后，郎酒厂厂长为曾前德团队无偿提供了各类制酒器具，如曲药、窖泥、糟坯及一些特殊用品等。第一次烤制大曲酒，共投红粮200斤，以一口大木甑为窖池，搭上些许窖泥，发酵40天，取酒82斤。1966年10月11日，第一甑大曲酒烤制成功。

制酒成功，还只是第一步，曾前德团队必须得到政府支持。当时条件之艰苦，难以想象，大曲酒烤制成功后，竟无像样的瓶子盛装。当时，农村各户杀猪，都会单独取下猪尿包，把尿放后冲洗干净，吹胀晾干，便可盛装物品，如煤油、菜油等。曾前德灵机一动，便以猪尿包盛装大曲酒，送至县政府、县糖酒公司让领导们品尝。大曲酒果然获得县委、县政府认可，决定拨8万斤粮食给曾前德团队，由此创立一个品牌。经县委、县政府认真研究，1967年10月23日，郎庙酒厂由集体所有酒作坊收归为国有企业，成立中国糖业烟酒公司贵州省习水县公司红卫釉酒厂，由国家拨款经营。之后，曾前德又亲赴北京，几经波折，将酒送给专家品尝，使得习水县红卫釉酒厂和"红卫牌习水大曲"为外界所知。1979年，习水大曲还成为对越自卫反击战的壮行酒和庆功酒，被徐怀中将军写入军旅小说《西线轶事》（刊登于《人民文学》1980年第1期）。事实上，习水大曲不仅激励着前线将士的斗志和士气，也流淌着习

盛装酒的猪尿包

酒人不避困厄、勇于变革的英雄血。如果说酱酒停产后的小曲白酒新尝试，使得酒厂得以保留火种；那么，由小曲白酒到大曲浓香酒的变革，则使酒厂的熊熊烈火再次燃烧起来，为之后的酱酒产业之盛奠定基础。

习酒当然不会止步于浓香大曲。1976年，曾前德向上级请示，试制酱香型白酒。同年开始下沙，1977年产出5.9吨酒。可惜好景不长，后因原料供应缺乏而停产。这近6吨的酱酒通过贮存、勾调后，不断送给贵州省科学技术委员会、省糖酒公司等。1981年，贵州省科学技术委员会受理了习水酒厂的申请，正式下文，由曾前德主持酱香型白酒的试制。1983年，省级专家评审会鉴定通过；次年，酱香型"习酒"正式问世。从1959年回沙郎酒停产至1984年酱香习酒诞生，习酒人用25年的时间，化腐朽为神奇，使习酒的酱酒产业集群重获新生。

2010年，习酒公司推出"习酒·窖藏1988"。"1988"这个数字究竟凝结着习酒酱酒产业和习酒人怎样特殊的回忆呢？时间回到1982年，习酒厂进行了大刀阔斧的改革，在中国率先打破干部终身制，实行厂长承包责任制和职工岗位责任制，改革给习酒发展带来了新的生机与活力。这一时期，酒厂先后进行了二、三期技改工程，并持续研制开发

新产品。二期技改结束后，厂区已建成，占地2700亩，拥有黄金坪、大地、向阳、东皇四大生产区，以及大坡酒库，厂区绵延十里，被称为"十里酒城"。在"二期技改"（1985—1990年，恰与国家"七五计划"时间相重合，故也称"七五技改"）期间，酒厂实现了酱香习酒3000吨、浓香习水大曲3000吨的"双3000吨"生产规模。习酒实现"双3000吨"的特殊年份，正是1988年；是年，习酒的酱酒产量在全国名列第一。同年，酱香习酒荣获"国家质量奖银质奖"。1989年元月，酱香习酒又参加了国家优质白酒评选工作暨第五届全国评酒会，被评为"国家优质酒"，从此企业走上"浓酱并举"的道路。习酒公司于2010年推出"习酒·窖藏1988"，纪念习酒酱酒产业发展史上意义非凡的一年，这款酒浓缩着习酒酱酒产业的变革史，凝结着习酒人勇于变革又不变初心的工匠精神。

20世纪90年代初，习酒继续坚定地走改革之路。1991年5月，习

1992年1月31日，酱香型习酒在美国洛杉矶国际酒类展评会上荣获"金鹰金奖"，高、低度浓香型习水大曲也分别斩获"拉斯维加斯金奖"和"帆船金奖"。

水酒厂晋升为国家二级企业，并于同年7月兼并习水龙曲酒厂、向阳酒厂、习林酒厂。1992年1月，酱香型习酒在美国洛杉矶国际酒类展评会上荣获"金鹰金奖"，高、低度浓香型习水大曲也分别斩获"拉斯维加斯金奖"和"帆船金奖"。

1992年6月，酒厂改制，成立贵州习酒总公司，同时组建贵州习酒总公司销售公司，下设8个分公司，开展多种经营。然而，变革的探索往往伴随艰难险阻。1993年，习酒生产经营开始滑坡，进入困难期。1994年，公司处于半停产状态。1994年8月，贵州习酒股份有限公司成立。1996-1997年，习酒生产经营最为困难，停发工资，然而酱香型白酒生产周期长，不能完全停产，此时期仍有工人自备粮食坚持生产。当时，车间停工，绝大多数员工无工作可干，回家务农或外出打工。据曾凡君回忆，1996年，他欲带队前往某酒厂参观学习，一连十日跑财务，才勉强借出1000元，且均是面值小至5元的破损、浸满油渍的老版纸钞。曾凡君一行拜访某酒厂董事长，曾凡君恭敬地递上四川大学一位教授的推荐信，恭立在董事长座椅边，董事长却没有邀请曾凡君坐下，也没差人倒水，还委婉地拒绝了他们参观酒厂的请求。天无绝人之路，失之东隅，收之桑榆，曾凡君及其团队，在泸州老窖受到了热情接待。这次参观后，一个信念在曾凡君心底扎根："生产工艺技术这一块要靠自我创新。我们要走出去学，但终有一天，要让人家来学我们！"

1995年，习酒厂酱香型白酒停产；1998年，习酒公司加入贵州茅台酒厂（集团），由于集团战略规划，主推浓香型五星习酒，酱香型白酒未能恢复生产。这样的生产困境，于习酒而言并非第一次，1959年，"贵州回沙郎酒"也曾因粮食紧张而停产。酱香型白酒停产，这是两代习酒人在不同历史时期遭遇的相似窘境，而在危局中发现机遇，又是两代习酒人面对不同困难时所迸发的一致革新精神。2003年12月27日，获茅台集团批准，习酒公司重新生产酱香型白酒。此后，习酒公司并未停下变革步伐，更善于自我革新。创新与守正之间，本就存在一种微妙而至关重要的平衡，在坚持自我革新的同时，2012-2013年，习酒否定酱酒新工艺，回归传统工艺，可谓"反（返）者，道之动"。

2019年7月，"君品习酒"上市。诚如《论语·为政》所言，"君子不器"，君子既非器皿，君子之品便不止一种面相，而其中一面必然是"君子豹变"。

（三）贵和：酱酒产业的和谐共生

产业集群建设实践的核心是团结协作与良性竞争。"君子周而不比""德不孤，必有邻""君子和而不同"中国儒家的君子文化非常重视人与人之间的健康团结关系，也尊重个体特性，反对机械化的整齐划一。"不同""不比"似乎也蕴含着良性竞争的思想内涵：通过良性竞争，来彰显不同个体的个性。"和实生物，同则不继。"真正的和谐，并非机械地整齐划一，而是个体各自展现自身的特色，同时和谐共生、相互裨益，从而形成一个相互良性联结又充分发挥各部分鲜明特性的有机整体。

鳛部酒谷酱酒产业集群的和谐共生，以"习酒价值共同体"为典型代表。"习酒价值共同体"，即"君品价值共同体"，指直接或间接参与习酒价值链的员工、经销商、消费者、合作伙伴、上下游企业、社会团体、个人等相关方，基于对贵州习酒君品文化的核心价值观和"多元共生、循环利益"文化特性的认同，秉承"和而不同，兼收并蓄"的原则，一道共创、共建、共享，共同构成一个相互依存、休戚与共的和谐整体。这正是传统儒家君子文化所提倡的"君子和而不同"，是一种以内在文化认同而非单纯外在约束为根本维系因素的联结方式，也是一种既尊重个性又相互裨益的和谐之美。员工对公司的强烈文化认同是贵州习酒的一大特色，很多员工即便离开了公司，也仍然将公司视为自己的第二故乡，自愿成为习酒的推销员，一生铭记习酒情。

习酒与经销商的关系亦是如此，即便经销商因各类原因不再营销习酒了，也依然乐于饮用习酒。安徽有一位女经销商，虽然因特殊原因不再经销习酒，却把账上的20多万元全部折换为习酒，储存自饮，并说："今后，我可能只喝习酒了。"这种信任，基于贵州习酒所营造的和谐关系。"投我以木桃，报之以琼瑶。"经销商、供应商重义，习酒亦珍惜与他们的情谊，在2023年经销商市场工作会上，张德芹特别强调，不能让任何一个经销商离开习酒。

三、习酒品牌文化的历史求索

君品文化是习酒的根，也是习酒独一无二的品牌符号和文化符号，凝聚了习酒先辈的智慧精髓，这一观点曾为张德芹多次申明。诚然，贵州习酒在长达70余年的时间里，凭借其深厚的品牌积淀，以及对君品文化的执着追求与践行，向社会和公众展现了其坚定不移的君子之路，也因此赢得了"酒中君子"的美誉。

回溯历史，习酒正是在70余年的创业历程中，逐步确立了以君品文化为要义的品牌文化，并构筑了企业使命、核心价值观与习酒品格等一系列企业理念。"历史"的古希腊词源ἱστορία意为"研究""探索"，习酒70余年创业史，亦即习酒品牌文化的漫漫求索路。

（一）知命：不同历史阶段的共同企业使命

孔子曰："不知命，无以为君子也。"命，古指天命，今指使命。"弘扬君品文化，酿造生活之美"的企业使命，正是习酒在不同历史阶段的共同自觉追求。

　　诞生与创业时期（1952-1977年），曾前德、肖明清与蔡世昌三位前辈，1962年仅以20元资金起步，致力于恢复仁怀县回龙区供销社郎庙酒厂的生产。他们精心选取原料，不断革新工艺，从酿造小曲白酒开始，逐步过渡到制作浓香习水大曲及酱香习酒。如此艰辛奋斗，最终将原本荒凉的黄荆坪变为繁荣昌盛的黄金坪。他们即便身处艰险恶劣的创业环境，亦从未放弃酿造生活之美。

初期的贵州省仁怀县郎酒厂

20世纪80年代初的习水酒厂

21世纪初的习酒公司

发展与变革时期（1978–1997年），习酒厂锐意改革，1992年成立贵州习酒总公司，习酒和习水大曲亦于当年在美国洛杉矶国际酒类展评会上荣获三项金奖。在这一时期，习酒人自始至终心系乡亲父老的生活之美，正是"厚德载物"的集中呈现。

转折与复兴时期（1998–2009年），习酒公司陆续开发"金典习酒""习酒窖藏系列""金质习酒""银质习酒"等酱香产品。2007年，习酒荣获"中国驰名商标"称号，习酒公司荣获全国企业文化建设优秀单位以及中国酒业文化百强企业称号。究其原因，与习酒公司以"无情不商"为内核的战略管理密切相关。"无情不商"作为企业理念，构成君品文化的要义之一。

转型与升级时期（2010–2021年），习酒公司致力于梳理君品文化，建立"崇道、务本、敬商、爱人"的企业核心价值观。为适应市场"酱香热"的趋势，开始向全国全面推广酱香习酒，销售突破10亿元，习酒酿造的"生活之美"从酒瓶流溢至千家万户。2019年，高端

酱香产品"君品习酒"傲然问世。

　　创新与跨越新时期（2022年至今），2023年3月30日，《君品公约》正式对外发布。如果说，君品习酒以"生活之美"的感性形式"弘扬君品文化"，《君品公约》则通过对"君品文化"的理性阐释，表明习酒继续"酿造生活之美"的决心。

（二）明诚：创业实践中凝结的核心价值观

　　《礼记·中庸》有言："自诚明，谓之性；自明诚，谓之教。诚则明矣，明则诚矣。"习酒人虔诚奉行"崇道、务本、敬商、爱人"的核心价值观，这些价值观归纳自贵州习酒70余载创业实践，是其君品文化的君子之教，亦是习酒人的君子之性。

　　"崇道"，即敬畏自然，尊重客观规律，"敬畏天地"，是为尊天道，同时，遵守法律、社会伦理规范，恪守道德价值。"明德至善"，是为重人道，具体而言，为人之道即爱国、敬业、诚信、友善；为企之道即追求卓越，造福员工，奉献社会；为商之道即诚信守法，平等互利。"道不远人"，习酒人所崇之道，绝不抽象，就体现于习酒生产经营的每一个细节当中。

"务本"即致力于根本，习酒之根本是产品。"秉持古法，工料严纯"，坚持纯粮固态发酵，坚守传统酿造工艺，专注于推出优质产品；"醉心于酒，勇攀至臻"，把坚守质量的责任意识刻进骨髓，将精益求精的工匠精神融入血液，保证卓越品质；"同心同德，不忘初心"，忠诚习酒，热爱习酒，建设宜业、宜游、宜居的生态酒谷，打造全国闻名、走向国际的白酒品牌。

"敬商"即尊重商业、遵从商道、尊敬商人，具体表现为：知敬畏自然，保护生态环境，合理利用生态资源，爱护赤水河，全力打造世界酱香型白酒核心产区，为消费者持续稳定地提供优质白酒产品；懂感恩商家，积极保护商家利益，主动融洽合作关系，以仁者五德（恭、宽、信、敏、惠）为本，营造良好的经商氛围与营商环境；行谦让之举，怀怜悯之心，主动积极与经销商、供应商、建筑商、媒体等合作伙伴构建命运共同体，共建共享，相互成就。截至2023年9月，在张德芹的率领下，贵州习酒高层已陆续完成对海南、陕西、湖南、云南、广西、江西、安徽、湖北、山东等地的调研，与上百家经销商进行深入沟通，以提振市场信心，助力终端建设。不少经销商都认为："君品习酒不压货的政策充分尊重市场、尊重经销商和终端商利益，确保了渠道的良性。"

"爱人"是发自内心的真情，"仁者爱人"，无论是爱还是被爱，都需用心体会。爱又是相互关怀的责任，"爱人者人恒爱之"，彼此关心、彼此尊重、彼此支持、彼此帮助。贵州习酒提倡：企业爱员工、爱顾客、爱供应商和合作伙伴、爱股东、爱社会，员工爱家人、爱同事、爱企业、爱社会、爱国家。爱是纯净真诚的赤子之心，亦是温润厚重的君子之道，它不计成本，却恰恰是世间最宝贵的财富。贵州习酒一直心怀大爱，尤为重视"习酒·我的大学""习酒·吾老安康"等公益项目，不核算投入产出比，只为将它们做成长线公益事业，这些公益项目已沉淀为习酒最有温度、最打动人心、最具独特性的一份品牌资产，同时也感染着诸多社会群体一同投身公益事业。

贵州习酒以"诚"而明：虔诚于自然规律，则必崇道；忠诚于行业使命，则必务本；精诚于经商道德，则必敬商；真诚于顾客商家，则必爱人。

（三）笃行：社会行动中彰显的习酒品格

《礼记·儒行》有言："儒有博学而不穷，笃行而不倦。"习酒人亦在创业实践与社会行动中博学不穷、笃行不倦，彰显"知敬畏、懂感恩、行谦让、怀怜悯"的习酒品格。

知敬畏。习酒人在工作中保持严肃认真的态度，一丝不苟、终日不懈，形成一种自我约束、限制和规范行为的内在自律力，并积淀成一种知责于心、担责于身、履责于行的行为习惯。首先，敬畏自然：习酒人践行绿色发展理念，积极保护赤水河的生态环境；同时，深入推进生态文明建设，实施煤改气工程，科学治理"三废"，坚持推进"保护赤水河·习酒在行动"植树造林活动，用实际行动保护好赤水河的绿水青山，保护好习酒赖以生存的自然环境。其次，敬畏消费者：习酒人对消费者心存敬畏，严格把控食品安全关，提供品质过硬的产品，赢得消费者信赖，维护好顾客权益，更好地满足消费者日益增长的物质和精神需求。再次，敬畏经销商：习酒人积极构建和谐厂商关系，共谋发展，经销商是流通成本、展示成本、品牌成本和信任成本的部分承担者，敬畏经销商，亦是敬畏商道。最后，敬畏组织：习酒人清正廉洁、严于律

2023年4月26日，贵州习酒与陕西区经销商联谊会座谈会现场。

己、严于修身，时刻保持学习和警醒的态度，慎独、慎微、慎初，自觉敬畏群众、敬畏组织、敬畏责任、敬畏法纪。

懂感恩。贵州习酒感恩每一位习酒先辈的创业努力，感恩社会各界对习酒的关心与支持，感恩经销商、消费者、合作商的信任，感恩地方父老的厚爱，感恩茅台集团的帮助，感恩广大员工的辛勤付出。贵州习酒提倡以感激的心态、情感及一系列实际行动来表达真诚的谢意与敬意，培养良好的情操和德行。

行谦让。"辞让之心，礼之端也。"在企业氛围中，习酒人懂得分享，同事间团结而和睦。在社会中，贵州习酒尊重和考虑经销商、消费者的利益和需求，提供优质服务，建立"因商而起、因情而和、因事而会、因志而行"的和谐厂商关系。

怀怜悯。"恻隐之心，仁之端也。"自建厂以来，贵州习酒一直积极投身公益事业，帮助解决各种社会问题，深得全社会赞誉：修建公路、建立希望小学、创办职工子弟学校、捐资奖学、抗震救灾、对口帮扶等。同时，习酒始终致力于带动周边地区发展，希望人民群众过上幸福生活。"幼吾幼，以及人之幼"，2006年，习酒联合共青团贵州省委、贵州省青少年发展基金会共同创办"习酒·我的大学"公益助学品牌，旨在关注贵州贫困山区上学难问题，筹款资助贫寒子弟接受高等教育。2018年，"助学金"发展为"奖学金"，"习酒·我的大学"开始资助或奖励品学兼优的大学生。2023年5月31日，由共青团贵州省委、贵州习酒主办的2023"习酒·我的大学"逐梦奖学金全国启动仪式在贵州贵阳举行，贵州习酒捐赠1000万元，陪伴获奖学子筑梦未来。"老吾老，以及人之老"，2023年2月9日，"习酒·吾老安康"慈善基金项目启动仪式在北京圆满举行，吹响持续投身公益项目的号角，开启习酒爱老助老公益事业新征程①，首期筹集善款2000万元。2023年8月18日，"习酒·吾老安康"公益项目首次爱老助老活动聚焦赤水河流域护林员群体，捐出公益基金620.88万元。

习酒品格，远不止字面上的几个字，它更是习酒全体员工一贯笃行的行为准则。正如张德芹所言："文化的背后是行为，行为的背后是自律，自律的背后是责任。"

---

①贵州习酒：《"习酒·吾老安康"慈善基金项目启动仪式侧记》，百度号，2023年2月12日，网址：https://baijiahao.baidu.com/s？id=1757632230207251192&wfr=spider&for=pc.

第二节　习酒的品牌价值

习酒，作为一个备受仰慕的品牌，融合美学与品牌价值于一体，为酒文化注入一份独特的韵味，不仅体现在习酒酿造过程中的艺术性与审美追求，更体现在其品牌形象与价值观的传递上。作为一个值得信赖的品牌，习酒以"崇道、务本、敬商、爱人"为核心价值观，旨在将独特的美学精神传递给消费者。习酒鼓励人们欣赏生活中的点滴美好。品牌价值的内涵与外延在践行中不断演进，在品牌传递的过程中，奏响了极具美感的交响乐章。

一、特色文化与君子之品

品牌的背后，是企业文化，而企业文化的核心，是企业价值观。企业文化是一种在组织内部形成的价值观和行为准则的共同体系，是由企业的使命、愿景和价值观塑造而成的，是员工间传承和实践的共同信念和行为模式。企业文化在塑造组织的身份认同、核心竞争力以及推动企业变革方面发挥着关键作用。在广泛吸纳优秀中国传统文化、鳛部文化、赤水河酒文化、赤水河商业文化，以及四渡赤水红色文化的基础上，习酒始终坚持以产品品质作为品牌发展的基石，推动君品文化赋能习酒品牌，不断提升习酒品牌知名度和美誉度。习酒的企业文化，始终与时俱进并与组织的战略目标保持一致，它是有机演变的，能够容纳和尊重多样性和不同的观点，并逐步构建特色文化，在潜移默化中形成"君子之品"的身份认同，提升核心竞争力。

（一）君品解读

文化这个词，古已有之，只不过古意与今意不同，古意"文化"，乃是"人文化成""文治教化"的省称。《说文解字》有云："文，错画也，象交文。"原指各色交错的纹理，具化为文书典籍、文章、礼乐制度、文学艺能，乃至人伦秩序，是为"人文"。"化"则指二物相接，其一方或两方改变形态性质，发生变化，《易经·乾卦》中说："善世而不伐，德博而化。"《说文解字》又云："化，教行也。""文"与"化"同时使用，首见于《易经·贲卦》："观乎天文，以察时变；观乎人文，以化成天下。""文化"作为一个整词，始于西汉经学家刘向的《说苑·指武》："凡武之兴，为不服也，文化不改，然后加诛。"总之，"文化"这个词，在中国的传统中，是"文治"与"教化"的组合，沿用近两千年，作为一种人文理想，其本身也不知不觉成了中国文化的一部分。

企业文化作为一种客观的组织文化，存在与利用的历史远远超过其概念的提出。中国自古以来就有"君子爱财，取之有道""良贾深藏若虚""礼以行义，义以生利，利以平民，政之大节也"等经商规范。2010年以来，贵州习酒提出了以"君品文化"为核心内容的品牌文化建设构想，以君子品行要求和规范企业行为，创建以"君品文化"为核心的企业文化和品牌文化，并从企业愿景、核心价值观、企业精神、企业氛围、质量方针、营销理念、人才理念、核心竞争力等各方面进行体系完善，成了行业乃至中国实业界标杆式的范本。2023年，贵州习酒发布的《君品公约》，为企业文化注入新的理念和内涵，形成新的力量和方向，但是"新"源于"旧"，充分体现贵州习酒创新精神的"公约"，承继着"酒中君子"的文化脉络。

光影回溯，明万历年间，一位殷姓商人在黄荆坪开设白酒作坊，生意兴隆，遂发家致富。后来殷家的子孙在外经商，不愿留在这偏僻的山沟，于是便将白酒作坊卖给黄荆坪村民，继续经营酒业，自产自销，代代相传，直至中华人民共和国成立也未停业，这是习酒作为一个企业的文化根脉。

习酒的文化根脉，孕育于黔北的山水之间，根植于山的仁厚、水的智慧；萌芽于明清之际，辉映着两千年前汉家枸酱甘美的氤氲梦境，更继承了诚信为本的儒商品格。《论语·雍也》云："知者乐水，仁者乐山；知者动，仁者静；知者乐，仁者寿。"汉代韩婴所作《韩诗外传》解释说："问者曰：夫仁者，何以乐於山也？曰：夫山者，万民之所瞻仰也，草木生焉，万物植焉，飞鸟集焉，走兽休焉，四方益取与焉。出云道风，嵷乎天地之间。天地以成，国家以宁。此仁者所以乐於山也。诗曰：太山岩岩，鲁邦所瞻。乐山之谓也。"朱子《论语集注》云："知者，达于事理而周流无滞，有似于水，故乐水。仁者，安于义理而厚重不迁，有似于山，故乐山。"一方山水一方人，山的仁性，水的智慧，自夫子以降，早已融入中国人的审美根脉之中。贵州习酒员工君品守则十条，围绕"仁、义、礼、智、信、温、良、恭、俭、让"十个字，这何尝不是酒中君子跨越千年的守望与对话？

贵州多山多水，在古代虽是中原王朝眼中的偏远之地，在漫长的历史长河中也给人们留下了贫穷落后的印象，但这方山水的仁与智，却滋养着这片土地上生息繁衍的人民。贵州习酒作为一个企业诞生于这方山水之中，自然也根植于这方山水的文化环境，没有停留，没有断裂，更没有迷失。时至今日，山之仁，水之智，已经为每一个习酒人构建了一个文化坐标，也为习酒这个品牌铸造了一个君子之风的文化形象。

（二）君子自强

如果把一个企业比作一个人，那么企业文化和企业精神的形成，正如一个人的性格与气质的形成。对于一个个体的人来说，苦难有助于磨砺其自强精神与坚韧的品质，而对于一个企业来说，患难不仅见真情，更是破茧成蝶、熔铸企业灵魂的契机。"天行健，君子以自强不息"，两千年来，这句话流传甚广，但是能践行这句话的人并不多，而贵州习酒不但始终践行着君子自强的精神，并且把它融入自己的企业价值观中，凝聚成整个企业的精神内核与审美基调，十分难能可贵。

从1952年筹划建厂开始，习酒走过了70余年的坎坷风雨。其间，既有艰难的创业史，也有辉煌的发展；既有困顿中的踟蹰不前，也有新生后的一飞冲天。无论哪一个阶段，习酒都在不断探索，踏踏实实，一步一个脚印，充分体现了其"自强不息"的君子精神。

1977年10月，原习水县红卫釉酒厂由贵州省商业厅糖酒公司接管，正式命名为"贵州省习水酒厂"。当时生产的习水大曲有"二郎滩"牌、"帆船"牌商标，酒质好，销售也不错，特别在东北、云南获得了极高的知名度和美誉度，家喻户晓。

20世纪70年代末，习水大曲成为自卫反击战中前线将士的壮行酒、庆功酒。孕育于仁山智水的习酒，因四渡赤水中流淌的宝贵革命精神的融入而更显君子之风。四渡赤水是毛泽东同志军队指挥生涯中的"得意之笔"，也是世界战争史上以少胜多的经典战例，红军长征由此开启了中国革命的新篇章，也为赤水河谷的青山绿水，留下了红色的革命文化基因。光影交错，作为西线战事壮行酒和庆功酒的习水大曲，那晶莹透亮的酒体中，回荡着的不就是伟人挥斥方遒的豪迈和先辈们前仆后继的壮烈吗？

20世纪80年代，习水酒厂的生产经营有了较快发展。那个年代，物资匮乏，交通不便，生产生活的条件都十分艰苦。位于赤水河谷的习酒厂夏天炎热难耐，没有空调，甚至连电扇都比较少，生产和工作的环境可想而知。而从习酒厂到遵义市，乘坐汽车一天之内无法到达，出厂的产品要运送到遵义全靠汽车，有时得把车停在路上，人就在车上睡一晚。在习酒往事中，类似的例子比比皆是，习酒人吃苦耐劳的精神，正是一个企业自强不息的写照。

前进的路上总是布满荆棘，随着国家产业调控政策的实施及宏观经济形势的突变，习酒进入快速发展和辉煌之后的徘徊、低谷时期。从1993年开始，受金融危机的影响，全国消费水平急剧下降。与此相悖的是，那个时候整个白酒行业都在搞大规模扩张，一方面扩大规模、大搞基建；另一方面库存的酒卖不出去，资金不能回笼，加上国家宏观调控，许多白酒行业都受到巨大冲击，资金链断裂，生产规模减小，不得不裁员，企业开始滑坡，生产经营陷入困境。习酒在这样的大环境中，加上自身的一些问题，也深陷困境。艰难时期，习酒人并

习酒厂区东大门

未停止酿酒生产活动，那段时间车间工人甚至自己从家里带上饭，自发去车间劳动。习酒的生产没有停，一个客观的原因是酱香型白酒生产的周期性长。酱香型白酒生产与其他香型的酒在生产周期上有很大区别，如北方的清香型白酒只要半个月就能完成从粮食蒸煮到地缸发酵出产品的全过程，但酱香型白酒的生产周期必须三年以上。也就是说，在酱香型白酒的生产过程中，只要有一年生产停止了，这个年份的酒就没有了，以后的产品中，酒体就会很单薄。所以，不管当时的环境多么艰难，哪怕没有工资，需要自己带饭，工厂都没有完全停止生产。工人们对于生产底线的坚守，正是源于贵州习酒全体员工对习酒这个品牌的坚定信仰。而这，恰好也印合了这个品牌自强不息、守真守诚的君子之美。

其后，贵州习酒决策层高瞻远瞩，把整合企业文化理念及价值观作为凝聚人心的突破口，紧紧扣住发展才是硬道理这个主题，使员工深刻理解：习酒人既有享受过去创造的辉煌和荣耀的权利，更应具有承担振兴习酒的历史责任感及追求企业重新崛起的信心和气魄。使员工充分认识到，贵州习酒只有通过超越自我的不懈变革，自立自强，才能在自身快速发展的进程中解决面临的各种困难。走过艰难岁月，来到2009年，习酒以品牌价值36.72亿元跻身中国酒类品牌价值200强，并跨入"贵州企业50强"的行列。2010年，销售一举突破10亿元大关，十年磨一剑的习酒公司，就此迎来高速稳步增长的良好势头。

黔北的青山绿水间，由山的坚毅和水的智慧滋养着的习酒人，凭借自强不息的精神一次次跨越艰难险阻，他们懂得：世间任何事物的发展，外因只是变化的条件，内因才是变化的根本。《论语·卫灵公》有云："君子求诸己，小人求诸人。"贵州习酒在70余年的发展历程中，虽然有起有落，有辉煌也有低谷，但其充分发挥"自强不息"的精神，在面临困难时，不推诿、不回避，在自己身上找原因，上下一心，精诚团结，终于走上一条快速发展的道路，也为企业文化熔铸了百折不挠的君子之魂。

（三）砥砺前行

企业文化与品牌建设，如同雕塑巨匠的手中之石，它们并非短暂的泡沫，而是一场历久弥新的长征。企业文化是一家企业最根本的灵魂，是企业价值观、行为准则和共同信念的集合体，它不仅影响着内部员工的思想和行为，也深深影响着公司外部的形象和声誉。只有通过良好的企业文化建设，企业才能秉持共同的价值观，传承深厚的文化底蕴。但企业文化的塑造并非一蹴而就，而是如同长跑一样，需要持之以恒、不断修炼、砥砺前行。

品牌建设是企业文化的外化表现，是企业的名片，是企业的形象投射，也是企业的价值体现。通过打造独特的品牌形象，企业才能在市场上树立起良好的知名度和信誉度。滴水穿石非一日之功，品牌建设并非一朝一夕之事，而是需要持之以恒地努力追求。在实践中，企业文化和品牌建设之路并不平坦。任重道远，砥砺前行，是企业文化和品牌建设的必由之路。企业需要秉承恒心和毅力，不断修正和优化企业文化，从内而外地构建强大的品牌。

《论语·泰伯》曰："士不可以不弘毅，任重而道远。"百年习酒，是一个宏伟的事业，也是一个长久的事业。走过低谷，走过转折，而今正走在通往辉煌的路上。习酒有道，这个"道"有两层意思，一层是形而上的道，指的是习酒的价值文化共同体；另一层则是指道路，习酒走过的和将要走的创业、奋斗、发展道路。两层意思合在一起，就是百年习酒的企业愿景，需要不止一代两代习酒人为之奋斗。

2010年5月，张德芹出任习酒公司董事长、总经理。他上任后带领团队着手梳理文化脉络，企业文化建设在这个新的历史阶段更加凝练，不断走向成熟。贵州习酒将数十年来努力践行的文化品格提炼融合，提出了"君品文化""君品价值共同体"的核心文化理念。与此同时，贵州习酒通过履行"弘扬君品文化、酿造生活之美"的企业使命，恪守"崇道、务本、敬商、爱人"的核心价值观，落实"相才、育才、护才、用才"的人才理念，坚持"无情不商、服务至上"的营销理念，贯彻"以诚取信、以质取胜、锐意创新、追求卓越"的质量方针，打造"环境、品质、品牌、人才、文化"的企业核心竞争力，发展再上新的台阶。

通过内抓生产、外拓市场，这一时期，习酒公司完成了对国内所有省区的市场布局，产品出口到东南亚、欧美等地，习酒的广告也登陆中央电视台、凤凰电视台等高端宣传平台，习酒的知名度不断提升。2011年，习酒销售收入突破15亿元大关。2012年，习酒公司时隔19年再次

贵州习酒集团办公大楼

获"全国五一劳动奖状"，销售收入更是翻番，达到30亿元。习酒正在从区域强势品牌阔步迈向全国知名品牌，快步迈进全国白酒行业前十强。习酒发展一年一个台阶，逐渐实现复兴，走上持续、快速、健康的发展道路。

经历过初创的艰辛、辉煌的荣耀，也经历过低谷与磨难，秉承了君子自强不息的精神，贵州习酒这个滋养于黔山秀水的企业，生产能力、质量保证能力和抗风险能力日益增强，企业经济效益和社会效益双赢，现在正如一只浴火重生的凤凰，在新的时代引吭高歌，振翅飞翔。

2013-2020年，习酒公司对企业文化进行了深度挖掘和全方位构建，其中君品文化理论体系荣获全国优秀企业文化建设成果奖。同时，成立君品文化研究院、君品文化讲师团，研究习酒美学，强化文化引领，投资修建习酒文化城，开启酒旅融合发展之路。2013年以来，公司顺利通过安全生产国家二级达标评审，荣获中国质量效益奖、全国和谐劳动关系企业、中国公益慈善十大影响力企业、中国抗疫捐赠好企业、中国ＡＡＡ诚信企业、全国厂务公开民主管理示范单位等荣誉称号。通过不断努力，习酒公司人才队伍不断壮大，技术力量不断加强，君品文化厚植人心，市场营销再创新高，品牌形象大幅提升，全国化进程全面提速。

风雨习酒70余载，作为一个个体的人，70岁已年逾古稀，而作为一个企业，却恰风华正茂。《诗经》曰："有匪君子，如切如磋，如琢如磨。"君子不是一个自我言说的文化符号，更不是一旦达到某个层面就可以高枕无忧的文化外形，而是"永远在路上"的自我磨砺与不懈追求。许多曾经红火一时的白酒企业如今已经消散在市场的波澜壮阔之中，而自强不息的习酒正一步步走近"百年习酒，世界一流"企业愿景，将继续宣扬和贯彻君品文化，让习酒的企业价值观和核心理念成为公司全体员工及相关方共同遵守的准则，对内凝聚起干事创业的强大合力，对外做到让相关方接受、熟知、认同、有意识地传播，自觉地维护习酒的整体形象，形成习酒君品价值共同体。

二、君子之道与取财之道

一般来说，企业的利益包含两项内容：一是最佳利润。所谓最佳利润，就是适度利润。这种利润的获得不仅合法合理，而且是短期利润与长期利润兼顾、利润的增长与企业其他目标的实现协调。在此基础上，企业的利润多多益善。二是各方满意而又合法的利益。也就是说，美好企业追求的是与有关方面互利共荣，而不是只顾自己的利益不顾其他，更不会损害其他相关方面的利益。[1]

毋庸置疑，追求利益最大化就是企业生产经营的目的，习酒也不例外。但正所谓，君子爱财取之有道，习酒要做酒中君子，有自己孜孜以求的"道"。"地势坤，君子以厚德载物。"君子要有大地一样容载万物的深厚德行，这就要求君子有高度的社会责任感和深沉的历史使命感，要有承担责任的精神和勇气。

企业社会责任是指企业谋求利润最大化之外所负有的维护和增进社会利益的义务。早在20世纪80年代，习酒厂便以高度的社会责任感和深沉的历史使命感，致力于推动地方社会经济发展与文化建设，不断回馈社会，担负起一个有远见、有格局、有温度的企业应该担负的社会责任。

---

[1]龚茜：《企业环境美学》，河南人民出版社，2010年版，第6页。

（一）开拓全国

建厂初期的习酒，还只是一个县里面的小酒坊，在初创期的十多年时间里，主要是销售散酒。什么叫散酒？就是那种没有包装，论斤两散卖的酒。彼时的习酒人，一定没有想到，有一天，这个小酒坊生产出来的酒会推向全国，这个小酒坊会变成一个全国性的知名大企业，通过全国性的销售战略，来实现利益最大化。

在当今高度竞争的商业环境中，企业的发展需要制定明确的战略方向。拓展全国战略是一个关键的战略决策，它旨在将企业的市场覆盖范围扩展到全国，从而实现更大规模的业务发展。习酒的君子之品，既有自强、修己的风骨，也有风物长宜放眼量的豪情壮志，东汉班固《西都赋》有云："又有承明金马，著作之庭，大雅宏达，于兹为群。"大雅者，宏达雅正也；宏达者，识广博通达也。大雅宏达，指宏达雅正才德高尚的人。以君子之品为精神内核的贵州习酒，追求利益价值的眼光也在不断拓展，在全国化战略的推进中，不断增强品牌在不同地区的知名度和影响力，也通过扩大覆盖范围，不断塑造和传播更好的品牌形象，与更广泛的消费者建立联系。

1982年，习酒厂生产出来的产品交由县里的糖酒公司来销售，厂里没有专门的销售机构和人员。"糖酒公司"，这是一个具有鲜明时代特征的名字，在那个一切都按计划供应的年代，这是一个特殊的存在。但一切已在悄然改变，也就在这一年，习酒厂开始设立自己的供销股，专门负责产品销售。1991年，习酒厂在贵阳、北京设立办事处，在黑龙江绥芬河、上海浦东设立分公司，正式拉开习酒全国战略的序幕，开始了习酒走出习水，走出遵义，走向全省乃至全国的宏大叙事。1992年，习酒公司成立独立核算、自负盈亏的销售公司，同年，销售公司在全国设立了东北、华北、中南、广海、西北五大片区；1994年，销售公司又设立哈尔滨及黑河、北京、西安及乌鲁木齐、浦东、武汉、贵阳、广州及海南、北海八个分公司，销售的网点进一步铺开；1996年，习酒公司设立经贸部，下设市场开发、仓储转运等科室，销售业务在全国遍地开花。1998年，习酒公司加入茅台集团后，设立贵州茅台酒厂（集团）习酒有限责任公司市场部，同年成立贵州省习水县习酒销售公司。

2011年，习酒公司通过《贵州省习水县习酒销售公司章程》，销售的片区达到27个；2012年，销售公司调整中层管理机构，成立电子商务公司；2013年7月，贵州省习水县习酒销售公司更名为贵州习酒销售有限责任公司，注册资本为人民币1亿元；2015年，销售公司中层管理机构设置为综合部、市场监管部、战略部、物流中心等12个部门，销售片区整合为24个，设立华北和西北两个大区。贵州习酒通过市场状况和品牌战略，针对不同地区的消费习惯和文化特点，制定相应的营销策略，提高品牌的影响力和市场占有率。

2019年，销售公司以"实现习酒从区域强势品牌向全国知名品牌转变"为指导，全力实施"132+"全国市场布局，推动贵州市场渠道渗透力进一步增强。这一年，习酒全年包装成品酒3.5万吨，在全国市场累计实现销售额79.8亿元，同比增长40.69%；省外市场销售额达52.17亿元，同比增长76.43%，整体占比达到历史新高。2020年，贵州习酒整体销售额103亿元，大踏步地迈进了百亿企业的行列，尤其是省外市场销售额达到72.72亿元，省外市场占比已经超过70%。

拓展全国战略需要企业具备坚定的决策意愿和行动力，以应对多变的商业环境，只有秉持勇于创新和追求卓越的精神，企业才能在全国范围内取得显著的成就。这些要求，贵州习酒都做到了，并以放眼全国的姿态，在开拓和奋进的全国战略中实现利益和价值的平衡。黄金坪下的小酒坊，一步步成长为覆盖全国的百亿企业，习酒的君品文化也随着习酒的全国战略遍地开花，利益和价值进入互为补充的良性循环。

（二）无情不商

商人逐利，现下"无商不奸"似乎成为大多数消费者对商人的固有印象，使得这个词带有浓重的贬义色彩。其实"无商不奸"是后人杜撰的，其原意为"无商不尖"，本是个褒义词。

"无商不尖"，出典为旧时买米以升斗作量器，故有"升斗小民"之说。卖家在量米时，会以红木戒尺削平升斗内隆起的米，以保证分量准足。银货两讫成交之后，商家会另外在米筐里余点米加在米斗上，如是已抹平的米表面便会鼓成一撮"尖头"，尽量让利。量好米再加点添点，久而久之成为习俗，即但凡做生意，总给客人一点添头。这其实是老派生意人惯用的一种生意噱头，这一小撮"添头"，很让客人受用，故有"无商不尖"之说。

20世纪80年代，改革开放的春风吹遍神州大地，中国也打开国门发展经济，甚至许多体制内的人也纷纷"下海"，去当时代的弄潮儿。对于经商来说，那的确是一个红红火火轰轰烈烈的时代，也正如狄更斯在《双城记》里写的那样："这是一个最好的时代，也是一个最坏的时代；这是一个智慧的年代，这是一个愚蠢的年代；这是一个信任的时期，这是一个怀疑的时期。"当时，市场法律法规不健全，加上不法商人为暴利所驱，出现很多伪劣产品，于是消费者大骂奸商。随后，经济制度逐步健全，但许多商人仍然会钻一些法律的漏洞以牟取暴利，就算在正常的经济行为中，商人也会想办法赚取最大利润，其中必然就会采取很多技巧以减小成本，消费者看在眼里不免要吐槽"无奸不商，无商不奸"。就这样，原本让利于消费者的"无商不尖"变成了榨取利润的"无商不奸"。

贵州习酒从那个众声喧哗的时代一路走来，扮演着一个"逆行者"的形象，逆"无奸不商"的刻板印象，逆"无商不奸"的时代潮流，在利益和价值之间，始终将诚信视为自己立足的根本。贵州习酒是企业，企业就要追求利益最大化，这是企业的本质决定的。但是在利益最大化和企业价值之间，贵州习酒找到了一个很好的平衡点，实现了利益和价值的双赢，概括起来就是三个字：真、善、诚。这三个字充分吸纳了东方美学元素，儒家对美的这个概念就是善，贵州习酒通过温文尔雅、内敛含蓄的形象展现其所倡导的饮酒文化，强调尊重、节制和礼仪，突出了习酒的独特之处。

1999年，习酒公司在春季市场营销工作会上提出了"无情不商，诚信为本"的企业经营理念。实际上，这是习酒自成立之初就恪守的诚信准则，诚信代表着品牌在商业活动中秉持的道德原则和诚实守信的态度。这种价值观在美学上被视为一种高尚的品质，能够使品牌成为道德和美学的典范。进入21世纪，贵州习酒建设企业文化，"无情不商"成为企业文化价值恪守的核心。而贵州习酒也正是通过这种建立在过硬的品质之上的友善和真诚，赢得了合作伙伴、经销商的认可，也赢得了良好的口碑和市场，从而实现了企业的利益最大化。

"入世"之后，中国的各大商家、企业面临着市场的巨大冲击，面临着优胜劣汰、强者生存的严峻挑战，都在千方百计地寻求生存及发展的蹊径。对贵州习酒来说，这条蹊径就是：以"无情不商"的理念和"诚信为本"的规则作为企业文化的内核，倾力打造"品牌企业"。不论是在环境优美、气势恢宏的习酒城，还是在遍布大江南北的市场网络，习酒坚守的"无情不商，诚信为本"经营理念，影响着每个习酒人的思想、观念及行为，也牵动着每位经销商和消费者的心弦。它的威力，彰显于习酒叩开市场大门的显著业绩中；它的意义，蕴含在习酒人"独善其身"、努力为人们"酿造美好生活"的炽热真情里；它的影响，超越了一个企业在市场角逐中所展示的形象感召力。

在白酒市场上，诚信为本的品牌塑造，可以帮助品牌与其他竞争对手区分开来，形成竞争优势。而品牌在市场上建立起的良好信誉和口碑，可以吸引更多的消费者，同时也能够吸引更多的渠道商和合作伙伴，从而提升品牌的市场地位和竞争力。可以看到，如今贵州习酒的各种文件、报告里，字里行间随处都可以感触到习酒人对"无情不商"理念和"诚信为本"规则是何等重视，何等执着。"无情不商"，就是每个习酒人要身体力行地做到：对企业有感情，对工作有热情，对客户有友情，对消费者有真情。虽是在商言商，却不能因商失情，因商失诚；时时、事事、处处都以真情真诚相待，向社会奉献高品位的产品。"诚信为本"，其含义为：当企业的利益与国家、人民的利益发生矛盾和冲突的时候，一切都要坚持"诚信为本"的行为规范，无条件地服从和维护国家、人民的利益；绝不因个人的利益失诚于国家、失诚于社会、失诚于消费者。

精诚所至，金石为开。习酒的新生和崛起，难道不是市场对习酒人真情奉献的丰厚回报吗？

（三）修己安人

习酒立志要做酒中君子，何谓君子？在君子的品德中，自强不息与厚德载物就如同一枚硬币的正反面，相辅相成，互为印证，缺一不可。在儒家的观念中，君子修齐治平的终极追求，是要入世的，即便是相对出世的道家，讲顺天法地，也并非教人什么都不做，而是要更好地适应环境，因为这样才能更好地造福于万民。君子厚德载物，要有大地一样容载万物的深厚德行，这就体现在君子要有高度的社会责任感和深沉的历史使命感，心怀天下苍生。

君子应是一个积极的入世者，一方面，他需要不断修炼自身的品行与能力；另一方面，他在学有余力之际，还要追求事功，实现伟大理想，也就是"修己以安人"。《论语·宪问》有言："子曰：'修己以敬。'曰：'如斯而已乎？'曰：'修己以安人。'""修己"体现为君子自身的修为及历练，"安人"则体现了君子的社会责任感和历史使命感。无论是孔子所说的"修己以安人""己欲立而立人，己欲达而达人"，还是孟子所说的"穷则独善其身，达则兼济天下"，都是要求君子在完善自身修为及能力后，肩负起社会和历史责任。

对于贵州习酒来说，积极承担社会责任体现了习酒这个品牌在商业活动中的道德责任，而道德责任与企业美誉度是相辅相成的。一家品牌的审美形象不仅包括外观设计、品质和传播方式，还涵盖了品牌与社会的互动和价值观念。通过承担社会责任，贵州习酒表明了其对社会和环境的关注和尊重，这种道德取向为品牌塑造了高尚的社会形象。承担社会责任，既是企业文化价值观的实践，也可以从良好的社会形象中获得现实利益，当一个企业的社会形象、社会影响力得到广泛认可，当一个企业的美誉度得到普遍认可时，所获得的回馈也非普通的广告投放可以比拟。

贵州习酒对于"君子厚德载物"的实践由来已久，甚至在还没有提出相关的企业文化价值观的时候，就已经凭借自身的社会责任感去践行这样的君子之风了。从1984年开始，随着企业生产经营的发展和经济效益的不断增长，在公司上下努力改善企业经营环境、条件的同时，贵州习酒就将为地方经济建设和社会公益事业作出贡献视为己任，慷慨解囊。

首先，是对改善交通、通信的倾情投入。

在漫长的历史岁月中，交通不便一直是贵州这片土地封闭落后的关键原因，这里山高林密，在缺乏现代技术的时代，基础设施极其匮乏，货物进出主要依靠人力，甚至连畜力都十分缺乏，极大限制了社会经济的发展。中华人民共和国成立后，贵州的交通状况得到极大的改善，但依旧远远落后于其他省份，一直到2015年，贵州实现了"县县通高速"

之后，这里才发生天翻地覆的变化。而习酒厂从1987年开始，就先后向习水县、遵义地区行署、贵州省政府及有关部门反映，要求勘测、修通习酒厂至临江至马临公路。1991年，省政府、省交通厅批准立项修建马临至习酒厂的公路，总投资480万元，习酒厂捐资170万元。1992年，习酒镇修建大寨至新寨公路，资金不足，习酒公司捐资10万。1993年，习水县修建从黄金坪至二郎乡公路，全长25.5千米，1994年，由于特殊原因停建，已完工通车路段为19.8千米，至停工时实际投资780多万元，全部由习酒公司垫付。

20世纪80年代，地处偏僻大山沟的习酒厂，没有一部电话，没有邮政信箱，通信条件极差。当时，通信成为制约地方社会经济发展的一个大短板。1984年习酒厂与习水县邮电局签订《关于在习水酒厂建立交换点的合同》，1986年该项目正式完成并投入使用，保证了从厂区到县邮电局的电话畅通，这也使得大山沟里有了和外界的通信联系。1992年，习水县修建数字微波通信网络，开通2000门程控电话，工程总投资1051万元，习酒公司资助450万元，资助金额近乎一半。习酒对地方交通和通信的倾情投入，不仅是一串串数字，更是其发展过程中的社会担当和公益承载。

其次，是对教育事业的慷慨解囊。

贵州习酒深知培育人才对于推动山区经济发展和社会进步所具有的重要作用，早在20世纪80年代初，习酒厂就创办习酒子弟学校。此后多年，贵州习酒始终关注并倾力资助教育事业，也始终坚持着一份承担社会责任的初心。从2006年起，贵州习酒更是开贵州业界先河，建立"习酒·我的大学"公益项目，每年从企业利润中拨出部分款项，专项用于资助家境贫寒的城乡子弟上大学。这项活动，从2006年到2023年，捐赠总额达1.3亿余元，资助全国25个省（自治区、直辖市）的2万余名学生实现大学梦。"习酒·我的大学"获"正业之道·第八届人民

初期的习酒子弟学校

企业社会责任优秀案例奖""希望工程25年杰出贡献奖"，已成为贵州乃至全国著名的公益事业品牌。

最后，面对自然灾害的发生，贵州习酒总是在第一时间行动，为抗灾作出力所能及的最大贡献。

2008年，汶川特大地震灾害发生的第一时间，习酒公司立刻决定给灾区捐赠100万元，并号召企业员工以实际行动援助抗震救灾，还派出专人奔赴灾区慰问灾民和习酒经销商；同年，贵州遭遇凝冻灾害，习酒公司捐赠25万元。2010年3月19日，刚到达昆明准备翌日召开全国经销商大会的习酒公司高层，得悉云南省一些地区正遭遇百年罕见的旱灾时，当即决定通过云南省慈善总会向灾区群众捐赠100万元，以援助抗旱救灾。在公司领导的带动下，出席会议的习酒经销商也踊跃捐款数十万元。2020年，习酒出资2000万元助力贵州省、湖北省抗击新冠疫情，发起"亿元习酒敬爱心"活动。

2023年，为弘扬中华民族尊老敬老的传统美德，履行爱老助老的社会责任，贵州习酒宣布携手经销商成立"习酒·吾老安康"慈善基金。由贵州习酒与全国超过2000家经销商首期募集的2000万元，正式捐赠给贵州省慈善总会，用于支持关爱老人的慈善事业。"习酒·吾老安康"公益项目，正是习酒在君子底色上再次落下回报乡梓的一抹亮色。

无情不商，习酒有道。贵州习酒对利益的追求，始终建立在以君品文化为核心的价值共同体上，其对公益事业长期的热爱与坚持，深刻践行了"知敬畏、懂感恩、行谦让、怀怜悯"的习酒品格，而这也正是"百年习酒，世界一流"的根脉所在。

三、文化赋能与价值提升

同样的产品比竞争品牌卖出更高的价格，称为品牌的溢价能力，品牌溢价能力是现代企业获取超额利润的重要法宝。品牌核心价值是品牌资产的主体部分，它是让目标消费者明确、清晰地识别并记住品牌的利益点与个性，且认同一个品牌的主要力量。酒类作为一种饮品，功能性价值并不是最重要的，消费者喝酒的时候，除了感官上的愉悦，还希望体现自己的身份，寻找精神寄托。所以酒类品牌大多定位于情感性或象征性品牌核心价值，打造高溢价的品牌，保持合理的高价也能在一定程度上引导消费者。那么，在琳琅满目的酒类品牌中，在大浪淘沙的残酷市场竞争中，为什么习酒能够脱颖而出？习酒是如何打造品牌稀缺性，从而实现习酒品牌的溢价能力的？

一个品牌能够成功的因素有很多，但是想要成功具有可持续性，必定离不开文化赋能。白酒是中国传统文化的一部分，并在中国有着悠久的历史和文化背景。贵州习酒深谙此道，通过文化赋能，强调其品牌与中国传统文化之间的联系，强化品牌的文化认同感。贵州习酒抓住质量这个根本，一代又一代习酒人践行对道义的坚守、对工艺的坚持、对商道的尊崇、对消费者的尊重，在传承中国传统文化基础上，融入赤水河流域多元文化基因，逐渐形成了独特的"君品文化"体系。品牌溢价与文化赋能之间存在密切的联系，文化赋能可以赋予品牌独特和独有的价值，将习酒与其他竞争对手区分开来，从而为消费者提供有别于普通产品的体验。当贵州习酒成功地将品牌与君子文化相关联时，消费者更愿意为其产品支付更高的价格。

（一）物竞天择

中国是世界上最早酿酒的国家之一。据近代考古发掘的龙山文化遗址中出土的大量尊、高脚杯、小壶等饮酒器这一事实来看，我国至少在五千年前的父系氏族社会就已掌握了酿酒技术。

自从酒类饮品诞生的那一天起，它就不是作为一种必需品，而是作为一种消费品，甚至奢侈品而存在的。毕竟，酒是要用粮食来酿造的，只有吃饱了肚子的人，才有能力去消费酒带给人的种种享受。当然，尽管酒并不是生活中的必需品，甚至历朝历代都有禁酒令，但酒在社会生活中的普遍存在却是事实，而且不论中外，文学艺术都与酒结下了不解之缘，尼采甚至倡导一种"酒神精神"，在群体的狂欢中赞美生活，接受生命的反复无常。明代学者洪应明在《菜根谭》中也说："君子不可不抱身心之忧，亦不可不耽风月之趣。"意思是说，德行高尚的君子既不可以使自己的身心过于疲倦，也不可不懂吟风弄月的乐趣。饮酒，是古代文人最不可或缺的风月之趣，从某种意义上来说，酒也可以算是君子在精神领域的刚需。

然而，酒是有差别的，且不说燕赵慷慨之士必好烈酒，江南烟雨之中更尚花雕，就是同一种香型、同一种风味的酒品，也有好坏优劣之分。既有好坏优劣之分，便也有价格的差异，不说高低贵贱，实际上还是有品质、品味的区别，也是品牌的差异。习酒是个大品牌，就当前而言，这个品牌本身就已经具有很强的溢价能力。习酒能走到今天，当然也不是一日之功，甚至也有过失误、走过弯路。

习酒创立之初，正是中华人民共和国成立、百废待兴之时，第一代习酒人在二郎滩上、黄荆坪下，解决了一个有无的问题，还因为大环境停产了几年。到了20世纪七八十年代，习酒已经声名鹊起，作为西线战事壮行酒、庆功酒的习水大曲甚至有"二茅台"的别号。习水大曲曾有很高的知名度，不过它确是一个低价位的品牌。1996年的时候，习水大曲的出厂价也就五元多钱，而同期"习水"品牌一出来，厂价就是十几元接近二十元。90年代后期，老百姓的购买能力上升，低价的习水大曲反而成为它发展的"瓶颈"。

后来，习酒厂制定了"四高两限"的战略方针，即高质量、高装潢、高投入、高品质，同时限制投放量和投放渠道，走高价、高端、高品质的路线。习酒推出星级系列，五星习酒定价69元，当时茅台160多元，五粮液100多元，五星习酒的价格直逼剑南春，是二类阵营中最高的一个价格。在五星习酒比较成熟的时候，习酒又顺时而动，价格从69元提升到90多元。也正是以五星习酒作为主力的星级系列，把企业从最困难的状况推上年销售额达到10亿元（当时60%以上的销售额来自五星习酒）的辉煌的新起点。

当然，在品牌溢价的道路上，习酒也有过失败的教训：1988年前后，全国白酒行业经历了第一轮白酒转型和洗牌，当时对产品提价的企业，大多取得了成功，而习酒恰好错过了那段时间。尤其是老品牌习水大曲，出厂价6元，但当时的消费水平在上升，物价在上涨，消费者的选择是受市场驱动的，习水大曲没有提价，反而错失了一次品牌溢价的机会。物美价廉固然是消费者的一种需求，但随着消费者本身购买能力的提升，他们需要的不仅是"物美"，还要能代表身份和品位，这种时候，"价廉"带给消费者的反而是一种低廉的体验，无法实现消费期待。

归根到底，产品价值是通过价格来反映的，产品价值提升，价格就应该提高。当消费者与特定的文化相关联时，他们可能产生情感认同和热爱。通过与文化深度融合的营销活动，白酒品牌可以直接触达消费者的情感需求，并在消费者心中建立情感联结。这种情感共鸣可以增加消费者对品牌的好感度，并增加他们愿意为品牌付出更高价格的可能性。习酒的品质决定了品牌的价值，同时，习酒深耕"酒中君子"的品牌形象，君子文化与品牌之间的联系往往会唤起消费者的情感共鸣。从君品文化提炼至今，习酒发生了蜕变，从2010年销售10亿元的白酒企业发展成为如今销售突破200亿元的大型二类国有企业。2019年，"君品习酒"上市。这款产品让习酒公司迈入发展的快车道；2020年，习酒突破百亿元销售大关；2022年，习酒实现营收200亿元，位列中国酱酒第二、贵州白酒第二。作为贵州习酒的战略级高端大单品，君品习酒的价格与价值都充分诠释了文化赋能与品牌溢价之间的必然联系。

（二）相时而动

21世纪的前20年，对于白酒行业来说，是一个风云际会、群雄并举的大时代。更大的市场，更多的机会，也意味着更残酷的竞争和更严峻的挑战。在市场的洪流中，习酒通过清晰的品牌定位，确立了自身的独特性。习酒不断追求卓越的品质，包括原料的选择、酿造工艺的改善以及严格的质检标准，提高产品的口感和品质，以过硬的品质赢得消费者的认可。同时，习酒从中华优秀传统文化中汲取精华，从企业发展历史中解码精神基因，凝练出独具风骨的君品文化，并通过不断创新品牌经营模式，使消费者不断与品牌产生情感共鸣。一路从风雨中走来的习酒人明白，只有博采众长、相时而动、破茧成蝶，才能在这惊心动魄的大时代中实现突破与飞跃，不断从成功迈向新的成功。

2003年，习酒公司组织考察四川五粮液酒厂后，提出了进行酱酒对比试验的战略构想，当年12月投粮750千升正式下沙，时隔10年的酱酒生产重启。当时的酱酒第二是郎酒，已经在酱酒的第二板块中开辟一个新的价位。比如"红花郎十五年"是500多元，"红花郎十年"是300多元。习酒在战略定位清晰之后，落定了产品和品牌，就是"习酒·窖藏1988"。习酒公司经过反复分析，认为习酒必须要做酱酒第二这个品牌，否则就将失去一次发展机会。彼时茅台价格约六七百元一瓶，"习酒·窖藏1988"卖400元左右，是茅台60%的价格。

2011年，"习酒·窖藏1988"推出一年后，习酒的销售额达到16.7亿元，其中"习酒·窖藏1988"卖了5亿多元。有人说，这是酱香型白酒的时代来了，其实是好酒的时代来了。"习酒·窖藏1988"这一款美酒，自上市之日起，十年来风靡中国，在很大程度上是因为它以次高端的价格提供了顶尖的品质。"习酒·窖藏1988"的成功溢价，是习酒品牌相时而动，抓住时代和市场给予的大好机会的结果。2017年，窖藏主体品系还探索开发了"窖藏1988·珍品""窖藏1988·梅兰竹菊君子四品"及"窖藏1988·龙凤典藏"等产品，这些产品售价均在800元以上，是窖藏系列高端个性化产品开发的尝试，在控制一些优势资源的同时放大了窖藏的品牌势能。

公开数据显示，习酒2018年的年度业绩达到56亿元。其中，窖藏系列占据了50%以上的市场份额，成为30亿元以上的超级大品牌。2019年，习酒公司对窖藏系列的全线产品出厂价进行上调。这一举措得到众多经销商和行业人士的积极评价。活跃在市场一线、具有敏锐嗅觉的经销商认为价格体现了产品的价值，并认为习酒这次的提价是产品自身价值的自然回归。当时，习酒在市场上已享有一定的地位和知名度，并且推出的"习酒·窖藏1988"多年来品质稳定且逐步提升，使得品牌知名度显著提升。此外，习酒公司还在数据化营销系统方面领先国内其他酒企。因此，价格的提升不仅体现了产品价值，也符合时代和市场的潮流和选择。2020年，习酒公司再次对窖藏系列和金钻系列等主要产品进行提价。就产品实力而言，窖藏和金钻系列都是习酒市场上的主打系列。其中，"习酒·窖藏1988"是习酒的高端产品，金质习酒和银质习酒则是习酒夯实核心价位战略的重要产品。不同系列产品的同步提价，体现了习酒品牌价值的不断提升。而价格是品牌的重要表现形式，随着品牌力的强化，提价自然成为必然之举。

进入21世纪以后，酱香型白酒幽雅、醇厚、稀缺的特性，契合了人们的消费水平。酱香型白酒以其浓郁的酒香和丰富的口感而闻名，酱酒美学强调对酒液的风味和口感的欣赏与研究，包括酒香的复杂性、酒液的醇厚度、酒入口后的回甜度等，还包括对饮酒礼仪和文化的认知和追求。从好饮酒到饮好酒，需求不再是因为饥渴和盲目，而是来自理性的认同。基于这样的变化，2019年，继"习酒·窖藏1988"之后，习酒公司又推出更高端的"君品习酒"，习酒人为这款高端产品赋予的伦理内涵，仍然是传统的儒家精神。伴随2020年下半年君品·雅宴在全国的推广，君品习酒的品牌市场地位得到进一步强化。君品习酒的亮眼抢跑，推动习酒的产品结构更加高端化，实现从中低端向中高端的跨越转变。

（三）绿色发展

习酒是一个绿色品牌、生态品牌。党的十九大报告指出，加快生态文明体制改革，建设美丽中国。美丽中国，是环境之美、时代之美、生活之美、社会之美、百姓之美的总和。习酒品牌价值之美，源自优秀的中华传统文化价值观，包括和谐、仁爱、诚信、人本、创新，构建君子自强不息为核心价值观导向的企业管理制度，以自身的优秀推动社会的美丽。

2023年，贵州习酒召开生态环境工作会，发布《贵州习酒股份有限公司2023—2027年生态环境工作规划》，将长期以来所重视的生态环境工作推向新阶段。酒类行业的发展离不开土壤、水源和空气等自然资源。通过积极采取对环境友好的生产方式和资源利用策略，可以树立良好的企业形象，赢得消费者的认可和信任。这种良好的声誉有助于提高产品销量、扩大市场份额，并为企业带来长期稳定的发展机遇。在贵州习酒的文化传统中，充分体现着决策层对于建设生态品牌的认知和实践。早在1992年，习酒公司就邀请16位学者开启了一场纯人文的"千里赤水河行"考察活动，由此揭开了赤水河的神秘面纱——赤水河是长江上游珍稀特有鱼类国家级自然保护区的重要组成部分，是长江上游重要的支流和生态安全屏障，具有特殊的区位优势和保护价值，也是贵州省实施"北上"战略的一个重要窗口，更是白酒酿造的"黄金河"。赤水河作为中国唯一一条没有被污染也没有修建水电站的长江支流，水质不仅符合饮用水水质标准而且更优。所谓"水为酒之骨"，水的品质对酒的品质有直接影响，赤水河的优质水源，为确保习酒的高品质奠下了坚固基石。

贵州习酒深知建设生态品牌有助于推动整个行业的可持续发展，坚信守住赤水河的一江春水、两岸青山，守住赤水河的游鱼细石、自然风物，就是守住企业发展和生态的两条底线。自2015年起，贵州习酒沿赤水河开展"保护赤水河·习酒在行动"公益活动，全员义务植树、植草，积极增加森林碳汇。

2018年，习酒公司向赤水河源头镇雄县捐赠生态扶贫资金400万元，感恩镇雄县为保护赤水河所做的贡献；2020年，包括习酒公司在内的酒企签署了《世界酱香型白酒核心产区企业共同发展宣言》，用行动保护"母亲河"。2019年至今，贵州习酒总投资近5亿元，高标准建设黄金坪生产废水处理厂2号系统和中渡污水处理厂……贵州习酒作为高度依赖赤水河流域自然环境的企业，提升生态环境保护能力，既是发展需要，也体现了习酒踏实践行君品文化的决心。全面建设"零碳工厂"，助力乡村振兴，与自然和谐共生、共谋发展，是应有之义，也是真正的可持续发展之道。

在生态品牌的建设过程中，贵州习酒承继"天人合一""道法自然"的生态文化基因，通过将自然元素融入产品设计、包装和品牌形象中，营造出与自然和谐共生的审美效果。通过打造与自然和谐共生的形象，强调企业对环境的尊重和保护，对生态系统的可持续发展作出承诺，走出一条具有习酒特色的生态之路、绿色之路。

习酒公司开展义务植树活动

第三节 习酒的品牌形象

进入品牌引领企业永续发展的商业社会，一个企业的兴衰与荣辱，取决于是否拥有一个别具市场竞争力的品牌。贵州习酒始终坚守传统工艺，严格把控产品质量，持续推进技改建设扩大产能、增加储量。同时，通过创新营销工作，加快市场建设步伐，加大品牌建设，广告重返中央电视台，持续投入城市地标、航空高铁等高端形象建设，品牌张力越来越强。

2016年，习酒公司获中国标准创新贡献奖、全国实施卓越绩效模式先进企业；2018年，习酒通过国家知识产权管理体系认证，获"国家知识产权优势企业"称号；2019年，习酒公司隆重推出"君品习酒"，定位高端酱香，成为继"习酒·窖藏1988"之后的又一核心大单品，同年，首次申报即获"全国质量奖"；2020年，"君品习酒"荣获第21届比利时布鲁塞尔国际烈性酒大奖赛大金奖，习酒品牌价值达到656.12亿元；2021年，习酒在"华樽杯"第十三届中国酒类品牌价值评议中，以1108.26亿元位列中国前八大白酒品牌，同年，习酒以卓越的品质荣膺"亚洲质量卓越奖"，在保障品质、追求卓越、高质量发展方面得到了亚洲乃至世界范围的肯定；2022年，习酒荣获有"质量奥林匹克"之称的第47届国际质量管理小组大会特等金奖，其品质标杆效应从国内传导至国外。在"华樽杯"第十四届中国酒类品牌价值评议中，习酒品牌价值达1690.53亿元；2023年，习酒品牌价值以2224.63亿元位列中国白酒前八名，中国酱酒第二名。"君品习酒"品牌价值达到1226.05亿元，位列全球酒类产品第十六名、白酒类第八名，"习酒·窖藏1988"品牌价值达到1042.45亿元。习酒的品牌形象，尽显君子新发于硎、浩然劲健的阳刚之美。

一、君子的玉成之路

贵州习酒在长期的生产、销售、管理实践中，不断探索，不断提炼，最终形成基于君品文化这一精神内核的文化识别体系。包括习酒标识、习酒旗帜、习酒企业歌、习酒宣传语、习酒酒令等，这些可视、可听、可想的内容共同构成了习酒的品牌形象。习酒标识是习酒品牌形象的门户和窗口，也是外界接触习酒，了解习酒的第一印象。

圆形习酒Logo巧妙地融入了多个元素，传递出君子外圆内方的和谐之道。碧玉，象征着稀有、尊贵和典雅，自古以来就是与君子密切相关的文化符号；新月冰清玉洁、亘古永恒，赤水河则蜿蜒奔流、生生不息；新月与河流相互交融，共同组成一个静谧诗意的"习"字，凸显习酒源远流长的历史文化底蕴和独特的酿造环境与工艺。

贵州习酒Logo

习酒的产品是一个大家族，要对它们进行逐一介绍，需要巨大的篇幅，所以本处还是以时间为线索，对几个重要阶段具有代表性的习酒产品形象进行梳理。沿着这条时间线索不难看出，"君子之品·东方习酒"的文化内涵，并非凭空出现，也绝非生搬硬套，而是得益于山水之灵气，根植于历史文化之沃土，经过70余年自强不息和艰苦奋斗，逐渐凝练出了自己的品牌叙事逻辑。

（一）有匪君子：习酒早期产品形象的塑形与沉淀

从审美角度来说，产品形象在品牌建设中扮演着至关重要的角色。产品形象是指消费者对于产品外观、设计、质感等方面的感知和评价。

白酒酒瓶设计对于白酒的品牌建设来说是相当重要的，贵州习酒旗下各系列酒瓶的设计比较注重传统元素的挖掘，使得消费者可以较好地体会其中蕴含的传统文化内涵。当然，这样的产品形象，也经历了从无到有、从有到精的漫长过程。早期的习酒，是没有什么产品包装的。熟悉习酒的人，或多或少都听说过"猪尿包"的故事——1967年初，一袋鼓鼓囊囊的"猪尿包"，摆上了习水县财经贸易办公室的办公桌，"猪尿包"里装的，是习水县回龙区供销社郎庙酒厂刚刚试制成功的浓香型大曲酒。那时候，谁又能想到，那袋特殊的酒样，竟会是一个百亿企业的开端呢？

1967年，习水县红卫釉酒厂（地方国营）成立，习水釉酒瓶装产品上市，经国家工商总局核准注册，使用第一代注册商标"红卫"，这是习水县境内最早注册的商标。那时候的习水釉酒，就是几乎全国通用的手榴弹造型玻璃酒瓶，也谈不上什么个性化的品牌形象，但它依旧是老一辈习酒人的心血所在，为习酒这棵参天大树埋下了生命的种子。

1970年，习水釉酒更名为红卫大曲，生产的产品为"红卫牌"习水大曲酒，后相继生产"二郎

滩"牌、"习水"牌习水大曲。1978年，酱香型白酒开始批量生产。这一时期，习水大曲风靡大江南北，企业也开始从传统的销售模式向具有品牌意识的现代化经营管理阶段过渡。

1981年，因"二郎滩"商标三字与产品名称"习水大曲"存在混

1983年的习水及帆船图形商标

同，遂将商标图案中的"二郎滩"三字更改为"习水"，商标图案"帆船图形"不变。1983年7月5日，贵州省习水酒厂向国家工商行政管理总局商标局申请注册"习水及帆船图形"商标，习水大曲被评为贵州名酒，获国家对外经济贸易部出口商品荣誉证书。

习水大曲，自1980年起便以其卓越品质荣获贵州省优质产品奖和著名商标证书，展示了其早期的辉煌。1985年，它更是荣膺商业部"金爵奖"，并被国家选送到亚洲及太平洋地区国际贸易博览会，由此获准使用"飞天"习水大曲商标，使产品得以远销东南亚国家，体现了其独特地位。1992年，习水大曲以低度和高度两种版本，分别获得帆船金奖和美国拉斯维加斯金奖，展现了其无与伦比的独特魅力。这种魅力甚至一度使得"习水大曲"酒限量批条供应，成为一瓶难求的珍品。

在科技研发方面，习酒也始终保持领先地位。先后进行了一、二、三期新产品研制开发，并成功恢复生产酱香型大曲白酒，这一创新成果不仅获得习水县特等科技成果奖，还在1983年通过省级鉴定，被命名为"习酒"，公司沿用至今的"习酒"二字，采用了蕴含著名书法家陈恒安深厚情感的题字作为标识。随后，多种新型产品相继问世，如1984年上市的酱香习酒（圆瓶习酒），1985年生产的习酒、外销习水大曲、内销习水大曲、普通习水大曲、习水二曲和二郎滩酒6款产品。1986年酱香型"习"字牌习酒、浓香型"习水"牌

东方习酒

酿造美好生活的领创 ● 实践

习水大曲获贵州省第四届名优酒"金樽奖"，远销日本、意大利、东南亚等十多个国家和地区，为国家创外汇70多万美元，展现出习酒的全球影响力。

在港台地区，习酒和习水大曲被视为思乡美酒，备受当地人青睐。这种情感的融入，使得习酒不仅成为一种饮品，更是一种情感的寄托、一种文化的传承。

1988年，习酒荣获"国家质量奖"，这一荣誉无疑是对习酒品质的最高赞誉。1989年，酱香型习酒、浓香型习水大曲在中国香港举办的首届中华文化名酒博览会上分别荣获金奖、银奖，这无疑是对习酒产品多元化的进一步肯定。

企业荣誉之外，习水大曲在品牌保护方面也毫不懈怠。1991年，习水酒厂向国家工商行政管理总局申请注册圆形"习"字商标，这一举动无疑是对自身品牌形象的深度保护。此时，生产乳白圆瓶老习酒、黑红商标圆柱瓶习水大曲、黑商标方瓶习水特曲等多元化产品线，更是展示了其在品牌发展方面的深思熟虑和前瞻性。

1991 年的圆形习字商标

1992年，习水酒厂改制，成立贵州习酒总公司，开发酱香型龙瓶习酒、木盒精品习酒、方瓶习酒和浓香型习水特曲。习酒、习水大曲畅销全国，销售额达2亿多元，排名全国白酒前十强。1998年10月，贵州茅台酒厂（集团）习酒有限责任公司正式挂牌成立。习酒公司以"无情不商、诚信为本"的营销理念为抓手，打造茅台集团浓香白酒战略基地——贵州习酒城，走质量效益型发展道路，苦练内功、开拓市场，随着"习酒五星，液体黄金""习酒三星，爽口爽心"等广告语的家喻户晓，星级习酒的产品形象深入人心。

1998 年 10 月 26 日，中国贵州茅台酒厂（集团）习酒有限责任公司授牌仪式。

习酒公司于1999年制定产品品牌战略，积极拓展品牌和产品结构，以习酒、习水大曲为主体品牌，实行浓酱并举，同时致力研发国典等崭新品牌。踏入21世纪，习酒更加强力实施品牌战略，以赋予习酒个性、情感、品位及精神价值与文化感召为基石打造"贵州浓香白酒第一品牌"，把习酒的品牌价值理念彰显于众，这一举措，致力凸显习酒文化内涵、附加价值和独特风格品位，以满足消费者对高品位生活美感的需求。同时，公司根据市场不同层次的消费需求，除了继续推广原有的三星、五星品牌外，还开发了一星、二星、四星等不同星级的习酒品牌，以满足不同消费者的喜好和选择。

好山好水出好酒，习酒人用敢于担当的勇气和敢于创新的劲头，彰显着两岸高山和赤水河的性格——山的厚重和水的温润。正是这种刚柔相济的企业个性，让酒品牌形象在激烈的白酒竞争中，一直处变不惊、从容应对。

（二）雄深雅健："习酒·窖藏1988"的厚积薄发

产品形象可以通过外观、设计和质感等方面传达品牌的价值观和定位。一个令人愉悦、富有美感的产品形象，能够凸显品牌的高品质、高端和专业形象，从而塑造品牌的声誉和社会形象。2010年，习酒公司迎来一个里程碑时刻，备受瞩目的"习酒·窖藏1988"，这一单品作为习酒的核心产品向全国市场推广，很快就受到消费者青睐和专家广泛好评。

"习酒·窖藏1988"的鼓面造型设计，给消费者带来了极高的辨识度和冲击力，而且极具文化内涵，更给人催人奋进、自强不息的联想。2014年，习酒公司获"国家地理标志产品"；2015年，"习酒·窖藏1988"酒瓶外观设计专利获"中国外观设计专利优秀奖"。很显然，产品形象

贵州习酒股份有限公司出品
酒精度:53%vol 酱香型白酒 净含量:500ml

能够帮助品牌在竞争激烈的市场中脱颖而出，建立独特的品牌个性和识别度。通过独特的外观设计和感官体验，产品形象能够让消费者在众多竞争对手中轻松辨识和记忆品牌，从而在购买决策时起到差异化的作用。

2010年也是中国经济迎来快速发展的一年。这一年，中国的国内生产总值超越日本，跻身世界第二。因此，2010年推出的"习酒·窖藏1988"完美地呼应了这个新时代的旗帜，并成为贵州习酒走向企业巅峰的核心产品。1988年，习酒荣获国家质量奖银质奖章，而后在习酒公司制定浓酱战略时，根据对自身文化底蕴和历史积淀的深入研判，决定以1988年为命名，开发出一款独具异军突起之势的杰作，即"习酒·窖藏1988"。

这款酒初次推出时，人们对它充满了期待，仿佛看到了一个新时代的象征。2020年，在发布10周年之际，习酒公司推出新装上市的"习酒·窖藏1988"，新的产品形象持续强化骨架，让它神形合一，充满一种雄深雅健的君子之风。总体来看，一方面，它符合酒质提升的方向，瓶体颜色从赭黑色迈向了黑色，更加典雅厚重；另一方面，酒瓶与酒盒上，则用更多的金色取代了银色，更突出黄金般的品质。这不仅是美术设计问题，更是对酒的品质内容的宣示。重装上阵的"习酒·窖藏1988"，不仅改变了外观，而且拥有了更高比例的老酒、更长的基酒酒龄、更加丰满的酒体、更谐调的众味、更醇厚的口感、更硬朗的骨架。瓶身还增加了如勇士执戈捍卫酒质的激光防伪标识，使其君子之风，更浑然天成。

2023年上市的新款"习酒·窖藏1988"（4盒装）盒身通体棕色，金色描边修饰，中心金圆镂空设计颇有层次，更添文化意蕴，呈端庄复古、典雅大气之态。瓶身的设计灵感源于中国传统鼓文化，寓意习酒对传统文化的传承。瓶身背面浪花造型装饰，融入习酒标识，寓有习酒一直以来乘风破浪、砥砺前行之意。

产品形象可以通过设计和外观体现品牌的文化内涵和价值观，而品牌的文化也是消费者选择品牌的重要因素之一。产品通过形象的传递，在消费者心中树立起品牌的独特文化形象，为品牌赢得忠诚度和认同感。新款"习酒·窖藏1988"走在时代风潮的前列，顺天应时，就是至理。数千年巍巍中国，但凡与农业有关的创造，其中所谓"工匠精神"者，总脱离不了"顺天应时"这一规则。秋天是粮食成熟的季节，所有的酒，所有的好酒，从这里开始。千百年来，酱香型白酒保留着最质朴、最悠远的工匠传统，而"习酒·窖藏1988"也正是这样一款经得起市场考验，撑得住习酒品牌形象的大气之作。这里要说一下"雄深雅健"一词，其出自《新唐书·卷一百六十八·柳宗元列传》，原意是指文章宏大而高深、典雅而有力，"习酒·窖藏1988"就是习酒品牌形象中的一篇大文章，它的鼓面造型、深沉厚重的色泽，所蕴藏的企业继往开来的奋斗精神，确然当得起"雄深雅健"这四个字。

（三）温润如玉：君品习酒的横空出世

产品形象与品牌建设紧密关联，并不是独立存在的。审美观念、审美趋势以及文化习俗等社会文化因素都会对产品形象的塑造产生影响。

美感是人类共通的情感需求，通过产品形象的美感表达和艺术感染，品牌可以打动消费者的情感，使其与品牌建立深厚的情感纽带，增加品牌的黏性，培养品牌的忠诚度。习酒自1952年创立以来，一直兢兢业业，认同传统伦理，而且少说多做，低调谦和。2010年，习酒公司推出"习酒·窖藏1988"，2019年，又推出高端酱香作品——"君品习酒"。

君子即有伟大人格、高尚品德、崇高修养之人。君子思想博大精深，纵观古今，其核心为"自强不息、厚德载物"。2019年推出的君品习酒，蕴含"君子之道，方圆有度"的内涵，彰显君子的高贵品行，在高端酱香酒市场上犹如一股文化清流，备受关注。

习酒人选择君子人格作为企业文化价值观并非偶然，也不仅仅出于营销需要，而是源自企业自身特质的选择。这种价值观扎根于山川灵韵，熔铸于创业的艰辛和克服困境的坚韧。习酒人的选择更是对时代命题本能且精准的回应。正如李白所言："古来圣贤皆寂寞，惟有饮者留其名。"饮者在酒中得到释放，超然物外，但在大多数情况下，自我约束更为重要。儒家认为饮酒本身就是一种礼仪，过度饮酒则失去了礼仪之本。因此，习酒通过温文尔雅、内敛含蓄的形象展现其所倡导的饮酒文化，强调尊重、节制和礼仪。这与其一如既往的儒家文化相呼应，形成了一种和谐的氛围，为饮酒文化增添了独特的魅力。

君品习酒作为贵州习酒的高端产品，它既要承继习酒的文化传统，又要在创新上走出自身的个性，因而在酒瓶设计过程中也颇为不易。在色调方面，根据高端目标人群选用了"境界蓝"作为君品习酒的专属

色彩。瓶身主体境界蓝光泽透明，象征着登高者必见远的寓意；瓶身外沿则选用华夏金，加重了瓶身外观的厚重感与尊贵气质。在瓶盖的设计上，沿用"传承"的理念，选用醒目、简洁的圆环设计，彰显出君品习酒的现代气息。瓶盖的圆环犹如一道弧光，象征高瞻远瞩的君子视野，也象征着习酒穿越时空坚守的匠心精神；旋着的11道箍纹，则象征着不断盘旋攀升的人生。在细节的处理上，君品习酒在瓶身的中部做了弧度的处理，令整体瓶身显得更为圆润，使之与玉的温润气场贴近，正好符合人们对君子品质的追求。瓶身背面的浮雕如意纹饰，以碧呈挚，饱含着"不愿君事事如意，唯愿君事事顺意"的美好寓意。底座造型上，沿袭经典的习酒底座造型与工艺，保留一贯的坚实特征，印证着君品习酒的实力与品质。

总之，君品习酒产品升级的目标是：承上，在"习酒·窖藏1988"产品的基础上拔高；启下，在高端价格的区间占领一席之地。无论是从酒质上还是从观感上，君品习酒很好地完成了预期的两个目标。君品习酒作为一种凸显君子之品的历史佳酿，在弧光与螺旋的错落交织中缓慢展现，向未来延伸。玉的温润光泽和内蕴气质，正好契合人们对君子品质的追求。

回过头来看，产品形象是品牌故事的重要组成部分。通过审美元素的运用和艺术性的表达，产品形象可以传达品牌背后的故事、历史或价值观，这涉及品牌建设的故事线索、情节发展和品牌传承等方面的理论研究。2019年7月，君品习酒的第一场发布会上，这款新的产品形象成为习酒的品牌"核武器"，成为引爆市场的战略支点。有了"习酒·窖藏1988"十年磨砺的基础，君品习酒的产品形象一下就立了起来，它风度翩翩，举手投足间充满了彬彬君子的雍容大气，成为高端酱香型白酒的新标杆。

2023年上市的新款君品习酒四瓶精装，尊贵典雅。四瓶装外箱整体更显精致，便于携带收纳。产品整体设计延续君品习酒经典视觉符号，以中国鼓面作为瓶身造型，金玉相融，以华夏金、君品蓝为主色调，给人以高端大气、古朴庄重、沉稳内敛、温润如玉的感觉。包装外观嵌入中华传统元素"金镶玉"，寓意和谐美好，团团圆圆。瓶盖金色圆环又展现出天心月圆，穿越时空的意境，尽显东方文化的气度与智慧。瓶身蕴含经典元素，添全新意境，拱手纹饰，彰君子风范，显贤士之仪。

二、在审美空间中陶铸君子风骨

品牌形象是多元的，如果说产品形象是一个品牌可视的物理属性的美学基础，那么消费场景就是一个既可视，又可感可知，更容易调动人们的情绪，获得消费者信赖的审美空间。

法国哲学家梅洛·庞蒂在他的《知觉现象学》中提道："采用知觉的实例批判科学理性的客观思维，从自身出发去锻炼和提高对事物的辨别能力。"客观空间就是指我们的三维世界，而因为"我"进入了空间，客观空间的各种构成信息通过知觉传递给我的大脑，形成了"我"对客观空间的印象。在客观层面上，空间要素包括线条、颜色、形状、体积与材料等，即物质自身表现出其物理特性。客观空间中人员的到来，通过知觉感知生成了知觉空间。作为来到空间里的人，扮演着消费者、使用者、体验者等角色，这时的我们自身就变成了知觉主体。

在消费空间的设计中，通过构成空间的各种基本元素，将现象空间更直接地传递给顾客，便是如何营造并使其产生空间体验的关键问题所在。简单来说，消费空间的现象营造就是通过美学、设计学与消费品位的相互配合来组成优秀的知觉体验。随着消费者审美需求逐渐增加，消费空间、消费场景要求也不断提升，无论是视觉体验，还是观感体验都会产生新的标准，并在一定程度上决定了消费者的逗留时间和消费意愿，体现出消费场景的使用价值和商业价值。贵州习酒对消费场景的打造，追求的是高标准、严要求，从统一标识到空间大小，从颜色、材料到体验交流，务求尽善尽美，充分彰显了习酒品牌形象之美。

（一）敬以直内：习酒专卖店的形象符号

专卖店，尤其是白酒类产品专卖店的设计和装饰可以直接反映品牌的形象和企业的价值观。理论上说，通过在专卖店的空间中运用特定的色彩、特别的布局和特殊的材料等审美元素，可以创造出独特的氛围和品牌风格，从而强化品牌在消费者心中的形象。一个吸引人且与品牌相关联的专卖店空间，可以为消费者提供独特的体验，通过打造舒适、吸引人、互动性强的空间，可以增强消费者与品牌的情感联系，并提供与众不同的购物体验。与此同时，专卖店的空间设计可以传达品牌的个性、文化和价值观。通过用品牌故事、历史或传统相关的装饰、展品和艺术品等，在店内营造一个独特的氛围，这种氛围可以吸引目标客户和潜在消费者，进而增加品牌的知名度和认同感。专卖店的建设还可以通过陈列和展示产品的方式，凸显产品的特点和差异化，通过巧妙的空间规划和展示设计，可以吸引消费者的注意力，增加他们对产品的兴趣和购买欲望。此外，独特的标识和装饰元素也有助于在消费者心中建立品牌的显著认知度和独特性。

贵州习酒目前有1200多家专卖店和形象店，500多家体验店，场馆在全国遍地开花。在终端空间设置或者设计方面，基于背景文化体验和产品推荐，产品和餐饮的搭配，给消费者打造这样一个体验空间——把消费文化、背景文化和中国传统文化融为一体的场景。习酒的专卖店、体验店基本是采取统一的形象设计、统一的布局安排、统一的物料设计、统一的空间构架。消费空间夯实和强化了习酒的品牌形象，提升了消费者的空间体验。

从2016年开始，贵州习酒以组建"广州突击队"为契机，配合重点市场终端建设工作，共制作门头、店招260余家，产品铺货流通渠道619家、餐饮625家、连锁门店3000余间，终端客户关系、出货、陈列、氛围等与以往比有显著的提高与改善。2017年，习酒在贵州市场基础工作建设成效显著，全省全品系新制作门头2036个，总计达到2893个；金质老习酒打造习酒一条街50条，打造老友区134个。贵州乡镇总计1178个，习酒已建立销售网点乡镇986个。2018年，除了实体的专卖店外，随着虚拟橱窗陈列活动的实施，习酒云分销平台实现了"PC端+移动端"销售业务全网覆盖，打通了产品从厂家到经销商、经销商到终端渠道、终端渠道到消费者的桥梁，真正打通产品溯源的"最后一公里"。2019年，云分销全国累计注册门店数109882家，通过系统下单的门店有69350家，累计扫码出库金额达到48.95亿元。2020年，习酒公司坚持打造战略单品，坚持优化产品结构，坚持优化营销网络。全国新增经销商556家，优化调整经销商105家，开设习酒体验馆59家，习酒专卖店513家。在电商运营方面，与"京东"签订了战略合作协议，联合开展品牌推广和消费引流，在天猫官方旗舰店开设"君品小酒馆"板块，开展"美酒小课堂"营销活动拉新吸粉，线上销售总量进一步提升。2021年，习酒公司开展整体形象打造规划，明确习酒城整体形象规划打造范围，从"文化、绿化、亮化、美化"维度进行规划；升级公司视觉识别（VI）系统，严格按照公司的VI体系要求，规范企业标识（如标准名、标准色、标准字、司旗、司徽、司歌，产品结构、外表、包装，服装、办公用品、媒体广告、厂容厂貌、设备设施等），全方面营造企业整体文化氛围，增强企业品牌识别力。

《易传·文言传·坤》有言："君子敬以直内，义以方外，敬义立而德不孤。"意指才德出众的人做事严肃认真，用正当的道理陶冶身心，这个正当的道理又能当作常规用于做事。从上述一系列令人眼花缭乱的数字可以看出，历经70余年风雨，习酒能从一个偏远小县城里的制酒作坊，建成一座百亿销售额的企业大厦，正是源于认真做事这一看似简单却十分考验一个企业耐心与用心的做事原则。

习酒通过创造独特的专卖店空间，提供与品牌相关的独特体验和价值，增强了消费者对品牌的忠诚度。忠诚的顾客更有可能成为品牌的忠实推广者，通过分享他们的购物体验和口碑效应，进一步提高品牌的知名度和美誉度。在品牌建设的路上，习酒从未止步。经过这一系列的努力，习酒专卖店早已不是一个简单的销售门店，而是通过一系列的视觉识别和体验空间，将习酒的品牌文化蕴含其中，构建出了可视、可感、可知的品牌形象符号。

（二）见善则迁：习酒体验馆的文化熏陶

品牌体验馆通过创造独特的环境和体验，能够传达品牌的价值观和情感共鸣，进而深入触动消费者的情感和思想。例如，国际奢侈品品牌路易威登在其旗舰店中运用建筑、艺术和文化元素，展示品牌对于传统工艺和精湛技艺的推崇，使消费者能够感受到品牌与文化之间的契合。品牌体验馆还可以通过工作坊、讲座和文化活动等形式，提供消费者与品牌相关的文化教育和知识。在文化熏陶方面的作用，则是传递品牌价值观和情感共鸣，强调地域文化特色，激发创造力和艺术欣赏能力，以及培养消费者的文化兴趣和知识积累。

《易传·象传下·益》曰："君子以见善则迁，有过则改。"和传统的销售渠道相比，体验馆能够与消费者实现零距离的接触与交流，贵州习酒正是通过体验馆的场景设置、现场品鉴互动等一系列工作，将企业的文化理念、品牌格调面对面地与消费者进行交流，也通过消费者的反馈，更进一步了解市场需求，及时调整营销方式方法，就像君子处世，重在知交。

另外，品牌体验馆还可以通过装饰、展品和文化活动等方式，展示所在地的文化特色和历史背景，以吸引目标客户并加强品牌与当地文化的联系。

云南昆明，2022年4月29日，贵州习酒体验馆正式开业，隆重呈现于广福路，宛如一位君子，礼节尽显。庞大的规模、精巧的设计、内容丰富的展示、时尚的呈现，以及完备的设施构筑了这座习酒综合品牌输出平台，标志着贵州习酒在昆明矗立起一座酒业地标，其意义重大而深远。习酒体验馆在这里以更深入的解读和阐释，传达着对习酒文化的更深层次理解。它是对"体验化营销"的积极践行，为习酒的品牌形象添上一抹更加绚丽的色彩。

观一叶落而知天下秋，贵州习酒对于体验馆的建设和发展非常重视，希望能够充分利用体验馆的强大背书和资源优势，积极洞察并尊重市场需求，以扩大市场份额、增强企业实力、提升品牌价值为目标，为消费者创造独特而真实的价值体验。经过整体综合规划，各地的习酒体验馆已经成为一个集习酒形象展示、精品陈列、文化宣导、品鉴交流、餐饮娱乐等功能于一体的全方位体验平台。从规模来看，体验馆的面积超过400平方米，突出丰富的表现形式和互动设置，详细梳理品牌文化和历史，科学而系统地设计产品品鉴程序，使体验馆拥有多重功能，独一无二。漫步体验馆，人们可以拥有一种沐浴式的文化体验，这是习酒体验馆的显著特点。

归根到底，习酒体验馆的开设，就是要让更多的消费者体验习酒的酿造之美，领略习酒的醇芳之美，习酒体验馆不只是让远道而来的嘉宾品鉴美酒的魅力，更会以一份真诚的、执着的君子情怀，吸引越来越多追求生活品位的消费者前来美酒河畔共同领悟中国白酒文化的伟大神奇。

（三）学以聚之：习酒君品荟的文化范式

白酒文化是中国传统文化的重要组成部分之一，高端品鉴会可以通过展示与白酒相关的传统文化元素，如古代酿酒方法、文人雅士与白酒的联系等，弘扬和传承中国白酒的文化价值。品鉴会可以组织参与者了解白酒历史、地域文化、酿造工艺等方面的知识，增加对中国酒文化的认知与理解，还可以通过融合传统文化元素，如艺术表演、音乐、诗词等，提供一个融合文化与艺术的体验，为品牌树立独特的文化形象。

君品荟，正是贵州习酒为了让消费者更好地近距离感受习酒之美、品味习酒之味、体悟君品文化而举办的高端品鉴会。通过提供高品质的白酒产品，品鉴会能够展示习酒品牌在酿造工艺、口感调配等方面的追求卓越，促进参与者对习酒品牌的高度认同。品鉴会时而邀请专业人士，如调酒师、著名酒评家等，为参与者提供深度的美学解读与分享，进一步提升习酒品牌的文化价值与品位。

高端品鉴会作为一种范式，对于白酒品牌来说，具有象征与引领作用，能够凸显品牌的专业与形象的高端。品鉴会作为品牌与消费者进行深入互动的平台，通过专业讲解、互动环节等，增强品牌与消费者的情感联结。2022年6月14日晚，习酒公司联合广州龙程酒业精心打造的高端晚宴"君品习酒 高端酱香——君品荟·精英之夜"在广州保利洲际酒店隆重举办。君品就在一酌一饮间，也在一行一业里，更在一言一行中，彰显其风范。身为君子表率，我们看到君品文化在当下的生命力与价值，品尝到以君品为文化基地酿制的美酒，分享文化与口感交融带来的独特体验。

从好水到好酒，天时、地利、人和，缺一不可，"君品习酒"由此而生。定期或不定期举办的高端品鉴会，有助于建立与消费者的长期关系，提升品牌的忠诚度与口碑。习酒君品荟奇观异彩的体验式空间无疑创造了独特的审美意境，一如宗白华所说，"意境"是以虚实为

习酒体验馆

底相，是"化实景而为虚境，创形象以为象征，使人类最高的心灵具体化、肉身化"。这种体验式空间正是在历史事实的基础上，通过文化想象与艺术重构，利用前沿技术将遥远历史文化中的虚与实、意与象相融合，由此形成特殊的空间意境，使之更加具有沉浸感与梦幻感。

和体验馆一样，君品荟的打造，是贵州习酒消费场景建设的又一创举。与专卖店和体验馆不同的是，君品荟并非一个固定的场馆，但其现场风格、活动流程、互动环节、交流体验也更体现了习酒的创新意识。这样的消费场景，不是一种简单的现场销售，更注重的是习酒品牌的文化交流，也是对生活之美的共同感悟。这样的高端品鉴会在文化、美学等层面对于白酒品牌具有重要的范式意义，容纳了文化传承、美学品位以及品牌的专业形象，有助于提升品牌的价值与影响力，同时为消费者提供一个全面的白酒体验。

《易传·文言传·乾》言："君子学以聚之，问以辩之，宽以居之，仁以行之。"品鉴会是一场盛会，有君子，有酒，有故事，有美，有情怀。经过几年的经营、推广和提升，习酒君品荟，俨然成为一种酒类消费空间的文化体验范式。

三、光影交错中的过去与未来

企业对美的追求，是随着人类社会的不断向前发展而日渐产生的。企业美学在提升企业核心竞争力方面有着巨大的潜力和独特的功能，特别是企业环境美学。对企业环境进行审美研究和审美化建设，不仅可以树立良好的企业形象，增强企业自身的凝聚力与竞争力，还能够愉悦人心，提高人的精神文化修养，塑造员工良好的道德品格，同时有助于大大提高企业和员工的工作效率。[①]

习酒的专卖店、体验馆遍布全国，君品荟也"盛放"在大江南北，这些消费场景丰富了习酒的品牌形象，扩大了习酒的品牌影响，使"君子之品·东方习酒"的品牌文化遍植于各地消费者的心中。但是，习酒的品牌形象还有一个不容忽视的板块，就是习酒的文化空间。比起在外红红火火的消费场馆而言，习酒的文化空间更像是一位安静守望的窈窕淑女，婷立在时光的路口，一手牵着习酒的悠悠历史，一手托着习酒的光明未来。

习酒的文化空间，包括习酒老厂区的景观、建筑，尤其以新落成的习酒文化城为落脚点，共同构成了习酒的文化家园，敞开胸怀，笑迎四方来客。

---

①龚茜：《企业环境美学》，河南人民出版社，2010 年版，第 26 页。

（一）载物：景观建筑中蕴藏的精神与信仰

习酒的文化建设，在日月山川中孕育，在时光和历史中淘洗，经过70余年的深厚积累和铺垫，也经过习酒历代领导者和员工们的倾情奉献，为远近来客留下一片花香鸟语、赏心悦目的文化景观。这些景观承载着习酒的过去和未来，在那些光影交错、落日斑驳中，留下了习酒的创业艰难、发展辉煌、困境求存，也记录了习酒的昂扬奋进。习酒的文化景观，一半在那些带有历史感的建筑中，一半在那些曾经有过，也还将继续的文化活动中，有看得见、摸得着的实体建筑，如雄浑巍峨的习酒文化城，如老厂区里的亭台楼阁、文体场馆，也有看得见、摸不着，但流淌在记忆中、回响在耳畔的歌声、笑声、读书声。

在建筑景观方面，贵州习酒把厂区建设得犹如花园、景区一般，楼台壮丽，亭阁玲珑，树木葱郁，如诗如画。习酒厂区内有许多充满时代感的景观建筑，多数建成于20世纪的八九十年代。作为文化设施，这些建筑除了本身具有建筑、景观的审美元素外，大多还是那些激情燃烧的岁月里，习酒员工进行文化活动的场所。如今这些建筑虽然都已在岁月中斑驳，但也正是这份积淀，使它们承载起了习酒的文化记忆。

其中，最易勾起人们记忆的有建于20世纪80年代的大坡球场、黄金坪灯光球场和影剧院。相对今天来说，20世纪80年代的物质生活较为贫乏，但人们的精神世界却丰富多彩，一场篮球赛、一场电影、一场演出带给人们的快乐和满足，是今天低头刷手机，抑或是宅在电脑前足不出户的年轻人难以理解的。

20世纪90年代，习酒厂区先后建成阳雀岩观景台、习酒苑、习酒阁、习酒碑等具有鲜明习酒文化印记的景观建筑。习酒苑是习酒的文化苑林，位于习酒办公楼之下，1991年10月建成，拱形苑门上有开国上将萧克题写的"习酒苑"三个大字。苑里林木葱郁、花影鸟鸣、流水潺潺，石壁上刻有气势恢宏的对联，中间还刻有郎哥习妹凄美动人的爱情传说，荷花池石壁旁巍然屹立高大挺拔的习酒瓶造型，苑中眺望台视野开阔，日月经行，山川风月，尽收眼底。习酒阁是贵州习酒标志性文化景观，楼阁耸立荷花池上，楼下可观赏荷花游鱼，登楼可远眺群山莽莽。阁中有另一位开国上将杨成武题写的"酒乡明珠"四个字，苍劲的笔画，老一辈革命家的豪迈无畏把四渡赤水出奇兵的红色文化基因，镌刻在了习酒的文化血脉之中。习酒阁不仅造型美观，令人赏心悦目，更体现了习酒人不甘平庸、自强奋发的君子精神；习酒碑立于习酒办公楼侧的石阶旁，1992年由泸州玻璃厂赠送，石碑正面镌刻着"习水魂"三个遒劲有力的大字，背面是习酒在美国获得金奖的介绍文字。这方习酒碑，充分体现了贵州习酒风雨如磐巍然不动的精神内蕴。

景观是固化了的文化，将习酒人的精神、信仰定格在那一砖一瓦，一草一木中，而另外一种景观，则流淌在时间的缝隙里，回响在岁月的褶皱中。如果说习酒的景观建筑是一首首物化的哲理诗，那么，那些年贵州习酒曾经举办过的文化活动，是习酒文化中的精神地标。

《中庸·第二十六章》云："博厚，所以载物也；高明，所以覆物也；悠久，所以成物也。"贵州习酒的过去，以其厚博，承载了习酒的文化积淀；贵州习酒的未来，正以内涵更为丰富、目标更为明确的君品文化为指向，昂首走向"百年习酒，世界一流"。

（二）悠久：习酒文化载体的传承与发展

文化载体能够为品牌赋予独特的个性与故事，帮助品牌在市场中产生差异化竞争优势。通过与特定文化元素的结合，品牌能够建立起独特的形象和价值观念，吸引消费者的共鸣和认同。当时光斑驳在景观建筑的厚重中，当沉默的守望代替了往昔的热火朝天，贵州习酒的文化使命

东方习酒

酿造美好生活的领创与实践

需要传承；当曾经在篮球场上挥洒汗水和青春的少年早已成家立业，当歌舞厅里的优雅身影开始步履蹒跚，习酒人的自强故事更需要弘扬。

《中庸》说："悠久，所以成物也。"悠长的时光的确能够生成万物，也能够生成文化，但文化这一"物"与看得见、摸得着的自然物又有着很大的区别，若没有一个传承的载体，文化的赓续就很容易出现断裂。习酒历经风雨，在自强不息、艰苦奋斗中熔铸出属于自己的君品文化，也很早就意识到文化载体的重要性，从20世纪80年代起，就开始创建自己的文化媒介。习酒的文化媒介在传达领导决策、报道先进事迹、传递部门信息、统一员工思想、鼓舞员工士气、凝练文化精神等多个方面，都起到了至关重要的作用。

从另一个角度说，文化载体还为品牌传递其核心价值和理念提供了有效的媒介，通过塑造品牌个性、提升品牌认知度、传递品牌价值、建立品牌认同感和拓展国际市场等方面，为品牌建立独特的形象和价值观念，增强品牌与消费者的情感联系，进而推动品牌的塑造与发展。习酒的文化载体是习酒文化传承发展的主阵地，主要有《习酒报》、习酒广播站、习酒电视台、习酒宣传橱窗、《酒城校苑》杂志、《酒魂》杂志、《习酒科技》杂志等。

《习酒报》是贵州习酒的重要媒介、文化窗口，创刊于1985年8月，名誉顾问有《人民日报》社长秦川、著名作家魏巍、著名演员古月、《经济日报》记者罗开富。全国人大常委会副委员长王任重为《习酒报》题词"酒乡"，魏巍题词"金牌在望"，古月题词"祝愿习酒报如同习水大曲一样，香飘万里"。《习酒报》主要刊载公司领导重要讲话、公司工作报告、公司重大活动、员工和外部作家的文艺作品等，发送对象是企业内部各部门和投稿的社会文化人等。

习酒广播站和习酒电视台分别成立于1985年和1991年，后来合在一起管理。习酒建厂初期就设置了宣传橱窗，主要刊载党的方针、路线、政策，企业理念，企业先进人物、先进事迹、安全、质量、法律等内容。进入21世纪，贵州习酒还创建习酒官网，设有新闻资讯、君品文化、产品中心等板块。另有贵州习酒微信公众号、君品习酒微信公众号、贵州习酒微博、贵州习酒抖音等文化媒介作为窗口和桥梁，全方位传播、传递、传承习酒文化。

贵州习酒的文化建设留下了大量成果，这些珍贵的音、影、画以及文字资料，不仅记录了习酒走过的风风雨雨，成为习酒人打开记忆宝库的钥匙，同样也承担着文化载体的功能，为习酒的文化传承贡献着自己的力量。

（三）高远：习酒文化城的气象与眼光

习酒文化城是贵州习酒的大型地标建筑和综合文化场馆，位于赤水河二郎滩渡口北岸阳雀岩，用地面积56913平方米，总建筑面积9358平方米，总投资2亿元，2019年3月动工，2021年12月启用。

如果说习酒老厂区文化景观是厚德载物的历史积淀，那么屹立在美酒河畔的习酒文化城就以它的高大巍峨，肩负着习酒君子文化的高明覆物。德厚配地，高明配天，这就是天道运转。习酒文化城的境界高远和洞明深察，于山风浩荡、河水奔腾间守望着习酒的过去与未来。

习酒文化城主体由3个外形像航船的博展馆（印象习酒、探秘习酒、君品习酒）和1个文化活动广场（五三广场）组成。习酒文化城的主题是"鳛部酒谷，酱香天骄；君子之品，东方习酒"。主要展陈内容是习酒发展历程、习酒产品品牌形象、习酒企业文化、君子文化、鳛部文化、赤水河红色文化（红军长征四渡赤水）、赤水河酒文化（非物质文化遗产——酱香型白酒工艺技术传承）、赤水河商业文化（以航运和盐商为主的商业文明）等。

习酒文化城从主体设计到建成落地历时三年，一是全面梳理建厂以来的历史和文化形成展陈内容；二是面向全国征集与习酒历史、酿造工艺、鳛部文化、赤水河商业文化有关的物件、书籍、史料等，创新开发定制文化城馆藏印章·百亿习酒金印、贵翠王、玉璧、古玉六瑞、贵翠玉瓶、西南铜鼓、乳钉纹方鼎及展陈酒器等系列大器重器；三是打造汇聚音视频、信息技术、自控技术的互动展示环境，拍摄制作文化城多媒体视频数十个；四是梳理撰写文化城解说词，开展讲解员形体和商务礼仪专项培训，持续推进"五个到位"做好运营筹备工作；五是厚植酱香酒核心产区发展理念，依托鳛部地域文化优势，根植鳛部酒谷产区概念，建设习酒文化景观群。习酒文化城的建设落成，是习酒奉献给世界酱香型白酒核心产区的文化高地，是赤水河流域乃至全国白酒行业极具特色的酱酒文化博展馆，实现了习酒展陈、收藏、研究、教育、体验、庆典、销售等功能。

只有现场到过习酒文化城，走过那象征着乘风破浪的舰船观景台，感受那山水的灵气和悠悠过往，才能真正体会世界酱香型白酒核心产区的文化高地的震撼力。

习酒文化城全景

第四节 习酒的品牌传播

中国历来有"无酒不成宴""无酒不成礼"的说法，白酒是常见的消费品，在漫长的发展史中，其影响力渗透在中国的政治、艺术、文学、习俗等方面。现阶段，中高端白酒市场竞争激烈，品牌的魅力才是持久的竞争优势，品牌建设与传播越发重要。习酒是一个有着悠久历史和卓越品质的中国白酒品牌，将儒家君子文化视为品牌核心价值，致力传承和弘扬中国传统文化，并在君子文化的熏陶下塑造全新品牌形象，追求更加卓越的产品品质和价值。

一、在内涵发展中凝练习酒品位

当广告语与品牌形象相互配合、相辅相成时，就能够在审美上给人留下深刻的印象。广告语的设计与发展可以为品牌传播带来巨大的价值。一个好的广告语能够准确地传达品牌的核心价值、独特卖点和理念，帮助消费者形成对品牌的认知和记忆。通过诱人、生动、有趣的广告语，品牌可以在竞争激烈的市场中脱颖而出，吸引消费者的关注并建立起品牌忠诚度。

到过习酒或者参加过习酒酒会的人都知道，喝酒时，大家会举杯齐呼"习酒，一、二、三、干！"之后倾盏而尽。一个人这样喊很是平常，当一群人以高分贝的嗓门喊出这句话时，其排山倒海的声浪，整齐划一的节奏总是能将人的豪情点燃。这时候，能喝与不能喝都变成次要的，都会情不自禁地喝。这时候，是不是习酒人也变成次要的了，你会感觉自己瞬间变成了一个习酒人。一句简单的口号，蕴含着习酒深刻的企业文化价值，更饱含习酒人丰厚的情感。好酒之人重情，做酒之人好客，习酒各个时期的广告宣传用语，正如"习酒，一、二、三、干！"的口号，高度凝练了习酒的文化追求与文化品位。

（一）质朴自然的早期广告语

习酒广告宣传语的提炼，经历了一个漫长的过程。早期的时候，习酒的销售更多是通过糖酒公司按计划分配到下级的糖酒站，手段单一，也很难打开知名度。1989年，随着改革开放春风的拂晓，市场越发活跃，习酒为了吸引更多消费者，在中央电视台发布了一条广告，那是习酒最早的一条宣传广告。该广告片由当时著名的艺术大师刘江老师担任主角，片中场景简洁，就是刘江老师在一个湖里钓出一条大鱼，广告词也很简单："喝习酒，年年有鱼（余）。"这个片子，让习酒成为第一个在中央电视台尝试投放广告的中国白酒企业，成为"第一个吃螃蟹的人"，这是君子无畏的习酒在市场"解冻"的年代一次非常勇敢的尝试。

到了20世纪90年代，习酒推出了一条非常具有代表性的广告，广告语为"习酒是喜酒，喜事喝习酒"。"习"与"喜"发音相近，这条广告语巧妙运用了中国文字的谐音之美，表明习酒是喜庆之酒、庆祝之酒、好运之酒。

在中国古代，人生有三大幸事，所谓金榜题名时、洞房花烛夜、他乡遇故知是也，而这三大幸事，又有哪一件少得了喜酒呢？古往今来，酒往往都具有庆祝、庆贺的意义。酒和朋友在生活中更是结下了不解之缘，以酒会友不只是一种雅兴，更是老友重逢、送别时必不可少的情感催化剂——李白《下终南山过斛斯山人宿置酒》"欢言得所憩，美酒聊共挥。长歌吟松风，曲尽河星稀"。李贺《致酒行》"零落栖迟一杯酒，主人奉觞客长寿。主父西游困不归，家人折断门前柳"。李白的欢言，李贺的惆怅，都离不开酒的陪伴与告慰。没有了酒，又哪儿来的释怀与达观呢？更不要说，古时婚礼，新人必举酒共饮，以合欢杯为名，象征二人白头偕老。

"习酒是喜酒，喜事喝习酒"，这条广告语迎合了传统的心理状态，利用谐音造成的妙趣，使"习酒"和"喜酒"天缘奇遇。人们遇上喜事，自然就想到"习酒"，习酒早期的广告语虽然简单质朴，却也返璞归真，直抵心灵。

给喜庆的生活增添喜庆

贵 州 习 酒

一口一个故事　一口一份情意

习酒、习水特曲、习水大曲、习醇系列

给欢乐的生活增添欢乐。

给幸福的生活增添幸福。

给吉祥的生活增添吉祥。

贵州习酒：卓越的追求、卓越的奉献。

任它天地悠悠，习酒永远风流。

早期习酒广告宣传语

（二）驰名商标与黄金时代

广告语的设计与发展也推动了品牌传播的创新和发展，通过创造性的表达形式、文字游戏和一语双关等技巧，可以帮助品牌引发观众的好奇心，激发他们主动参与和传播广告的欲望。为了与众不同，品牌方需要在广告语的设计上下功夫，将独特的创意与传播策略相结合。2000年以后，习酒着力打造五星习酒，把广告宣传语定位为"习酒五星，液体黄金"，并将"液体黄金"的内涵诠释为：黄金般稀有，黄金般纯净，黄金般贵重。这条广告语运用了形象生动的比喻与符号，使得它在审美上富有吸引力。将习酒与黄金相比较，呈现了一种珍贵、优质和高贵的形象。

黄金被广泛认可为珍贵贵重的财富象征，以此来比喻习酒的品质和价值，创造了一种视觉和感觉上的奢华感，从而吸引消费者的眼球，并在心理上引发愉悦感。黄金是耀眼的，《陌上桑》写"青丝系马尾，黄金络马头"。美女罗敷眼中的良家子，要骑着黄金装饰的高头大马才够风度翩翩；马戴《关山曲二首》中"金甲耀兜鍪，黄金拂紫骝"。金盔金甲的大将，光芒万丈，一出场就令敌人胆寒；黄金当然也是贵重的，杨炯《刘生》"白璧酬知己，黄金谢主人"。黄金在这里已经超出了货币的价值，寄寓了更深的情义。将酒与黄金联系在一起，更有意思，唐代唐彦谦《金陵九日》写道："绿酒莫辞今日醉，黄金难买少年狂。"李白就更直接："黄金白璧买歌笑，一醉累月轻王侯。"且把黄金换了酒，三五知己，不醉不归，什么王侯将相，什么功名利禄，都只是过眼云烟尔。

其实在古人看来，黄金虽然贵重，但是黄金留不住青春，买不来放达，倒是饮酒的乐趣，更叫人着迷。五星习酒的这条广告语，将晶莹纯透的酒体比喻为液体黄金，既比喻了五星习酒的纯净和珍贵，也隐喻了古人黄金买酒放旷豁达的人生领悟，是一个相当出彩的创意。加入茅台集团后，习酒公司成为茅台集团浓香产品战略基地，此时习酒基本没有对酱香产品进行成规模的宣传传播，主要传播为五星习酒。在贵州这个局部市场，"习酒五星，液体黄金"这句广告语，很多消费者耳熟能详。

从品牌的角度来看，"习酒五星，液体黄金"这条广告语在审美上具有重要的价值。通过形象生动的比喻、简洁有力的表达、平衡协调的审美感以及与品牌形象的一致性，它很好地吸引了消费者的注意力，传达了品牌的核心信息，并创造了一种视觉和感觉上的美感体验。习酒把五星习酒打造成了一个知名品牌，为习酒赢得了"驰名商标"的称号。在习酒做到一年10亿元销售额的时候，五星习酒的销售额占了其中60%以上，可见彼时五星习酒的影响力有多大。而事实上，从当时销售的规模、产品知名度、影响力来看，五星习酒绝对是当之无愧的"贵州浓香第一"，不仅创造了习酒销售的一个黄金时代，它的广告语在习酒广告传播的历史中，也为后来的高端酱香时代作了充足的铺垫。

（三）"高端酱香"的水到渠成

"习酒·窖藏1988"是习酒品牌史上一款具有跨越性和代表性的作品，"君品习酒"则是打造习酒品牌高端品位的成功典范，通过多年来投放广告语的经验与积累，这两款酒品的广告语积厚流光，在市场上产生了巨大的影响力，也可谓是水到渠成。

早期的"习酒·窖藏1988"的广告词为"窖藏陈酿·经典酱香"，近年来，采用的是"岁月窖藏·历久弥香"，主要阐述它的卖点和利益点，从品质出发与消费者进行沟通。例如，窖藏系列的"习酒·纪元小坛酒"，宣传语是"典藏价值·开创纪元"；习酒·典藏珍品的宣传语是"大器如碑·典藏珍品"；习酒喜宴的宣传语是"习酒喜宴·幸福佳酿"；金质习酒的宣传语是"金质习酒·品质生活"。这些广告语基于习酒的品质和特点，精练明晰，在消费者中产生了耳熟能详的效果，树立了习酒的品牌形象，也增加了习酒的文化品位。

当然，最为突出的还是"习酒·窖藏1988"的"岁月窖藏·历久弥香"。自从习酒窖藏系列推向市场以后，就逐渐成为贵州习酒的销售核心，是其走向百亿企业的主线产品，"岁月窖藏·历久弥香"这句广告语，也是对习酒涅槃重生的最好诠释。这个广告语运用了窖藏与年份的结合，展现了习酒的独特品质和历史积淀。"窖藏"一词呈现了一种珍贵、呵护和陈酿的概念，它代表了长时间的培育与陈化过程，使得习酒的口感更为醇厚且具有独特的品质。年份"1988"则突出了酒款的特殊性，强调了习酒的丰富历史和经验，从而创造了一种与众不同的审美感受。这个广告用语还突出了对于传统文化的回归，体现了酒文化的深厚底蕴。这种将文化元素融入广告语的方式不仅体现了品牌的自信和独特魅力，还增加了广告语的审美价值。2020年，"习酒·窖藏1988"营收超50亿元。习酒用十年时间缔造了酱酒行业鲜有的现象级大单品奇迹。从无到有，从崭露头角到锋芒毕露，"习酒·窖藏1988"不仅完成了自身的蜕变，更带动了习酒的快速崛起，它是百亿习酒的"定盘星"，也是整个酱酒次高端市场的引领者。

2019年，习酒公司隆重推出高端产品"君品习酒"，定价在千元以上。君品习酒的宣传语是"君品习酒·高端酱香"，这是一款将习酒的君品文化落地化的全新、重量级产品。君品习酒的定位是高端，这一定位源自最近十年来人们的消费和认知水平，以及对酱香酒幽雅、醇厚、稀缺的特性的要求，这是时代的选择。这个广告语通过精准的词语传达了高端品质和独特风味的概念。"君品"一词表达了尊贵和高雅的形象，暗示着习酒与贵族的品位和社交地位相关联。"高端"一词则直接表明了习酒在市场中的定位，突出了其与众不同的品质和口味特点。"酱香"一词则点明了习酒的酿造风格，传达了一种复杂、丰富、醇厚的口感，进一步提升了广告语的传播美学价值。"君品习酒·高端酱香"传达了习酒的核心卖点，使消费者能够快速理解产品的特点和价值，同时也让品牌形象更加鲜明。品牌形象与广告语的协调使广告更有力地传播习酒的价值和特色，进一步增加了广告语的传播美学价值。

二、在品牌传播中展现习酒力量

贵州人出去搞营销，有几句话是一定要说出去的，如"好山好水出好酒，山清水美人质朴"。营销活动就是要把这个地域的美对外作出诠释，贵州这片山水从来不缺美，缺的是发现美、践行美和传播美的人。20世纪90年代，习酒拉开了一场轰轰烈烈的销售大幕，走出贵州，带着好山好水出好酒的真诚与热情，在祖国的大好河山间四处出击，成功地拓展了自己的战略空间。

习酒的品牌传播，始终围绕品质核心与消费者互动。从习酒近年的消费者市场调查来看，2018年开始，品牌满意度、知名度、美誉度、忠诚度都在逐年上升，消费者可能对习酒的包装与服务模式会有一定的异议，但是从来没有人对习酒的产品质量存在质疑。这既是习酒的品质伦理学，也是习酒品牌传播的根基。

《论语·里仁》有云："君子之于天下也，无适也，无莫也，义之与比。"能找到适合自己的方式，坚持自己的准则，是为君子。一直以来，坚持以质、以诚、以情为准则的习酒销售团队，用适合自己的方式，通过一次次具有轰动性、话题性的传播事件，从"习酒献西藏"的勇敢开拓，到"西北万里行"的风餐露宿，从经销商大会的共谋盛举，到"我是品酒师·醉爱酱香酒"的匠心独具，习酒的品牌形象家喻户晓，熔铸成一个内涵丰富、品质可靠、有情有义的品牌文化符号。

（一）四海之内皆兄弟的奋斗豪情

而对于一个白酒品牌而言，酒品、酒质固然重要，但这是一个"酒香也怕巷子深"的时代，真诚的态度、动心动情的营销服务模式，以可感可见的形式塑造、传播产品和形象，也是不可或缺的重要战略。选择合适的主题事件和执行相关的传播策略，可以使品牌得到广泛的关注，进而增强品牌的认可度和美誉度。从实践来看，通过成功的事件传播，习酒吸引了一群共享品牌理念和价值观的消费者，建立了忠诚的品牌追随者，从而形成品牌的独特性和多样性。

在那个互联网尚未在国内普及的时代，人们了解和掌握信息的渠道远不如今天那么丰富，一个品牌的成功塑造与形象传播，需要天时地利人和。习酒品牌在世纪之交的成功塑造和传播，是艰苦创业的习酒人以君子自强不息的精神努力开拓创新的重大成果。习酒的营销策划和营销活动，在业界有很多首创、独创，有许多具有话题性和轰动性的效果，这不但体现了上至习酒的掌舵人、下至营销团队的战略魄力和执行能力，也体现了习酒人精诚团结、齐心协力的团队精神。其中，有几个大型活动，在习酒的营销史上，是浓墨重彩的几笔。

首先是"习酒献西藏"活动。1991年5月15日，西藏自治区人民政府在拉萨隆重举行西藏和平解放40周年活动，习酒厂筹划、组织实施"习酒献西藏"宣传活动，委派副厂长谭智勇作为代表到会祝贺，并将特制的习酒、习水大曲献给西藏自治区人民政府。时任中央政治局委员、国务委员李铁映和西藏自治区领导接见谭智勇一行人，对活动给予肯定和赞赏。通过这次事件传播，习酒将其核心价值观传达给了广大受众，品牌所要传达的特定信息和理念很好地呈现和传播传递给消费者，从而加强了品牌的意义和独特性。

其次是声势浩大的"西北万里行"。1992年，习酒公司策划开展"西北万里行"大型宣传活动，组织近十辆车的宣传车队，途经10

多个省份，参加中国新疆首届乌鲁木齐边境贸易洽谈会，并作为该届边贸会首家赞助商赞助80万元，提高企业和产品的知名度，为进一步拓展市场打下坚实基础。这是中华人民共和国成立43年来首届边境贸易洽谈会，其间，习酒公司签订销售合同80余份，成交金额4530万元。之后，习酒团队从新疆返回甘肃，参加1992首届兰州丝绸之路节，又相继参加1992西安第四届古文化节暨国际经济技术交流会、1992年郑州全国糖酒秋交会，与各地经销商广泛商谈，签署订货合同208份，成交额1.56亿元。当一个事件具有独特性、吸引力和共鸣点时，消费者会自愿地在各种社交媒体平台上分享和讨论，进而扩散品牌的影响力和知名度，扩大其市场影响力，吸引更多的目标消费群体。从"西北万里行"活动的收获可以看到，通过在活动中引入具有吸引力的元素和创新的传播策略，习酒扩大了对不同消费者群体的触达范围，从而提高了品牌的销售量和市场份额。

最后是习酒厂还开启了重走长征路的"红色之旅"。1991年，习酒组织"千里赤水河"考察活动，很多学者、摄影家纷纷加盟，成都军区出动直升机支援考察活动。媒体对这次活动的争相报道，让全国消费者都记住了"习酒"这个白酒品牌。2011年，习酒又开启"红色之旅·探秘酱香"营销体验活动，将经销商"请进来"，重走红军长征四渡赤水、土城激战、遵义会议的红色之旅，走进赤水河流域、走进厂区，了解酱香习酒的整个生产工艺流程，了解美酒飘香背后的动人故事。这个活动往后延续了很多年，取得了极好的效果。

（二）敢为人先的勇气与自信

1995年，习酒开创中国白酒行业先河，首家推出白酒星级质量管理模式，按白酒的陈酿年份划分星级，以星级体现质量。在品牌价值理念上，注重凸显习酒文化的内涵和附加价值以及独特风格品位，让广大消费者从星级习酒的卓越品质中享受高品位生活的美感。

习酒公司将分别窖藏一年、三年、五年、八年、十年的陈酿酒，定位为一星级至五星级的习酒投放市场，随之推出星级系列习酒产品五星习酒、三星习酒等。后来，在品牌延伸上，则根据市场不同层次的消费需求，除保留原有的三星、五星两个品牌外，又研制开发出一星、二星、四星等三个不同星级的习酒品牌，使浓香经典之星级习酒推陈出新，更添绚丽的风采。

1998年，习酒在原贵阳市场金秋美食节的基础上，举行第二届金秋美食节，以餐饮终端推广产品，在50家餐饮终端举行"相约甲A，不见不散"喝酒赠送松日队主场门票活动，举办"千年禧·世纪情——习酒见证人生重要时刻"婚宴主题促销活动，制作了习酒历史上第一套促销员标准制服，创作了习酒第一条贺岁广告片。

2002年，习酒市场部与上海叶茂中策划机构、广州千里马公司策划制作习酒加入茅台集团后的第一支广告片。时年9月，由市场部策划的"贵州习酒新品发布会"在贵阳神奇酒店举行，发布新产品"习酒·九长春"，产品定位为中高端白酒。这次发布会上，习酒创造了白酒行业第一次产品走秀的场景设计。

2016年，习酒开启"我是品酒师·醉爱酱香酒"全国大型消费者互动活动。自当年3月在成都启动以来，陆续在全国开展90余场，参与人数近17000人次，评出品酒师（民间）1500多名，特别是通过凤凰、网易的现场直播，引起广大网民的关注，个别场次关注度一度达到15万人次。这一系列活动集知识性、娱乐性、互动性于一体，在行业中开创了消费者互动的先河，规模空前、影响巨大。

2019年，基于酱酒美学之"我是品酒师·醉爱酱香酒"迎来升级版，习酒全国消费者体验互动活动习酒品鉴升级版如火如荼地展开。与此同时，全国范围内"中国民间品酒大使"也在不断扩大规模，这些大使作为各行业的意见领袖不断成为习酒传播的"种子"，让习酒在一个个小区域内落地开花。随着"君品习酒"的上市，习酒更是定制化推出"君品·雅宴""习酒·君品荟"高端品鉴活动，深度整合消费意愿和高端目标消费人群。"我是品酒师·醉爱酱香酒"侧重广度，无数消费者通过不同规格的品鉴活动，不仅能近距离品鉴浓、清、酱三大香型及中高端酱香型白酒的产品，还通过国家级品酒委员现场解密酱香酒文化、工艺、鉴酒，获取大量白酒饮用基础知识，整个酱酒品类都有受益。"君品雅宴"则更加高端和精致，通过仪式感和专属性进一步圈粉高端消费者，有效提升了品牌价值感。

2023年，为进一步增强消费者对习酒厂区、品质的体验感受，加深消费者对红色文化、鳛部文化、习酒文化、君品文化的了解，以体验式考察活动带动销售，结合公司实际，贵州习酒特别开展了"君品之约"活动，让来自全国各地的客户深度体验习酒的发展变化，了解习酒的酿造工艺，感受习酒的君品文化。作为"酒中君子"的君品习酒，主动积极地与客户一起弘扬中国传统文化，共创价值，助推新时代美好生活。

（三）和而不同的君子胸怀

《论语·公冶长》曰："子谓子产：'有君子之道四焉：其行己也恭，其事上也敬，其养民也惠，其使民也义。'"《论语·子路》曰："君子和而不同，小人同而不和。"贵州习酒对待经销商，是行己也恭，待之以友善、谦逊，又和而不同，坦诚相对，有共同的目标，又充满正能量。正是在君子文化的价值准则下，多年来贵州习酒与自己的合作伙伴一直保持着各取所需又志同道合的合作关系，在品牌传播之路上携手同行。

2008年3月，习酒公司首次在四川乐山召开习酒全国经销商大会。自此以来，全国经销商大会成为"固定动作"，成为宣介习酒文化，展示习酒产品，凝聚经销商人心的重要平台。其中，2012年12月，习酒全国经销商大会在北京人民大会堂举行，以"践行君品文化，缔造习酒辉煌"为主题，规格规模空前，来自全国各地的1000余名经销商共聚一堂，凝聚集体智慧共商"君子之品·东方习酒"发展大计。2015年，习酒全国经销商大会在广州长隆酒店召开，以"坚定信念，勇往直前，精诚合作，再战征途"为主题，绘制了习酒未来发展的宏伟蓝图。

多年来，贵州习酒通过举办经销商大会，展现了携手共进的理念与和而不同的君子胸怀。这种理念表达了贵州习酒与经销商们紧密合作、互相支持的决心和愿景。在经销商大会上，贵州习酒秉持"爱商、亲商、安商、扶商、富商"的原则，与经销商分享经验、交流见解，共同探讨市场趋势与发展方向。始终强调携手共进的理念，且以实际行动体现出对经销商们的支持和关注，鼓励经销商之间相互合作、资源共享，从而实现共同的发展目标。彼此间的友善、信任和尊重，使习酒的经销商大会发展成为一个交流合作的平台，不仅创造了良好的企业内部合作氛围，也为贵州习酒与经销商之间建立了深厚的信任关系。贵州习酒坚

2012年12月20日，习酒公司在北京人民大会堂召开2013年全国经销商大会。

信，只有在共同进步和合作的基础上，才能实现互利共赢。

2018年，习酒公司面向全国策划并执行了一系列活动，即一个"请进来"——"红色圣地·探秘酱香"；两个"走出去"——"习酒·老酒鉴赏与收藏"与"习酒窖藏年份酒·全国尊享品鉴会"；三个"喝得到"——"我是品酒师·醉爱酱香酒""习酒·品味1988—我的30年赠饮"与"金质习酒万人品评大会"；一个"记得住"——全国范围内的万场小品会，全国全年开展了22000余场次，覆盖近20万人次，组织了12000余名消费者到公司进行品鉴体验，增强了消费者品牌黏性，进一步扩大了目标消费群体。

通过传播各种"习酒事件"，特别是2023年6月开始，贵州习酒以"追寻君子的足迹"为主题，在全国开展5场君品习酒传统文化巡游活动，挖掘中国君子文化最具代表性的孔子、屈原、杜甫、苏轼、王阳明思想的发展演进，一路文香酒韵，共同谱写一首先贤君子的当代赞歌。此举成功构建了自身的传播学和美学理论框架，准确把握受众特点、传播渠道和传播效果，实现更有效的品牌传播；同时，美学理论的运用还使事件传播更具艺术性和吸引力，提升了传播内容的感染力和追随度，有效推动了习酒品牌营销活动的影响力，并取得更加显著和长远的市场效果。

三、在广告传播中擦亮习酒品牌

传播美学追求艺术性的表达和呈现，好的广告传播可以通过创意的视觉和文字表达方式，以及声音和色彩的运用，展现品牌的独特魅力。精心设计的广告形象，可以在传播过程中塑造品牌形象和品位，为消费者创造视觉上的享受，从而在情感和审美上留下深刻的印象。

习酒的品牌传播实施的是"两条腿走路"的战略：一是提高产品的文化附加值，实现内在价值的传播；二是在产品形象和企业形象方面进行精心塑造。习酒通过这两条路径，实现品牌叙事方式和符号传播的策略。具体实施层面，习酒的品牌传播方式多样，敢为人先、勇于创新，创造了许多品牌传播的经典案例，通过电视传播、事件传播、IP的打造等几条主要路径，凝心聚力，使习酒品牌深入人心。

（一）瞬息万变勇者胜

品牌传播的终极目标，是让消费者相信企业、信赖品牌、消费产品，贵州习酒在传播上一切行为都以市场为导向，为消费者提供优质的服务、为市场一线提供有力的保障。习酒销售公司始终把"全国性品牌塑造"列为重点工作，坚持品牌建设与市场建设同等重要的原则，擦亮企业品牌和产品品牌。

一直以来，贵州习酒以主流媒体为主线，全力打造企业形象和品牌。在广告传播上，习酒一直奋勇当先，是勇于尝试的开先河者。做"第一个吃螃蟹"的人，意味着要承担更多未知的风险，摸着石头过河就必定要承受被激流冲走的威胁，但商场如战场，在瞬息万变的市场竞争中，想要跟在别人后边亦步亦趋走一条安稳的路，最终只能被市场裹挟。对于一个品牌来说，如果不能被消费者记住，就只能被市场淘汰。

如前所述，1989年，习酒厂开始在中央电视台投放广告，广告词："喝习酒，年年有鱼。"习酒也因此成为中国第一个在中央电视台投放广告的白酒企业。1989年到1997年，这一段时间习酒公司投放的是中央电视台和一些省级电视台，基于那个时代的大众审美，广告通常比较简单直接。加入茅台集团之后，当时公司的资源不足以支撑习酒建设全国性的市场，习酒市场八大公司解散，习酒公司只能把拳头收回来，集中优势力量做贵州这个家门口市场。这段时期，习酒的传播主要是面向贵州消费者，广告主要通过贵州卫视、贵州都市报等传统媒体进行投放。时代原因，再加上出于成本的考虑，这段时期的宣传还是比较简单。尽管如此，早期的习酒电视广告依然具有巨大的创新性，主要是通过讲故事的方式激发观众的情感共鸣。这种情感共鸣有助于观众更深入地了解习酒品牌的核心价值观，并建立情感联结，从而长时间记得广告及其背后传递的信息。

最重要的是，习酒的电视广告，还通过传递文化和价值观念来展示其君子之酒的美学意义。通过讲述故事、展示品牌形象和价值观念等方式，传递习酒品牌所代表的文化内涵和核心价值。这种文化和价值的传递使广告具有更深层次的意义，能够通过诸如艺术性、创新性和美学性等方式，与观众产生更为深入的沟通。

2010年之后，习酒公司经过10年的努力，力挽颓势，逐渐步入健康发展的阶段。习酒公司和中央电视台沟通，重新通过竞标的方式，以1.5亿元买断晚间相应的宣传资源。该举措是为了重建市场信心，重建消费者信心，这一阶段，习酒公司充分利用和茅台集团一起参加的"国家品牌计划"，在中央电视台《新闻联播》前做好习酒报时品牌形象广告，参与中央电视台国家品牌计划报时组合及更多黄金资源组合投放，新增与中央电视台品质节目的深度合作，为全国经销商的推广销售树立品牌标杆。

至今，电视广告依然是习酒品牌传播的重要渠道。随着互联网、新媒体时代的到来，习酒并没有固守现有阵地，而是紧贴时代脉搏，始终活跃在品牌传播的前沿与热点地带。

（二）人有我优创新胜

20世纪八九十年代开始，习酒的广告传播就拿出了"人无我有"

東方習酒

醸造美好生活的領創 ● 実践

的勇气和魄力，并始终保持着这样的创新精神。进入21世纪以后，随着互联网及各类新媒体的不断涌现，习酒也与时代保持同步，开始关注并投放门户网站，从"人无我有"的开拓者向"人有我优"的推进者转变。以其深厚的文化底蕴和独特的酿酒工艺，树立起区别于其他品牌的形象，并在广告传播中塑造出独一无二的品牌形象和个性，这是习酒能够在竞争激烈的市场中脱颖而出的重要原因之一。

贵州习酒是在门户网站和高铁投放广告最早的白酒企业。在机场、高铁、高速路、门户网站、航空媒体等高端全媒体进行组合投放，这种多渠道的广告传播策略增加了习酒品牌与消费者的接触点，提高了品牌知名度和影响力，从而让习酒在竞争中具备更强的优势。其中对"君品习酒""习酒·窖藏1988"品牌形象进行组合传播是特别突出的案例。更值一提的是，习酒通过对一些项目的打造，力求阐述习酒君子文化特质。例如，与爱奇艺、梁宏达老师合作《梁知》，与著名主持人窦文涛合作《一路书香》，联合凤凰网、深圳卫视推出文化节目《一路书香》第二季，与人民网合作推出强军栏目《护国者》……后来，习酒做了一个从多个维度去解读君品文化的项目《君品谈》，邀请一些著名的文化大家、社会知名人士一起，从人生经历出发谈对君子内涵的认知。总之，贵州习酒通过多个主题项目强化习酒文化个性，逐渐丰富"君子文化圈"，不断强化广大消费者对习酒作为"酒中君子"的认知。

在广告传播中，贵州习酒能够做到"人无我有，人有我优"，主要依靠其独特的品牌个性、优质的产品品质、新颖的广告创意和故事性，以及多渠道的广告传播策略。这些因素相互结合，使习酒在广告传播中具备了独特的竞争优势，从而吸引和留住了消费者，增强了品牌价值和竞争力。做产品的最高境界是引导消费者需求，贵州习酒开创了新的沟通方式，也为自身品牌的发展打开了更宽敞的通道。

（三）真情投入用心胜

勇于尝试，不断创新，是习酒广告传播不断创造行业标杆的前进方向。深究习酒广告传播背后的深层逻辑，依托品质，注重"内功"，真情投入、用心用情，传达品牌的价值观和文化内涵，是其根本的原动力。品牌IP是品牌形象的核心，是品牌与消费者之间情感联结的桥梁，对于品牌认知和忠诚度的建立具有重要意义。习酒的广告传播通过精心挖掘和呈现品牌的价值观和文化内涵，使消费者在接触习酒广告时能够感受品牌的独特魅力和文化底蕴。习酒的广告传播，成功地打造了许多有口皆碑、独树一帜的品牌IP，包括"中国年·喝习酒""中秋夜·喝习酒""我是品酒师·醉爱酱香酒""君品·雅宴""君品荟"等，通过品牌IP，贵州习酒不断构建全方位的、新颖的酱香型白酒消费者沟通方式。

下面，简单梳理了几个堪称传播美学经典的习酒品牌IP：

"我是品酒师·醉爱酱香酒"：这项由贵州习酒发起的全国性活动，旨在通过活动传播酱香酒文化，培养酱香型白酒的消费习惯，并通过这种文化培养和市场渗透的方式加强经销商对酱酒产品的认知和市场信心。在活动中，消费者可近距离品鉴浓香、酱香两大香型及中高端酱香型白酒的产品，由多位国家级评酒师专业引导消费者如何品酒、评酒，并在现场对优秀的品酒消费者授予"中国民间品酒大使"荣誉称号。这项活动自2016年启动以来，屡屡在全国范围内掀起品评酱酒的小高潮，广受专家、学者、消费者好评。如今白酒行业此起彼伏的消费者品酒活动，皆源于贵州习酒的首创，这个首创对于酱酒消费者培育起到了巨大的引领作用。

"中国年·喝习酒"：春节对于每个中国人的意义不同寻常，作为一年中最具仪式感的节日，它蕴含着国人对团圆的期盼，更代表着人们对幸福生活的向往。不难发现，近年来一些新年味正在悄悄改变着大家对春节的传统认知。贵州习酒凭借匠心打磨的"中国年·喝习酒"IP，营造独具特色的春节氛围感，让越来越多的用户触景生情，用情感联结彼此，有新意更有心意。2022年，贵州习酒联合中国楹联学会举办"中国年·喝习酒"第六届全国迎春楹联大赛，5800幅楹联作品，为中国年添彩。同时，贵州习酒牵手网易，联合制作了"贴春联迎福气"AR小程序，个性化定制自己的虎年专属春联，还能通过AR将春联贴进现实。上线7天，参与量超314万，"云贴春联"的创新形式受到了广大网友的一致好评。多年来，贵州习酒深度打磨"中国年·喝习酒"超级IP，顺应互联网时代新趋势，始终站在消费者的角度，用高品质的白酒和情感文化感染消费者。

"中秋夜·喝习酒"：从2015年开始，贵州习酒就发起了"中秋夜·喝习酒"大型品牌活动，并且推动活动成为企业又一个深入人心的品牌IP。2015年至2018年，习酒通过线下密集覆盖高频人流地标与线上互传书信情感表达相结合的方式，直接触达消费者群体，并吸引全民广泛参与。2019年，一场"醉美赏月胜地"的评选活动，将"中秋夜·喝习酒"消费者活动引到了天文小镇。坐拥世界最大单口径射电望远镜FAST天眼，让科技与人文、传统与现代在此次"赏月之旅"中实现最美的碰撞与融合。此次"醉美赏月行"，不仅是一场别出心裁的赏月派对，更是一次民族文化与爱国情怀的传承与革新。一年一个主题，消费者可以通过线上线下等多种方式深度参与，这是贵州习酒在每年中秋节之际，向社会所传递的家国情怀。通过连续几年来大型的品牌活动，"中秋夜·喝习酒"已经在消费者心中深深地打上温情的烙印。

"君品·雅宴"：君子向潮而生。2019年，"君品习酒"应运而生，荣耀上市。产品上市后，公司集中资源做市场推广、品牌宣传和招商，同步推出系列大型高端品鉴活动。君品习酒的品牌全国化

君品·雅宴高端品鉴活动

之路中，少不了"君品·雅宴"的陪伴。"君品习酒"上市后，"君品·雅宴"品鉴活动便在北京、南京、广州、上海4地举办，吹响了君品习酒进军高端酱酒市场的冲锋号，以深度的君品文化体验，助力君品习酒开拓高端市场。贵州习酒以70余年积累所形成的品质和文化搭建了君品习酒最坚固的底盘。"君品·雅宴"则是君品习酒成功的"助推器"和"加速剂"。放眼中国白酒行业，很少有一个推广活动能够像"君品·雅宴"这样持续5年之久，更是很少有一个推广活动能够如"君品·雅宴"般大规模、高规格地在全国持续举办。也正是这种长期的坚持和投入，使得"君品·雅宴"与君品习酒能够如影随形，在高端酱酒领域，组成这样一对极为罕见的"最佳CP"。

习酒是一个有个性的品牌。这种个性既包含了数十年艰苦创业、自强奋斗的君子韧性，也包含了无情不商、四海之内皆兄弟的君子气度，更有质量第一、品质至上的君子坦荡之气。它秉承悠久的酿造传统，将传统的酿造工艺和文化融入产品中，同时也不断进行技术革新和创新实践，以适应现代消费者的需求。这种传承和创新的结合，使习酒在品牌上具有了历史沉淀与时代精神的双重特质。同时，习酒以其酱香风格而闻名，这种独特的风格成为习酒的品牌标志。习酒注重保持酱香酒的传统特点和风味，通过严格的酿造工艺和选用优质原料，使习酒的口感和香气保持高度的稳定性和品质。

习酒是一个有温度的品牌。对员工有温度，所以在最困难的时候，有员工自带粮食搞生产的患难与共；对经销商、合作伙伴有温度，所以有经销商把习酒视为家人的温暖与动情；对社会有温度，所以有"习酒·我的大学"这样家喻户晓的公益品牌。贵州习酒积极参与社会公益活动和慈善事业，通过品牌力量体现品牌价值观、履行社会责任，推动社会进步和发展。而其品牌所承载的价值观和社会责任感，又反过来使其美学价值更具深度和内涵。

习酒是一个永远年轻的品牌。君子无畏，敢为人先，顺时顺势，敢于开拓。所以有央视的第一条酒类广告，有气壮山河的"西北万里行"，有各种行业领先的营销场景和营销活动，还有众多具有领创性的IP。不管是与艺术家、设计师、摄影师、音乐人等合作，还是通过艺术作品、影像、音乐等形式传达品牌的美学观念和文化内涵，这样的跨界合作都带来了足够的新鲜感和创造性。习酒在品牌传播过程中，对文化创意和艺术元素融入的注重，展现了其在文化领域的美学价值。

从一个山沟里的小酒坊一步一个脚印走到一个百亿企业，贵州习酒成为酱酒领域无可争议的第二，成为广大消费者心目中的高端白酒品牌，是根植于文化、滋养于文化、盛放于文化的必然结果。贵州习酒将自身打造成一个酱酒文化的代表，通过与文化机构合作、活动策划和品牌推广，向全球传递酱酒的历史、文化背景和价值观。这样的实践经验与努力，不仅在国内产生广泛影响，同时在世界范围内树立了习酒作为中国酱酒的领军品牌和酱酒美学的典范地位。

归根到底，饮酒作为一种文化生活是需要条件的。亚里士多德在论述审美问题的时候说过，审美需要"闲暇"与"觉识"，而饮酒既然是一种具有审美功能的活动，同样需要"闲暇"和"觉识"作为条件。而这里的"觉识"指的就是我们一直在说的文化，文化素质，即对于自由意志和自觉意识的领悟，对于人生和世界的意义、价值的理解，这种领悟和理解带领我们去体验美酒酿造的心灵自由境界。这也正是习酒这个品牌能带给我们的美，一种深层次的文化体验之美。

第三章

习酒品格

　　酱香型白酒孕育于鰼部酒谷独特的自然地理环境之中，是赤水河流域历代酿酒人在顺天法地思想的指引之下，加以人工智慧与技巧而创造出的酒中珍品。酱香型白酒口感丰富醇厚、柔和细腻，独特的风味中蕴含自然与人工的层层雕琢，包孕时间的漫长积淀。

　　贵州习酒"知敬畏、懂感恩、行谦让、怀怜悯"的企业品格，是其70余年披荆斩棘成长历程中形成的企业特性，也是其向国家、社会作出的庄重承诺。习酒的这份品格底蕴，既来自数千年技术传承中人与自然逐渐找寻到的和谐，也来自中国传统儒家文化的滋养。习酒人构建的君品文化脱胎于儒家思想，是新时代企业生产发展中儒家思想的具体化呈现，他们对产品质量的严格把控，以及重信、重情等经营理念，都表现出了对儒家传统思想的继承与发展。幽雅柔顺的酒体与温润如玉的君子风度相结合，正是传统文化在现代社会中的绵长延续。

　　美酒是时间赋予的美好，与时代总是息息相关。酱香型白酒在当今社会取得的成功，是传统与现代完美结合的典范。对习酒的品鉴，既有对古老文化中天人合一观念的感知，又包含具有现代意识的品酒人对时代家国的体会，是一场融汇古今的审美体验，具有观古今、见天地的独特意义。

第一节 习酒品格发展史

习酒独特的品格，形成于习酒人70余载创业实践与对君品文化探索的历程中。企业文化就是企业的根。对于习酒来说，这个"根"就是一直所笃定奉行的"君品文化"。具体而言，习酒的君品文化，以君子文化为特征，以习酒历史文化为主要内容，融合鳛部文化、赤水河红色文化、赤水河商业文化、赤水河纤夫文化、赤水河酒文化等元素，从而构成独树一帜的文化体系。

君品文化，既是对中国儒家传统文化的继承与发展，又是对赤水河流域地方历史人文成果的吸收和消化，提倡"仁者五德"（恭、宽、信、敏、惠）：恭，态度恭敬，知敬畏天地、法律、文化；宽，行谦让而待人宽厚；信、敏，为人诚信、做事勤敏，懂感恩自然、国家、社会；惠，怀怜悯而处世普惠。赤水河流经鳛部酒谷，让我们沿河水溯流而上，穿梭古今，追问习酒品格的发展史。

一、鳛部酒谷的传统积淀

赤水河流经三省四市十六县（市、区），其中，贵州省遵义市的茅台镇—习酒镇—土城镇一段是典型的赤水河峡谷地形。这里天生造化、自然天成，酿酒资源得天独厚，在此聚合了众多酱香型白酒骨干企业，被誉为"中国酱香酒谷"，成为世界酱香型白酒核心产区的核心区域。赤水河沿岸的仁怀、习水、赤水三县市在清代属仁怀直隶厅，乃鳛部故地。鳛部是与巴、蜀、鳖、僰等共存于西南地区的方国，以"鳛"（传说中生活在本地的一种飞鱼）为图腾命名其国。鳛部消亡后，该地区在秦汉时称为"鳛部"。赤水河在东汉以前叫"鳛部水"，最早见于《水经》，鳛部因此而得名；赤水河又称大涉水，晋称安乐水，唐称赤虺河，是长江上游重要的一级支流。1915年，"鳛水县"置县，以古鳛部及境内鳛水河而得名。中华人民共和国成立后，改为"習水县"，后又简化为"习水县"。

贵州习酒位于习水县境内，是古鳛部的核心地带，地处鳛部水（赤水河）中游河谷，是世界酱香型白酒核心产区及酱香型白酒产业集群的领头企业，拥有一个响亮的名字——"鳛部酒谷"。其实，于贵州习酒而言，"鳛部酒谷"不仅仅是一段河谷、一个名字，而是一份传统积淀、一种文化传承。在习酒人的认知里，"鳛部酒谷"这个概念，涵盖了历史、生态、社会、经济、非遗、红色等多种文化元素，指引着一代代习酒人坚持天人合一、知行合一，不断淬炼"顺应天地，道法自然；自强不息，厚德载物；讲究奉献，勇于担当"的习酒品格。

（一）旧史：鳛部故地的历史文化

"知敬畏"，以敬畏自然为先；"懂感恩"，亦首先感恩于养育习酒的鳛部酒谷。鳛部酒谷、习水县和贵州习酒的故事，均起源于一种神奇鱼类——"鳛"。

"鳛"，一个令人稍觉陌生的汉字，它最早见载于《山海经·北山经》："又北三百五十里曰涿光之山。嚣水出焉，而西流注于河。其中

鰡鱼石雕

多鰡鰡之鱼，如鹊而十翼，鳞皆在羽端，其音如鹊，可以御火。"①许慎《说文解字·鱼部》中将"鰡"释为"鳛"，即泥鳅。鰡鱼生活的河流，被称为"鰡部水"。《水经·江水》："（江水）又东过符县北邪东南，鰡部水从符关东北注之。"②郦道元《水经注》曰："其鰡部之水，所未闻矣，或是水之殊目，非所究也。"郑珍、莫友芝《遵义府志》考据："鰡部水，即今仁怀赤水。然则仁怀为古鰡部地……今仁怀出一种鱼，土人皆称鰡鱼，赤水外无有也。"③由道光年间编纂的《遵义府志》可知，仁怀一带为古鰡部地，鰡部水为赤水河，赤水河有鰡鱼，古鰡部即以此鱼得名。

鰡鱼，《山海经》记载的神奇飞鱼，古有"鱼传尺素"之说，从上古游至当今，向今人传递着鰡部先民的生活信息：鰡部先民靠水而居，夜晚生起篝火，鰡鱼因趋光从河水中腾空而起，扑入火中，同时发出声响。《山海经·北山经》对鰡鱼"会飞"（"如鹊而十翼"）、"有声"（"其音如鹊"）、"御火"（"可以御火"）

---

① （清）郝懿行：《山海经笺疏》，栾保群点校，北京：中华书局，2019 年版，第 89 页。
② （北魏）郦道元：《水经注校证》，陈桥驿校证，北京：中华书局，2007 年版，第 772 页。
③ （清）郑珍、莫友芝：《遵义府志》，遵义市志编纂委员会办公室整理出版，1986 年版，第 55 页。

的描述，实际所展现的正是上述场景。遵义市务川仡佬族苗族自治县金银洞宋墓，出土有夜郎龙石雕。石雕显示，鳛鱼拥有龙爪和龙须，双肋生出两翼，为海陆空三栖动物，这也是民间文化中从现实"猪婆龙"（扬子鳄）发展到"鳛鱼神龙"形象的中介图腾，反映鳛部先民的鳛鱼崇拜。鳛鱼崇拜所反映的是该地先民对河水等一切水源的深切感情——赤水河、泉水、溪水、雨水赐予先民生命，赐予先民生长茂盛的稻谷，赐予先民鳖、鼋、鼍等丰富物产，赐予先民绝佳的水性。[①]今天，习酒人仍延续着鳛部先民对水的敬畏，积极保护习酒赖以生存的赤水河生态环境，坚持"保护赤水河·习酒在行动"植树造林活动。

鳛人世代生活在今习水县及毗邻的桐梓县、仁怀县、古蔺县、赤水市等西南地带。推考其先祖，或为距今约二十万年前旧石器时代的"桐梓人"（在今桐梓县九坝乡白盐井村柴山岗南麓岩灰洞，习水县桃林镇东部边缘约3000米处），约一万年前旧石器时代的"打油洞人"（在今习水县双龙乡双龙村洞坪组），约一万年前旧石器时代的"渔溪洞人"（在今习水县东皇镇白泥村），以及约七千多年前新石器时代的"土城人"（在今习水县土城镇）。石器时代以后，鳛人在赤水河流域繁衍生息，逐步发展为鳛部。东汉人应劭《风俗通》载："鳛，国名也。"遗憾的是，史籍对鳛部的社会生活，缺乏翔实记载。大概是因为古代鳛部一带与中原地区道路不通。据学者推测，商周易代之时，武王伐纣，髳鳛部落及蜀、庸、羌、微、卢、彭、濮八大部落出兵援助武王姬发，因功勋卓著，髳鳛等八大部落获武王分封土地，成为周王室屏藩。鳛人便由此在长江以南、娄山以北的今习水一带以及桐梓、仁怀、古蔺、赤水等地建立起了自己的国家。当

---

①王德埙、王长城：《论远古长江上游夜郎文明》，载肖远平、刘实鹏主编：《人文学术·思辨与实证》，中央民族大学出版社，2017年版，第26、33页。

时，北部有巴、蜀、郫诸国，西部有僰国，南部又有鳖国、牂牁。诸国拥戴各自的君长，并组织武装，形成早期国家，同时各有自己崇拜的图腾，由此产生各自的地域文化。

春秋末年，牂牁国衰败，牂牁江（今北盘江）上游的另一支濮人（中原人称西南民族为"濮"或"百濮"）兴起，迅速占领牂牁国北部的直属领土，以夜郎邑为中心，定国号为"夜郎"。夜郎国东讨西伐、南征北战，逐步吞并鳖国（今绥阳、遵义、桐梓一带）、鰼部（今习水、赤水、仁怀一带）、僰国（今四川省宜宾市一带）及巴国南境（今正安、德江一带），其全盛之时，夜郎国领土涵盖今贵州省大部分，云南省一部分，广西壮族自治区西南及广东、四川两省的一小部分。战国后期，秦扫六合，在夜郎境内推行郡县制，置巴郡，巴郡下设江阳县（今泸州、纳溪、叙永、古蔺等地）、符县（今合江、赤水、习水等地），并开通道路、修筑"五尺道"。秦二世而亡，西南原有部落首领遂趁乱自立。西汉早期，汉廷无暇顾及西南；直至建元六年（公元前135年），汉武帝刘彻派遣郎中将唐蒙，率领将士千人、民夫万人及粮食辎重，从筰关（亦作"符关"，今四川省泸州市合江县一带）入，途经今习水县域，前往夜郎国拜见夜郎王多同，成功劝其归汉，并置犍为郡。由此，中原移民将当时先进生产工具及生产技术引入原鰼部在内的夜郎地区，推动了当地的开发与发展。

之后，在历史的长河中，今习水县所在的鰼部故地行政区划归属和名称，多有变更，及至民国四年（1915年），"鰼水县"成立，此地方恢复"鰼"名。1950年，鰼水县人民政府在官渡成立，隶属遵义地区专员公署。1959年，经国务院批准，"鰼水縣"更名"習水縣"；1964年，根据国家汉字简化方案，"習水縣"简化为"习水县"；1965年，根据贵州省人民委员会（即省政府）《关于赤水、习水、仁怀三个县变更行政区制的批复》，习水县的长沙区、官渡区划归赤水县，赤水县的土城、醒民、隆兴三个区和仁怀县的桑木、回龙（回龙区郎庙乡即今习酒镇贵州习酒所在地）、永安三个区划归习水县，区下设乡。1992年，经贵州省人民政府批复，实行建镇并乡撤区，习水县辖东皇、温水、土城、习酒等24个乡镇。

（二）赓续：鳛部酒谷的文化精神

鳛部已然成为历史，原"鳛水县"也更名为"习水县"。然鳛部之魂却随鳛部水（赤水河）一起由古流淌至今，连绵不绝。习酒人至今仍真诚地敬畏、感恩、传承鳛部文化精神。

根据学者研究，鳛部故地由五大文化构成，可分为巴蜀文化层、山地狩猎文化层、荆楚文化层、秦汉至宋元明清文化层以及土司文化层。

首先，是巴蜀文化层。鳛部地处巴、蜀一带，曾属古蜀国范围，

鳛部遗存

后秦分天下为三十六郡，鳛部地带又被划归在巴郡之下。因此，巴蜀文化构成了鳛部的文化底色。贵州省境内黄家湾新石器时代遗址的菱格纹陶器，与四川省三星堆遗址（属古蜀文明）出土陶器的纹饰相似，可见其与成都平原、峡江地区、川南地区新石器时代晚期遗迹的联系。峡江地区古文化通过长江融入赤水河流域鳛部地区。赤水河河谷作为交通枢纽，沟通赤水河流域与成都平原。文化互相传播、人群迁徙。据东晋常璩《华阳国志·巴志》记载："其民质直好义。土风敦厚，有先民之流。故其诗曰：'川崖惟平，其稼多黍。旨酒嘉谷，可以养父。野惟阜丘，彼稷多有。嘉谷旨酒，可以养母。'"①意思是说，巴地鳛部先民质朴直率而重义，民风敦厚，自古便有种植黍稷、酿造美酒的传统，且懂得感恩，以嘉谷旨酒奉养父母。在鳛部酒谷，习酒人同样质直好义，同样懂得感恩，同样以嘉谷酿造旨酒。君品习酒的琼浆，不仅展现了习酒人对美好生活的热切向往，同时也是习酒人对鳛部山川养育之恩的深情反哺。

其次，是山地狩猎文化层。赤水河流域出土大量新石器时期渔猎生产工具和动物化石：打制石器、磨制石器、陶器、骨器（以砍砸器和刮削器为主，如石斧、石锤、石网坠、陶网坠、骨叉等）；动物化石和动物碎骨，主要有野猪、狼、虎、熊、鹿、野牛、羊、狗、鱼、蚌等。这说明，新石器时期鳛部故地的渔猎技术已普及并得到较大发展。渔猎作为原始社会先民的生产方式，也成了畜牧业的基础，即随着渔猎技术的进步，捕获的野兽增多，便被人类驯养起来，演化为家禽、家畜。崖墓雕刻常出现虎、龙、猪（龙首猪身）、鱼类、禽类等动物图案，其中，龙首猪身的神话形象或反映出鳛部先民对自然的敬畏。习水县一带至今保留着渔猎文化的印记：其一，习水县及邻县

---

① （晋）常璩：《华阳国志校补图注》，任乃强校注，上海：上海古籍出版社，1987 年版，第 5 页。

地区人民（大致为赤水河流域一带）至今喜欢使用一种握柄长达一两尺的钩刀（俗称"砂刀"）。这种钩刀专用于砍削荆棘等灌木，是山林中防身、开路、打猎的必备工具。其二，习水县地区至今有爱狗习俗，素有"猪来穷，狗来富"的说法，且有用狗血驱邪、儿童戴"狗头帽"的习俗。这与该地古代使用猎犬狩猎的传统有关。其三，鳛部故地民间传说中有大量狩猎故事，如《老虎外婆》《水牛智斗老虎》《杀熊》等。亦有"打老虎要大胆，打野猪要买板"的谚语。清道光年间的《遵义府志·仁怀志》记载："县有虎匠，邑令与之券，令白虎。以白竹弩，濡以药，射杀之。"这一层文化赋予了习酒人不惧艰难、勇往直前的自强进取品格。

再次，是荆楚文化层。张正明《楚文化史》一书认为，楚文化的形成期在春秋中叶。从春秋中叶到战国中期，蜀、巴、楚三地互有文化交流。然而，巴蜀文化对鳛部故地的影响日趋减弱，楚文化在这一历史时期发展迅速，逐步占据了优势地位，便溯江西上，濡染鳛部地区。楚国可能是在灭巴、征滇的军事行动中在鳛部一带传播了楚文化。楚文化与鳛部文化相互渗透，其印记表现在铜鼓、太阳崇拜、鸟崇拜（羽舞）等。《左传·宣公十二年》载楚国先君若敖、蚡冒"筚路蓝缕，以启山林"[1]，在险恶的山林深处艰难创业。习酒人创业之初，同样举步维艰，他们继承了楚国人艰苦奋斗的美好品格，从二十元"三人起家"开始，一路披荆斩棘，迎难而上，克服重重难关，酿造生活之美。

此外，秦汉至宋元明清文化层，以汉族文化为主体，这给鳛部地区带来了"行谦让""怀怜悯"的儒家教化。在儒家文化滋养下，鳛部故地走出了诸多大儒，以遵义人郑珍为代表。郑珍曾与莫友芝编纂

---

① （周）左丘明传、（晋）杜预注、（唐）孔颖达正义：《春秋左传正义》，《十三经注疏》整理委员会整理，北京：北京大学出版社，1999 年版，第 643 页。

《遵义府志》，毕生研习汉学与宋学，力纠乾嘉学派之失，著述颇丰，被誉为"西南巨儒"；此外，他还非常重视劳动生产技术，其撰写的《樗茧谱》便是一本介绍山蚕养殖和缫丝织绸的技术性专著。如今，贵州习酒的君品文化既融入了儒家君子文化，又尤其强调求真务实、踏实工作的劳动美德，或与这位清代西南巨儒的心意相通。鰼部既有儒士郑珍，还有儒商袁锦道。袁锦道是怀阳丁里（今习水县三岔河乡）人，经商致富后，他不忘感恩回馈家乡，心怀对子孙后代的怜悯之心，自投资金，穿岩凿壁、疏滩截流，修筑通达川渝的道路百余公里，造福当地和后代。习酒人"知敬畏""懂感恩""行谦让""怀怜悯"的品格，延续了前人的优良传统。

最后，是土司文化层。土司文化由彝族、苗族等少数民族山地文化与中央王朝中原文化相互碰撞形成，呈现出星点式文化地理格局。土司制度渊源于汉晋以来的"土官土吏"、唐宋时期的羁縻州县，成熟于明朝。在今贵州境内的土司较为密集，明朝加以归并、改制，建立了贵州、播州（明朝时隶属四川）、思州、思南四宣慰府司。宣慰使品级略低于布政使"从二品"，并建有九十余处长官司、蛮夷长官司。土司们积极推进当地传统文化风俗与汉民族等其他文化的融合，形成了独特的地方文化。明万历二十九年（1601年）改土归流，置遵义府，土司文化发展为遵义地方文化，赤水河酒文化便是在遵义地方文化的基础上发展而来的。清雍正五年（1727年），遵义府由四川省划归贵州省管辖。

鰼鰼部落早已成为遥远的传说，今日的习水人民也早已不再用弩、刀狩猎。然而，鰼部故地的文化精神却如赤水河般源远流长，被习酒人所继承：敬畏天地，感恩同胞，谦让待人，怜悯处世。一切美好的词语都不如鰼部酒谷的无言山水——赤水河无言，却足以描绘习酒人辛勤创业的满腔热血；大娄山无言，却足以形容习酒人朴实坦诚的敦厚心地。

（三）新生：鳛部酒谷，酱香天骄

北纬28°，东经106°，川黔交界地带，有一座航船般的建筑"航行"在群峰浪潮之中。但这艘航船不来自任何河流，而来自三千余岁的鳛部历史长河，来自四百多年的赤水河谷白酒酿造史，也来自70余载的习酒创业史。滔滔赤水河声，仿佛历史的回响；红色的河水，宛若澎湃英雄血；河水翻滚，卷起水雾，好似往事风云浮现。

这座建筑便是习酒文化城。习酒文化城广场上屹立着八根文化柱，浓缩了从上古到习酒创立的历史：神奇山川、鳛部古韵、航运兴盛、四渡赤水、大汉枸酱、鳛部酒香、殷家酒坊、习酒创立。

70余年，信仰、激情、智慧、汗水，共同酝酿了千里飘香的习酒，也酿造了百里酒城的兴盛，以及世界酱香型白酒核心产区——鳛部酒谷的新生。鳛部酒谷，酱香天骄；美酒河畔，君子如玉。

回望历史，1952年，仁怀县工业局为发展酿酒业，收购黄荆坪当地居民的房屋，招募工人，创办"贵州省仁怀县郎酒厂"。1956年，

习酒文化城

茅台酒厂副厂长邹定谦调任仁怀县郎酒厂主持生产工作，采用茅台酒生产工艺生产酱香型白酒，产品命名为"郎酒"，俗称"贵州回沙郎酒"。然而仅仅三年后，酒厂便因粮荒而停产。又三年后（1962年），曾前德、肖明清、蔡世昌三人临危受命，着手恢复酒厂生产。由于经费仅有20元，曾前德团队便由生产回沙酱酒转为烤制小曲白酒；数年后已有小成，他们却没有骄傲自满、止步于此。1966年，他们试制浓香型大曲酒，获得成功。1976年，按固态大曲法生产工艺成功试制酱香型大曲酒，恢复酱香型白酒生产。到1980年，习酒的职工人数达到179人，形成了5个车间和6个辅助车间，逐步走向辉煌，创造了属于自己的"黄金十年"。1983年5月，习水酒厂试制大曲酱香型白酒经过省级鉴定，命名为"习酒"，从此恢复酱香型白酒的规模化生产。同期，酒厂开始了二期技改工程，至1988年，厂区规模占地近3000亩；是年，习水酒厂实现了酱香习酒、浓香习水大曲双3000吨的生产规模，酱香习酒亦荣获"国家质量奖银质奖"和"国家优质名酒"称号。

20世纪90年代中后期，习酒遭受重挫，酱酒再度停产，在加入茅台集团后，习酒公司很快涅槃重生。2003年，习酒公司再次开始生产酱酒，相继推出"习酒·窖藏1988"（2010）、"君品习酒"（2019）等高端酱香型白酒。2022年7月15日，贵州习酒投资控股集团有限责任公司挂牌成立，开始新的征程。回首创业史，是自强不息的开创精神和厚德载物的品格，引领贵州习酒从"三人起家"发展至万人规模的百亿级酒企。当今，习酒已不仅是名列中国白酒前八的知名品牌，更是"酱香型白酒产业集群"及"世界酱香型白酒核心产区"的领航者之一。

一部习酒发展史，是鳛部酒谷从初生到兴盛的历程，更是贵州习酒"知敬畏、懂感恩、行谦让、怀怜悯"品格逐步形成的历史。"鳛部酒谷"不只是一个地理概念，从更深层面来看，这个概念还包含了历史、生态、社会、经济、非遗、红色等多种文化元素。如习酒厂区牢固的生态基础、习酒独特的生产工艺、卓越的产品品质、权威的标准体系、响亮的产品品牌和鲜明的君品文化。这些文化元素均凝结着在贵州习酒创业史中逐步形成的品格：贵州习酒始终致力于保护赤水河生态环境，是为知敬畏自然；铭记先贤，秉持酱酒酿造古法，是为懂感恩传统；践行"崇道、务本、敬商、爱人"的核心价值观，待经销商以敬，待消费者以爱，是为行谦让于他人；推进"习酒·我的大学""习酒·吾老安康"等公益项目，是为怀怜悯于社会。

鳛部酒谷，汲取赤水河谷之自然精华，濡染酱酒产业之人文品格，已然习养为美酒河畔的谦谦君子，他漫步于河畔，安卧于山谷，是名副其实的酱香天骄。

二、习酒品格的时代表达

2020年6月8日，《世界酱香型白酒核心产区企业共同发展宣言》（简称《宣言》）正式发布，茅台、习酒、郎酒、国台、珍酒、劲牌、钓鱼台七家企业携手签署共同发展宣言。这份酝酿了足足半年之久的宣言，凝聚了世界酱酒核心产区和赤水河谷酱酒产业集群的智慧与真知，也引导着鳛部酒谷继续坚持知行合一，践行君品文化。

2023年3月30日，"贵州习酒"在商务体验中心举行《君品公约》发布会暨君品文化论坛。这份仅有64字的《君品公约》，是习酒人行为最大的公约数。知名学者王立群点评："《君品公约》是贵州习酒创立以来走过道路的概括和凝练后的道德总结。"著名文化学者张颐武也认为："《君品公约》发布，标志着习酒人在价值观上，在思想和精神上，在抱负和胸怀上迈出了具有重要意义的一步。"

习酒品格可体现在个人、企业、社会等多个层次。《君品公约》侧重于强调企业职工对赤水河酒文化传统和工匠精神的敬畏，以及对先贤、商家和消费者的感恩，是个人层面的君子品行；《宣言》则更重视酱酒企业之间的相互谦让，以及整个酱酒行业对社会的怜悯之心，是企业和社会层面的君子格局。二者共同构成鳛部酒谷对习酒品格的最鲜活时代表达。

《君品公约》虽只有短短64字，却充分阐释了君子之品、习酒品格：知敬畏自然，故"敬畏天地，崇道务本"；懂感恩前辈，故"铭记先贤，心怀感恩"；懂感恩经销商与消费者，故"明德至善，敬商爱人"；知敬畏传统，故"秉持古法，工料严纯"；知敬畏产品质量，故"醉心于酒，勇攀至臻"；知敬畏理想，故"同心同德，不忘初心"。而这一切，均基于"爱我习酒"的真挚情感与"东方文明"的文化滋养。"酱香"不只是一种白酒香型，更是一种专注酿酒的工匠精神与尽善尽美的君子之品，"酱魂常在，君品永存"。

（一）共识之真

《宣言》是赤水河谷酱香型白酒企业的行业共识，习酒与其他六家企业一同签署，充分展现出习酒知敬畏共识、懂感恩社会、行谦让之举、怀怜悯之心的格局。

其一，"工匠精神"。工匠精神是世界酱香型白酒核心产区共同秉持的核心价值观之一。而工匠精神的核心，则是视质量为生命——敬畏天道，坚持绿色有机生产，纯粮固态酿造；敬畏人道，恪守"贮足老酒，不卖新酒"质量铁律，尊重消费者。

其实，"工匠精神"不仅把酿酒视为一种物质性生产活动，它更将人的德行融入酿酒生产实践中，从而将酱酒生产实践升华为充分展现人类本质力量与人类美德的君子修行。这些美德包含习酒人对传统工艺的敬畏与对工匠前辈的感恩。

其二，"酱酒文化"。酱酒文化是核心产区的灵魂。核心产区之所以能够建立，就在于产区的各家酒企形成了一个酱酒文化共同体。而共同体形成的关键，不只在于共同的利益联结，也在于共同的文化认同，这才是将各家酱酒企业凝聚为一体的根本动因。文化不仅可以塑造个人，更能聚合企业，并使之成为一个人格化的整体。在酱酒文化的孕育下，赤水河流域整个酱酒产业集群、整个酱酒核心产区，已然成长为有同一归属感、认同感的"人"，甚至修行为君子，这正是"人文化成"。

其三，"法律至上"与"商业伦理"。法律与伦理是核心产区的原则和底线。对国家法律与商业伦理的敬畏，是产区得以存在的基础，更是每位酱香型白酒从业者应时时秉持的初心。认同法律至上原则，敬畏国家法律法规，认同商业伦理，尊重产业标准与伦理共识，均非仅服从于法律条文与行业契约的字面意义，而必须基于每位酱酒人内心深处对这些法律与伦理的理解与认同，正所谓"道之以德，齐之以礼，有耻且格"。唯有发自内心的理解、认同，遵守法律与伦理的行为才会足够坚定、足够笃实、足够坦诚、足够阳光。

其四，"生态保护"。敬畏自然，顺应天地，天人合一，天人共酿，这是核心产区的共同信仰与共同实践。赤水河是酱酒的生命之源，是世界酱酒核心产区的母亲河，保护她，即是呵护我们自己；赤水河流域的自然生态环境，不只是核心产区酱酒产业赖以生产的资源，更是核心产区酱酒生产经营者赖以栖居的家园。

其五，"反哺社会"与"鼓励创业"。如果说上述四点内容是在继承传统、敬畏天道与人道，这一点则是在面向未来、感恩社会。核心产区所面向的，首先是整个社会的未来。因此，要感恩并反哺社会，怀怜悯、行善事，借助创新、就业、税收、公益等方式，推动产区内企业与社会形成和谐共生的良好生态。如此，产区的未来才能和谐安宁。核心产区所面向的,当然也是整个酱酒产业的未来。故而,必须培养新鲜"血液",欢迎、吸纳创业者与投资者加入,展胸怀、行谦让,和而不同、美美与共,尊重不同的企业文化和经营风格,为新老企业的健康成长与共同发展创造条件。如此,产区的未来才会繁荣兴盛。

其六,"产区建设"。这是整篇《宣言》的总结,所强调的是世界酱香酒核心产区各家企业的共同责任,促进整个酱酒产业更加稳定、更有效益、更可持续、更高质量发展。"酱酒"原本仅指一种特殊的白酒风味,如今它已融入了整个酱酒产业和核心产区的德行,也成为一种以品质为生命的行业精神。核心产区所酿造的,不仅是酱酒,更是君子之品,是人类本质力量的感性显现,是酱酒之美,更是君品之美。

《宣言》是贵州习酒在内的各家酱酒企业之间达成的共识之真,《君品公约》则是贵州习酒全体职工所认同的共识之真。如果说,前者着眼于整个社会的宏观视野,是行谦让、怀怜悯的君子胸襟;后者则从习酒人的个体微观视角出发,是知敬畏、懂感恩的君子修养。二者虽侧重不同,却均蕴含着对习酒品格的具体阐释。

(二)践行之笃

真知必经笃行。王阳明《传习录》云:"知是行之始,行是知之成。圣学只是一个功夫,知行不可分作两事。"贵州习酒一直身体力行,践行《宣言》与《君品公约》的约定与诺言。

2022年3月,《习酒公司"文化习酒"建设实施方案》全面推行。"文化习酒"的重要组成部分之一便是"质量文化",这正是在践行《宣言》中的工匠精神与酱酒文化,并落实于"质量",也与一年后习酒发布的《君品公约》"秉持古法,工料严纯;醉心于酒，勇攀至臻"一句相呼应。同时，习酒君品文化包括"产品有君子之范""酿酒人有君子之风"，即坚持纯粮固态发酵、传统古法酿造，坚守匠心做酒、涵养品格做人，同样体现出贵州习酒对产品质量的高度重视。

那么，究竟什么是质量？究竟什么是质量文化？为什么要把"质量"上升到"文化"层面？打造世界酱香型白酒核心产区为什么需要质量文化？

贵州习酒质量部主任潘成康承诺："从一粒种子到一滴习酒，以及消费者手里的每一瓶习酒，每一个关键工艺环节、关键质量控制点，都在质量部门的掌控之中，做到全生命周期的质量安全管理，确保出厂的每一滴酒都有品质保障。"这句承诺，看似朴实，实则陈述了每一位习酒人对质量的理解，同时显示出习酒对产品质量与消费者的敬畏之心。通常，我们容易孤立地理解"质量"，往往只关注出现在货架上的商品质量，但这只是消费者视角的"质量"。对于一个企业、一个产业，乃至一个产区而言，质量和质量管理永远是一个系统工程。习酒的质量管理贯穿了整个产业链，以酱酒生产为例，其质量管理往往涵盖了高端酱香型白酒从原料供应、酒曲制作到酿造、贮存、勾调、评级再到包装、出厂、销售、售后等各个生产与销售环节。这些质量管理工作包括：原料基地管理、原辅材料质量验收、大曲质量检验、新酒品评定级、包装质量抽检、成品酒检测、出厂酒留样管理以及售后服务质量等，从而形成了一套完善的质量管理体系。而支撑起这套严密质量管理体系的，正是质量文化。质量文化是无形的，它本质上是一种精益求精、尽善尽美的工匠精神，具体化为企业上下对质量文化的一致共识与理解。这种工匠精神与艺术之美相通，是人类本质力量的一种感性显现：美好的质量不只是测量意义上的标准，更是人心领悟意义上的美善，是人对美好的信仰与追求。

東方习酒

酿造美好生活的领创与实践

诚然，这套质量管理体系，正是因为有了文化之魂，才如此凝聚人心，打动人心。这种文化不是空中楼阁，也不是镜中之花、水中之月，而是一座需要牢固地基的大厦，一株扎根大地的鲜花，一轮运行在既定轨道的明月，这种笃定"质量就是生命"的质量文化必须落到实处。习酒继承和发扬工匠精神，推行以质量文化为代表的君品文化，犹如一位作家——他不仅需要精妙的构思，更需要贴切的词句与严谨的文法，而这词句与文法便是技术。从2018年开始，习酒设立"首席质量官"，实行质量"一票否决制"，产品出厂的严苛程度更上一层楼。

质量工程一向都是贵州习酒"一把手"工程，为真正贯彻落实质量文化，公司领导及中层管理人员、销售人员定期前往生产一线体验，与工人一同参加生产劳动，以此掌握企业的实际生产经营情况、了解产品优势。张德芹强调："要坚持质量第一，抓好质量提升，坚持酿造高品质基酒，坚决守好生态、安全和质量底线，坚定不移走生态优先、绿色、安全发展道路。"

贵州习酒的质量文化，除"一把手"重视与全产业链的严格管理外，还建立了国家CNAS认可实验室，对产品质量进行全过程、全方位、全要素、全指标的监测与管控，以确保产品质量稳定。与此同时，习酒ERP系统开始运行，这意味着习酒已然开启"产供销"一体化进程，逐步实现从采购、仓储、生产、质量、财务、物流等环节全要素数据互联互通，消除系统间的壁垒，保障业务数据的完整性与连贯性，以流程化管理实现高质量发展。对贵州习酒而言，每天都是"3·15"。

除知敬畏于质量文化外，习酒亦一直懂感恩、行谦让、怀怜悯于社会。2023年8月18日，"习酒·吾老安康"赤水河流域护林员关爱行动正式启动，共使用公益基金620.88万元，以每人3000元的标准向流域内

1964名护林员发放慰问金，同时向优秀护林员每人提供1套专业装备，旨在改善老龄化护林员的生活条件、保护赤水河流域的生态环境。贵州习酒始终遵循绿水青山就是金山银山的理念，像珍惜生命一样珍惜大自然的馈赠，永远感恩这条孕育习酒的"母亲河"，永远感恩为守护赤水河青山绿水奉献青春、挥洒汗水的所有人。

"逝者如斯夫，不舍昼夜。"光阴一如赤水河日夜流淌，《宣言》与《君品公约》不只写在纸张上，更写在鳛部酒谷的山川河流上。

（三）文化之诚

贵州习酒如是界定"鳛部酒谷"概念的构成要素，即：牢固的生态

看花摘酒

基础（生态文化）；独特的生产工艺（非遗）；卓越的产品品质（质量文化）；权威的标准体系（卓越管理）；响亮的产品品牌（品牌文化）；鲜明的酱酒文化（君品文化）。

"牢固的生态基础"是对自然的敬畏，贵州习酒敬畏天地，珍惜并保护赤水河流域自然环境，始终致力于创建原生态的优质白酒酿造基地。"独特的生产工艺"是对传统工艺的敬畏，习酒人珍视世界酱香型白酒核心产区的人文传统，严格秉持古法，匠心酿造美酒与生活之美。"卓越的产品品质"是对消费者的敬畏，贵州习酒视质量为生命，习酒人醉心于酒，以细腻醇厚的酒质回馈消费者。"权威的标准体系"是对经营秩序的敬畏，贵州习酒维护并珍惜世界酱香型白酒核心产区的经营秩序与规则。"标准体系"不只是表层的管理标准，它的基础是习酒人对经营秩序与规则的共有理解与认同，标准的意义在于引导习酒人以合乎天道与人道的正确方法参与生产与经营。"响亮的产品品牌"与"鲜明的酱酒文化"则是对文化的敬畏，贵州习酒认同并珍视酱酒文化，敬重并践行优秀传统文化，传承君子精神，志在"酱魂常在，君品永存"，形成了独树一帜的君品文化与习酒品格。"君品文化"与"习酒品格"绝非书斋清谈，而始终植根于习酒人的生产、管理与营销实践中。

贵州习酒以身体力行的实践完美阐释了"鳛部酒谷"概念，建构起"君品价值共同体"。中国儒家君子文化强调"推己及人"，而贵州习酒的君品文化同样注重"推己及人"，致力于将"君品价值共同体"推广为整个世界酱香型白酒核心产区意义上的"酱酒价值共同体"：在这个共同体中，各酱酒企业共同组成一个相互依存、休戚与共的和谐整体。在产区内的酱酒产业集群里，各家酱酒生产厂家、经销商、原辅料和包材供应商、制酒制曲工人、技术人员、消费者、上下游企业等，无不遵循相关法律法规和生产标准，无不恪守品质伦理，无不秉持工匠精神，无不推崇顺天法地、自强不息、厚德载物的酱酒文化，这当是《宣言》与《君品公约》的题中应有之义。

"知行合一""知敬畏""懂感恩"之"知"，不是单从抽象概念上的认知，而是崇道务本的真知，是敬商爱人的良知；"行谦让""怀怜悯"之"行"，也不是仅从外在行为上的执行，而是对工匠精神的践行，是对君品文化的修行。"直心是道场"，酱酒人修行的道场在鳛部酒谷，也在他们追求酱酒之美的本心上。"诚者，自成也"，本心真诚，行事笃定，便会不断自我完善、自我成全，这便是君品文化之诚。

三、天人交汇的赤水河

天、人交汇于赤水河，它是一条美酒之河，酿造美酒；也是一条时间之河，沟通古今；更是一条文化之河，哺育君品。

（一）美酒之河

赤水河，干流全长约524公里，流域面积约20440平方公里，流经云南省镇雄、威信，贵州省毕节、金沙、仁怀、习水、赤水，四川省叙永、古蔺、合江等地，其流域位于北纬27°13′—28°50′，东经104°44′—106°59′，流域面积约20440平方公里，黔、川、滇三省流域面积分别占60.2%，29.5%，10.3%。赤水河是黔北通往四川、连通长江的重要水道，以茅台以上为上游，茅台经习酒至丙安为中游，丙安以下为下游。赤水河中下游区域，酱香型白酒企业星罗棋布，以茅台、习酒等为代表的白酒品牌闻名遐迩，使得赤水河中下游的河谷一带，成为名副其实的"世界酱香型白酒核心产区"。

"美酒河"一词，在习水酒厂1988年出版的著作《美酒河行》中首次公开使用。1991年，习酒厂提出在茅台镇和习酒镇之间打造"百里酒城"，建设中国名酒基地的宏伟规划，并于1992年5月开始施工。1992年，习酒公司组织"千里赤水河行"考察活动，在历史上首次对赤水河进行多角度、全方位的实地考察，旨在探寻赤水河的源头，并宣传、保护、开发赤水河；同时，提出"三河"定位，将赤水河定义为"英雄河""美酒河""美景河"。1992年4月15日，考察队以史籍记载的"赤水河源出鱼洞河"为基础，结合实地考察，推断出"滮岩滩"为赤水河源头。其考察结果向贵州省人民政府报告，《贵州日报》用两个版面刊登了千里赤水河行的文章。其后，考察队又向国家测绘局报告，获得认可。源头确定后，1999年，著名书法家邵华泽先生受邀题写了"美酒河"三字，镌刻在赤水河中游吴公岩的石壁上，这是世界上最大的汉字摩崖石刻。"美酒河"摩崖石刻与赤水河交相辉映，共同编织出鳛部酒谷的酱酒酿造佳话。

对于鳛部酒谷而言，赤水河首先是"美酒河"，是酿造酱酒的生命之水。中华人民共和国成立后，赤水河成为茅台酒酿造的唯一水源，同时也成了国家重点保护的河流。1972年，全国计划工作会议上，周恩来总理强调，赤水河上游一百公里范围内一律不能建设工厂。至此，赤水河水资源保护成为国家政策。

保护美酒河，是赤水河沿岸各家酒企的共同责任。茅台、习酒等各家酱酒企业，均万分重视赤水河的水资源与生态资源保护。贵州省也一直致力于赤水河流域的环境保护，规划建设了十四座白酒企业的生产废水集中处理厂。[①]作为云、贵、川三省的界河，三省联手共同探索加强

---

① 茅台官网：《白酒生产与环境保护良性互动赤水河畔美酒飘香》，茅台集团官网新闻，2018年8月6日，https://www.china-moutai.com/maotaijituan/xwzx/xydt85/394309/index.html

赤水河流域生态保护与环境治理的可行方案。

贵州习酒一直冲锋在保护美酒河的前线上，坚决贯彻"在发展中保护，在保护中发展"的生态与发展共荣理念，大力推广"保护赤水河，习酒在行动"的全员义务植树、植草活动，一直致力于赤水河和赤水河沿岸的生态环境保护，并取得丰硕成果。知敬畏天地，懂感恩自然，尊重并保护习酒赖以生存的赤水河谷生态环境，是支撑起习酒高速并高质量发展的根基所在。

（二）时间之河

一只神奇的鱼游动在赤水河中，它身姿灵活，声如鹊鸣，好像长着羽翼，甚至可以御火，这种鱼叫作"鳛鱼"。鳛鱼传说由上古传至今朝，让赤水河也成为一条沟通古今的时间之河。

在古代，游鱼往往被视为传信使者："客从远方来，遗我双鲤鱼。呼儿烹鲤鱼，中有尺素书。"（汉乐府《饮马长城窟行》）"鸿雁长飞光不度，鱼龙潜跃水成文。"（张若虚《春江花月夜》）"驿寄梅花，鱼传尺素。"（秦观《踏莎行·郴州旅舍》）神奇的鳛鱼，在这时间之河里游动，穿梭古今，也向我们传信，讲述赤水河岸的往事：

鳛鱼首先躲过了飞来的青铜箭镞，这时髳鳛部落正在参与周武王讨伐商纣王的战争，商纣王酒池肉林，暴虐残忍，终以身死国灭告终。而后，鳛鱼听到一声雷霆般的虎啸，连水声也无法掩盖，此刻鳛部先民正用白竹弩射杀猛虎，鳛部自古民风彪悍，先民拥有淳朴而勇猛的美好品格。鳛鱼又听到了千万兵士与民夫的脚步声，还伴随着运送辎重的车马声，这在偏僻的鳛部原本难得一闻——原来是大汉郎中将唐蒙率军民前来会见夜郎王多同。唐蒙被这里的枸酱深深吸引，鳛部因此得到汉王朝和汉武帝的关注，也由此逐步得到开发。

鳛鱼再次听到喊杀声，这时是明朝万历年间，播州土司杨应龙正在

夕阳下的赤水河

与明军激战。而当岸边的声响愈发喧哗热闹时，已至清代乾隆年间，赤水河因疏浚有方成为川盐入黔的重要航道，两岸还飘满了酒香，贵州回沙烧酒已经酿成。

鳛鱼继续向前游动，不停向前，有时顺流而下，怡然自得；有时溯流而上，乘风破浪，它见证了晚清苗民起义的怒吼，红军四渡赤水的红旗，以及习酒建厂创业的酱酒芳香。忽然，鳛鱼插翅飞翔一般，扑向河岸，鳛鱼趋光，但这次吸引它的不再是篝火，而是鳛部酒谷的君品之光。

（三）文化之河

《论语·雍也》言："质胜文则野，文胜质则史。文质彬彬，然后君子。"

君品文化孕育于延绵不绝的赤水河，赤水河同样也离不开君品文化。唯有根植于美酒河沿岸的自然天赐，君品文化才能焕发其饱满的生命活性，天人合一、知行合一、文质合一；知敬畏、懂感恩、行谦让、怀怜悯，自是君子本色。

君品文化是多层次的，习酒君品文化以君子文化为特征，以习酒历史文化为主要内容，又融合了鳛部文化、赤水河红色文化、赤水河商业文化、赤水河纤夫文化、赤水河酒文化，从而构成独特的文化体系。君品文化是在赤水河谷漫长的历史岁月中逐步形成的。

先秦时期，鳛部先民筚路蓝缕、以启山林，不仅以渔猎为生，更在地势平坦的赤水河谷种植黍、稷，酿造旨酒。明万历年间，赤水河畔逐步兴起各家酒坊，其中便有习酒前身殷家酒坊。清乾隆十一年（1746年），赤水河新航道开通，川盐入黔，使得沿岸商业阜盛，货来货往。而早年货运主要靠水，纤夫们拉着绳索，船长掌控方向，他们喊着响亮的劳动号子，船只满载货物，在赤水河中逆流而上。1935年，红军四渡赤水，在习水转战62天。习酒厂区附近是二郎滩渡口，红军曾在此与国民党军队背水一战，并成功跳出敌军的围追堵截，迈向胜利。当时二郎滩附近的酒坊曾抬出美酒欢迎红军，并用高度酒为红军伤员消毒洗淤。

"瞻彼淇奥，绿竹猗猗。有匪君子，如切如磋，如琢如磨。"《诗经·卫风·淇奥》，借用卫国的母亲河淇水歌颂贤君卫武公的文采与德行。淇水之畔，绿竹茂密，卫武公尽管经历过残酷的政治斗争，且宵衣旰食、日理万机，却能潜心切磋学问，琢磨德行，因此得到卫国人民的认可和颂扬。而在赤水河岸，数代酱酒人筚路蓝缕、艰难创业、苦心经营，以身体力行的生产经营实践，在鳛部酒谷的土地上书写了崇高的酒业史诗。回眸酱酒发展史，君子之品从来都是酱酒产业与世界酱酒核心产区的灵魂与精神动力。从原始的枸酱、果酒到早期蒸馏酒，再到茅台烧又到当今以飞天茅台、君品习酒为代表的高端酱香型白酒，酒味由天然的甘甜转向刺激性的劲辣又转为醇厚细腻、丰富繁复的酱香，其动因正是历代酿酒人尽善尽美、精益求精的匠心。习酒先辈曾前德与肖明清、蔡世昌仅以20元"再度起家"，恢复郎庙酒厂的生产，从小曲白酒到浓香习水大曲再到酱香习酒，终将荒凉贫瘠的黄荆坪建设为繁荣兴盛的黄金坪。陈星国厂长锐意改革，心系父老乡亲，志在让本地农妇都能穿金戴银。以张德芹为代表的习酒人提出"君品文化"，以君品文化为魂，以习酒品格为骨，化育出一位徜徉在鳛部酒谷的"酱香天骄"。诚如张德芹所言："在这70年的运作当中，基于对传统工艺的坚守，对商道的尊重，对天道的尊崇，对工作的务实，前辈们对大山的爱，最终凝聚出了君品文化。"

赤水河酿造了酱香美酒，而君品文化则酿造了生活之美。

第二节 习酒的品格内涵

　　"知敬畏、懂感恩、行谦让、怀怜悯"是贵州习酒从艰苦中走来而形成的品格特征，也是其面对不同社会处境时的坚定态度。"知敬畏"，所敬畏者为天地大道、河流山川；"懂感恩"，所感恩者乃国家社会、企业先辈、生态自然；"行谦让"，谦让的是商业同袍，创造的是更加和谐的商业环境；"怀怜悯"，是时刻承担一个良心企业的社会责任感、"兼济天下"的高尚情怀。

"习酒·我的大学"活动

一、知敬畏

对自然生态心怀敬畏，是贵州习酒一直以来坚持的重要原则。习酒是在充分利用自然的基础上，经过复杂且精巧的人工技艺而酿造产生，顺天时而行人事的古老中国智慧在这一生产过程中被应用到极致。这种天人和谐的独特理念是中西文化相异的根源所在，而酱酒这一体现了古老中国智慧的酒种，则为我们当下处理人与自然的关系提供了借鉴。

（一）天尽其性

即便在认知世界能力并不发达的古代社会，能在中国人心中占有一定地位的"天"也绝不像西方的上帝一样，是某个有具体形象的人格化的神。中国人心中的"天"是天地人系统中的一部分，它非但不与人隔绝，反而与人的生活息息相关，对人的思想、行为以及生产活动等都具有指引作用。

在工业革命尚未到来的漫长时光里，先民们从朝雾夕阳中感受自然的多变，从斗转星移中感受时令的改易。比较而言，或许今天的我们在认识自然的时候有更加精确的学科划分、更加先进的测量方式，以及更加精密的探测仪器，但这些仪器、工具的存在，也使得我们与自然之间的亲和程度却远远比不上曾经的人们。

尽管当下的我们拥有了先民们无法想象的先进科技，但在面对天地自然的时候，依旧要顺其天性、保持着对自然的敬畏。酱香型白酒的酿造、贮存过程中，便依旧保存了这种对自然天性的尊重与认可。

首先表现为对水质的保护。

"水为酒之骨"，水是酿酒的重要原料，水质的好坏、水中微量元素的种类与含量都将直接影响酒的最终质量，故有"佳酿必有佳泉"的说法。赤水河中游有大量地表水与地下水的注入，它们在经过地表岩层时得到了有效的过滤，并携带了岩层中的大量微量元素。赤水河作为酱香型白酒的主要供水，是目前我国唯一没有被污染过的长江支流，多年来各地政府及相关酒企都在赤水河的保护上倾注了大量的人力财力物力。这也是赤水河流域的酱香型白酒酿造企业能够持续产出高质量产品的重要前提。

其次体现于原料的选择上。

酿造酱香型白酒所需要的本地优质糯小高粱是本地特有品种，这种糯小高粱颗粒小而饱满、大小均匀、淀粉含量丰富且韧性极强，能够承受反复多次的蒸煮，是酱香型白酒酿造的优质选择，可以增加酒体的醇厚程度，使发酵过后的酱酒酱味更加突出醇厚，使酒体更加丰富柔和。且由于这种高粱淀粉含量较高，十分容易产生糖化反应，有利于酶的生长与繁殖。

最后也是最重要的，是酿酒所需要的微生物菌群。

贯穿于白酒生产过程的是微生物的繁殖以及酶的活动，酱香型白酒大多采用的是传统的酿酒工艺，承接古老的开放式发酵，这样的生产流程有利于空气中的微生物充分参与到酱酒的生产过程中去。而根据实际检测，赤水河流域的空气、土壤中含有大量适宜酿酒的微生物，酿酒所需要的糖化菌、发酵菌、生香菌等菌群结构稳定，正是在这些菌种的相互配合与作用之下，才形成了酱香型白酒的独特风味。这些过程中固然有人力的推动、促进之功，但是自然造化的巧妙安排却是人力所不能及的。

古代人没有当今的科学知识与先进检测仪器，无法探知对酒产生催化的具体之物究竟为何，只能靠人力一遍又一遍的试探与调整，方能在自然条件与工艺流程之中找到最适宜的那个节点。在这样日复一日的亲身感受中，与酿酒流程相关的各种物质的特性都了然于习酒人的心中，正是有了这种对万物天性的了解与尊重，一代又一代的习酒人才能生产出质量上佳的酱酒。

即便当下科技已经能给人类带来极大的方便，但是传承在酿酒技艺中，流淌于酱酒酒体内的那种对万物天性的尊重依旧需要被每一个酿酒人铭记。在与自然的协调一致中，他们感受着人类独特的栖息之美，并将这种美上升至理想人格，"饭疏食，饮水，曲肱而枕之，乐亦在其中矣。不义而富且贵，于我如浮云"。

（二）和谐共生

董仲舒《春秋繁露》中，在讨论天人关系的时候，有这样一段描述："天亦有喜怒之气、哀乐之心，与人相副，以类合之，天人一也。春，喜气也，故生；秋，怒气也，故杀；夏，乐气也，故养；冬，哀气也，故藏。四者，天人同有之。"时至今日，这种赋予天以人的情感与意志，以此来形成震慑效果的学说，早已经不再被人们所信服。

《荀子·天论》曰："天行有常，不为尧存，不为桀亡。"天道规律的客观性与非意志性是毋庸置疑的，自然界是因果律的遵循者，有因必有果，万事万物虽在不同的链条之上，但都必须遵循相似的生灭原则。人是由天地间派生出的族群，包括地貌、气候、生态等各种元素在内的自然环境是人类赖以生存的基本条件。天道自然中的种种规律与限制，即便在信息、科技如此发达的今天也没办法尽数克服，但在现实操作中，人也并非完全被动。

技术作为人的行为活动，是人的日常活动不同于地球上任意一个物种的主要特征。人并非只能完全被动地受制于环境，而是能够运用自身的主观能动性对环境进行认识与改造。马克思认为："人与动物的区别，就在于动物的生命是与环境直接同一的，只能消极地适应环境，而人的生命活动则是自由的自觉的。"

但是，"自由""自觉"是否代表完全没有限制，特别是在现代科技的加持之下，人类当然可以凭借自身的技术对自然进行加工与改造，以此来为自身创造更好的生活。在现代技术的应用中，人类已经不满足于加工、改造，而是试图超出自然的限制，建立一个全新的天地。在如此发达技术的加持之下，"人定胜天"的观念似乎在不久的将来就能成为现实。在这种全新的技术以及与此相匹配的伦理观念之中，人与自然的关系应该如何定义？

显而易见，那种被从前人们所信奉并追求的"天人合一"状态已经不足以维持其主导地位。但是，当以人的欲望为驱使的技术毫无节制地应用于自然的时候，其问题也逐渐暴露。我们渐渐地发现，或许人类能轻而易举地破坏自然，但重建自然却需要付出极大的代价；或许人类能以自己的行为对自然造成局部的损害，但随之而来的自然的报复对人类而言却是毁灭性的。从这个角度看来，无论是"天人合一"还是"人定胜天"都属于一定历史阶段的产物，都存在一定的局限性。[①]

当前社会似乎已经与古人生活的时代完全不同，但或许他们的智慧仍旧能够给我们提供一点思路。荀子告诉我们"明于天人之分，则可谓至人矣"，庄子也说有"知天之所为，知人之所为者，至矣！知天之所为者，天而生也；知人之所为者，以其知之所知以养其知之所不知，终其天年而不中道夭者，是知之盛也。"二者其实传达了一个共同的思路，即明白天与人之间的分界所在，并各安其分。

天与人的和谐共生是必然的选择，天人之间各有其性，而且从本质上来说，天人之性是不相妨碍的。天与人各顺其性并不是要求人类回到浑然无知的原始状态，同样，这也并不意味着否定技术。技术只是人自身的延伸，它是无所谓好坏的，重要的是应用之人的选择，只要人能将自己的欲望节制在一定的范围之内，存在于同一空间之中的自然与人类

①彭富春：《从天人合一到天人共生》，《湖北社会科学》，2022年第三期，第86-93页。

完全可以各顺其性和谐发展，习酒便是最好的例证。

二、懂感恩

企业的持续、健康发展离不开国家与社会的支持。贵州习酒诞生于国家困难时期，在从作坊生产到规模化经营的过程中，离不开一代又一代习酒人的努力，也离不开国家与社会各界的支持。对于那些在70余年披荆斩棘的企业发展历程中起过重要作用的人物，贵州习酒一直心怀感恩，并将这种感恩内化为企业文化的一部分，融入习酒的品格之中。

（一）人尽其德

"人生代代无穷已，江月年年只相似。"在面对浩瀚宇宙与无垠时空的时候，人难免会感慨甚至于伤怀于自己的渺小，"寄蜉蝣于天地，渺沧海之一粟"。人类的诞生尚且像是天地间的偶然现象，个体的存在就显得更加微不足道了。陶渊明在他的《形赠影》中曾经感叹：

> 天地长不没，山川无改时。
>
> 草木得常理，霜露荣悴之。
>
> 谓人最灵智，独复不如兹。
>
> 适见在世中，奄去靡归期。
>
> 奚觉无一人，亲识岂相思。
>
> 但余平生物，举目情凄洏。
>
> 我无腾化术，必尔不复疑。
>
> 愿君取吾言，得酒莫苟辞。

在天地的长久、山川的永恒面前，人为天地之心、为天下贵的说法像是一个谎言，目的不过是让人能在短暂易逝的人生中获得些许安慰。但这只是人生失意之时的自伤自怜而已，实际上，传统文化语境的根源是富于人本色彩的，"为天地立心"的人生目标非但不是谎言，相反，它蕴含了先贤们坚定的信念。

刘勰的《文心雕龙·原道》称："仰观吐曜，俯察含章；高卑定位，故两仪既生矣。惟人参之，性灵所钟，是谓三才。为五行之秀实天地之心。"天地无限、山川无穷，但唯有具有主体性的"人"才是天地间最为灵秀的存在。人的认知潜能使他在"仰观""俯察"，即在对自然的观照中建立起对于外物的意识，因此，人与万物虽然都是宇宙中分化出来的物质体，但人的主体能力使他先天具有超越万物、为天下最的地位。

荀子认为人能"参与天地之化育"并"制天命而用之"，人能根据自身的需要对天命进行引导，以实现自身的目的。这不仅肯定了人在天地间的主体性地位，而且赋予了人更进一步的能力。

在酱香型白酒的生产方面，其技艺的根源始终是与"道"相联系的。早在先秦时期，人们便发现世间万物存在与转化的根源自有"道"为终极依据，"技兼于事，事兼于义，义兼于德，德兼于道，道兼于天。"赤水河流域，习酒循天时而行人事的酿造理念便脱胎于这一朴素哲学观点，这种对自然敬畏与仿效的观点在一代代的酿酒师中不断传承，流传至今。

在当前文化背景之下，人的主体性得到了前所未有的发挥，对自然的改造能力大大提高。赤水河流域环山叠嶂，多危岩巨壑，急湍狂澜，过去水陆交通皆不便利，与外界沟通难度极大，运输成本很高。但如今，千百年来为当地人民所苦的交通问题早已解决，商业的发展也因此受益，可谓"车驱原隰，舟泛江滨""舳舻毕达，商贾遄征"。也正因有此作为前提条件，赤水河流域的酱香型白酒才得以走出山门，奔赴更加广阔的天地。

不仅是对自然的改造能力，科技的进步同样使人与人之间的协同与合作变得可能且必要了起来。相对于从前几乎家家酿酒的情况，目前赤水河流域的酿酒活动已经基本上由大小企业来进行。规模化的经营与管理在规范酿酒流程、提高酿酒技艺、优化贮存环境、保证酒质稳定以及扩大推广与宣传等方面皆有个体化经营所无可比拟的优势。酱香型白酒这一于古老技艺之中诞生的佳酿，要想在现代化社会中占有一席之地，大规模集中生产是其必然的选择。

酱香型白酒虽是秉承古老观念，在自然造化的充分参与下诞生的，

君品习酒

244

但要使其适应现代社会，就要求我们在一定程度上发挥人的主观能动性，使其能够与时俱进。与时俱进不意味着否定传统，所谓的"变"，更多的是在继承基础上的优化与创新。"变则通，通则久"，酱香型白酒不仅仅是一款简单的商品，作为内蕴了传统文化的一个载体，若要想凭借它来发扬传统文化中的某种意蕴，就不能只是把它放在博物馆的玻璃架子中，而是要让它真正走进人们的生活。

对传统最好的保护是让它融进现实，对现代生活的适应并不意味着抛弃传统，即便从中国传统的"道"的观念来看，与世相应的变化也是应该且必需的。儒家有"道有因革"的说法，"道"对人的生活具有指引作用，人的智慧的发展与科技的进步也能够推动"道"的更新。在大道"因"与"革"的转换过程中，不符合当下现实的陈腐内容被天道所革除，而个人的主观能动性在这一过程中具有巨大的影响力。

（二）天人合一

海德格尔在他的《物》中以陶壶为例，阐释了他的"天地人神四方游戏说"。他认为陶壶的本质并不在于铸造它本身的时候使用的陶土，而在于它内部的虚空，以及虚空所能容纳与给出的赠品。在所谓的陶壶的赠品中，他特意提到了酒：

在赠品之水中有泉，在泉中有岩石，在岩石中有大地的浑然蛰伏。这大地又承受着天空的雨露。在泉水中，天空与大地联姻。在酒中也有这种联姻。酒由葡萄的果实酿成。果实由大地的滋养与天空的阳光所玉成。在水之赠品中，在酒之赠品中，总是栖留着天空与大地。而倾注之赠品乃是壶之壶性。故在壶之本质中，总是栖留着天空与大地。

这话有些晦涩，乍读之下好像不知所谓，其实这不过是海德格尔对"物"的本质的一种具象化描述，壶之于酒，就如宇宙之于人。在海德格尔看来，世界并不是外在的存在者集合，而是表现为物的聚集。万物显现了世界，世界是天地人神的合一。虽然海德格尔对物的反思根源是对传统西方哲学的延伸，但海德格尔提倡的"走向事物本身"却与道家提倡的"无"的思想同样具有去蔽的内涵。

文化背景存在差异，海德格尔的"神"在传统文化环境中并不常见，中国传统中的"神"通常指人的精神的超越性，但若以这个作为概念的补充，那作为具体事物的习酒何尝不是天地人神合一的体现。习酒工艺中对天时的遵循、原料对大地的依赖，生产中人工的参与……如果说这些工艺流程中，人与自然的紧密联系还仅局限于物质层面的话，那么品鉴中神思的超越体验则是精神层面上天人和谐的体现。

中国古代思想家将体验视为人与世界相联系的重要手段，在体验中，人与世界道德关系得以确立、突破、重建，成为由个人参与建构的全新境界。在这个新的境界之中，人与物不再是对立的存在，天地与我并生，而万物与我为一，物成为人生命的载体，人也因此获得高迈的胸襟与自由的快感。这一境界由于以个人主体为出发点，因此并不具备很强的集体性，后逐渐演变为一种审美境界，体验中人与天地并在的崇高与快感也演变为一种审美感受。

质量上乘的酱香型白酒是可以让人获得这种审美感受的。酱香型白酒中含有酯、酸、醇、吡嗪等丰富微量物质，即便借助科学仪器也无法检测其中的主要成分，这也形成了酱香型白酒没有主体香的特点。在品鉴的过程中，从入口、入喉再到进入人的身体，酱香型白酒在这一过程中能够呈现出前中后调的不同变化。酱香型白酒多层次的丰富口感能够延长人的体验过程，似乎在向品鉴之人展示，只有经历了人与自然重重筛选、改组，同时包含了天人两方精华的酒体才能有如此的涵容度。

饮酒行为由此也就变成了品鉴之人的一种审美体验。酱酒生长于自然之中，它作为自然的一个代表而进入人类社会。向内而言，繁复而醇厚的酒体与人本身形成一种对照，暗示世事艰难、人心复杂，但只要不断修行、勤加历练，总有返璞归真的可能。向外而言，君品习酒之类的高端酱酒出于自然又胜于自然的品质，与人超越现实世界的追求相类，在饮品这类自然的升华物中，人可以获得与外部世界有效沟通的一种方式，天人之意交相呼应、彼此相容。

在这种审美性的体验中，人的心灵突破了个体的限制，与宇宙融为一体，这正是中国古代所追求的"天人合一"的完满境界。"西风吹老洞庭波，一夜湘君白发多。醉后不知天在水，满船清梦压星河。"这首由唐温如所作的《题龙阳县青草湖》诗境玲珑透彻，人与周遭景物互不干扰却又浑然一体，天与人的和谐在醉后忘我的状态中得到了实现。

天人和谐是中国审美的主旋律，生命有限短暂、山河万古永恒，与其纠结于生命的长短而使自己终日活在哀叹之中，不如将自己的精神交付给眼前河山，在超越物我的两分中获得与天地同在的高迈情怀，在"天人合一"的境界中实现精神的万古不朽。

三、行谦让

赤水河流域作为世界酱香型白酒的主要产地，聚集了多家白酒生产厂家，这些企业一衣带水、同气连枝，在中国白酒行业中共同起着举足轻重的作用。随着酱香型白酒行业的不断发展，贵州习酒与附近兄弟企业的合作交流也不断频繁、密切。在与同行企业的交流中，贵州习酒始终坚持在竞争中合作、在合作中竞争的原则，行谦让、怀友善，为行业生态的健康发展作出了有益贡献。

（一）多元共生

"天人合一"是中国传统文化中的基本精神，在这一文化背景之下，自然作为与人处于同一时空中的存在，不仅是为人类提供生存物质与生活环境的客体，而且还是人在情感上的延伸。人与自然共同发展、携手并进的思想一直存在于文化传统之中，并在今天仍闪烁着智慧的光芒。

进入现代工业社会后，人们不可避免地陷入"人类中心主义的误区"中。这一想法或许曾在短期之内给人类带来很大的进步，但这种对自然的预支行为已经逐渐显露其弊端，自然向人类社会讨要的利息也将由我们以及子孙在很长一段时间内进行偿还。正是在这种现代化的困境之中，中国传统中对人与自然关系的解读又重新引起人们的关注。

中国传统思想其实是非常庞杂的，所谓百家，所谓九流，虽然未必是确指，但却可看作是对思想繁盛情况的一个折射。在为数众多的学派

云雾缭绕的赤水河

之中，大家的具体主张各有不同，但基本上都会推崇一个共同的概念，即"道"。"道"，大致指的是包含天地在内的万物运行规律的总和，宇宙万物都依循道的规律运转，而作为万物载体的天与地也因而具有化育万物的功能。

《周易》称"天地之大德曰生"，认为天地具有创生万物的功德。然后书中又解释道"生生之谓易"，万物周而复始的生长便称之为"易"。在这种天地万物的生长交替之中，世界得以维持在一个相对稳定的状态，因而《周易》中的"易"字既有"变易"的含义，又有"不易"的内涵。这就启示我们生活在这个世界中，虽然能以个人的主观能动性对世界进行一定的改造，但这种改造必须保持在一定的程度之内，一旦超出这个程度，就会破坏"道"的运行规律，进而对整个世界产生不良影响。

孔子曾满怀激情地称赞道："天何言哉？四时行焉，万物生焉，天何言哉？"以天为代表的大道不曾言说指导，万物却能按照自性自然生长，这种能力是人类所无可比拟的。所以，在我们的传统文化中就自然地含有尊重天地规律、与万物共同分享生长环境的底色。在这种文化中发展起来的事物，即便是人的技术工艺，也自然就具有与自然共生共荣的特点。

君品习酒等高端酱酒的酿造工艺中，便有对这一思想的具体表现，这一点前文已经多次提到，此处就不再赘述。只是需要思考的是，在信息化、工业化突飞猛进的今天，面对比人力精巧上百倍、上千倍的现代科技，酱酒酿造的传统工艺是否还有保存的必要？

如果说这一问题曾在过去的几十年中困扰过我们，它今后应当不会再被质疑。除旧布新的意义是不可否认且必须坚持的，但天地万物的存在无一不与人类的生存休戚相关，自然的生命并不比人类更加卑微，若两眼只有发展以至于粗暴地剥夺其他生物的生存空间，那就不是发展而是灾难。中国的千年传统，不论是文化还是工艺，于今天的中华民族甚至于世界而言，都是相当有必要继续存在的。

酱酒酿造工艺经由古人之手流传至今，并由君品习酒等高端酱酒在当代社会发扬光大、大放异彩，这不仅由于其中所蕴含的丰富传统文化内涵激起了人们的民族记忆，更重要的是传统文化中人与自然和谐相处、互利共生的相处模式，对当今工业化社会具有极大的借鉴意义。

中国传统儒、道、佛三家都将天人合一视作人生的最高境界，自然作为人类安身立命的基础，不仅仅是给人类提供生存材料的储存库，更是人类安放精神的乐土。对自然的肆意破坏给人类带来的或许不仅仅是物资的匮乏、灾难的增多，可能还有对人的生命力的消解，甚至于对人的灵魂的漠视。

最后，引宋代翁森的一首诗："山光照槛水绕廊，舞雩归咏春风香。好鸟枝头亦朋友，落花水面皆文章。蹉跎莫遣韶光老，人生唯有读书好。读书之乐乐何如，绿满窗前草不除。"这首诗的题目叫《四时读书乐》，虽是讲读书，但若是没有山光鸟语的怡然，没有落花绿草的蓬勃，人又如何能从书中感受到我与天地共闲情的快乐，品酒亦然。

（二）恭俭以让

所谓"谦让"，"谦"者，指的是一种温和有礼的待人态度，这一点无需深究；但"让"字则绝非简单的"推让"或"退让"可以解释。春秋战国时期礼崩乐坏，周朝原有的政治制度开始瓦解，新的思想接连涌现并互呈争鸣之势，春秋战国也因此成为我国思想史上最为繁荣的时期之一。正是在这一文化奠基阶段，"让"作为出现频率最高的八项德目，即"仁、信、忠、孝、义、勇、让、智"之一，对中国古典文化的形成与发展都产生了重要影响。

"让"作为德行之一，频繁地出现在春秋战国时期的典籍之中，如

《春秋左传》中认为"让"为"德之主""德之基";《国语》中也有"德莫若让"的记载,可见这一观念的普遍。"让"之所以在前秦文化中拥有如此崇高的地位,与其在政治秩序建构、个人修养等方面的积极作用有着密不可分的关联。

就政治秩序建构方面,春秋战国时期社会动荡,诸侯之间纷争不断,对礼让精神的弘扬能在一定程度上化解纷争,减少人祸带来的冲突与伤害,如《礼记》中"君子尊让则不争,洁敬则不慢。不慢不争,则远于斗辨矣。不斗辨,则无暴乱之祸矣,斯君子所以免于人祸也"的主张,但这种劝勉毕竟被动,作用有限。先秦圣人们在进行新世界政治秩序的思考时,"让"的观念显然发挥着更加重要的作用,"礼之于正国也……敬让之道也。故以奉宗庙则敬,以入朝廷则贵贱有位,以处室家则父子亲、兄弟和,以处乡里则长幼有序"。儒家的政治秩序建立在家族血缘伦理的基础之上,在这样的前提下,对礼让的强调就不仅仅是一种道德情怀,更重要的是使其成为一种行为规范,参与到日常政治性事务的处理过程中,故而儒家的礼让精神就成为政治治理过程,仁爱精神的一种体现,"故君子信让以莅百姓,则民之报礼重"。

礼让精神在个人修养方面的作用,可以看作其在发挥公共性政治功能之后,向个人领域的一种延伸。"功被天下,守之以让"不仅是一种谦逊的品格,更重要的是一种"贵而能让,则民欲其贵之上也"的处世智慧。而在涵养性情方面,《礼记》中有言:"少言如行,恭俭以让,有知而不伐,有施而不置,曰慎谦良者也。"认为君子应该涵养性情、以德服人,在与人交往的过程中谨言慎行、恭敬礼让,即便自身有足够的智慧与手段,也不应强施于人,只有这样才称得上是"慎谦良者"。

谦让精神在我国经历了几千年的发展演变,其内涵的丰富性早已不是兴起之初可比。但具体而言不外乎"守分让上"与"谦惠让下"两类，而被贵州习酒定义为企业品格的"行谦让"也大致不出这一范围。在企业经营与发展过程中，贵州习酒始终与兄弟企业保持着良好的合作共赢关系，这种精神不仅是对传统精神的继承，更为良好商业生态的建构提供了具体可行的行事规范与道德标准，是对传统的凝练与显化。

四、怀怜悯

贵州习酒自诞生起便十分重视企业对社会责任的承担，这种社会责任感不仅体现在对生态保护、行业发展的参与中，更体现在对社会上弱势群体的关爱之中。贵州习酒发起了"习酒·我的大学""习酒·吾老安康"等公益活动，真正将"老吾老，以及人之老；幼吾幼，以及人之幼"的君子仁爱之心落到实处，以怜悯之心承担起地方企业所应承担的社会职责。

（一）君子怀德

"德"是中国传统哲学中各家的通用概念，道家讲"德"，称"形非道不生，生非德不明"。在道家的思想体系中，个体自道所得之谓"德"，而对德的修养也表现为裁汰欲念并不断向着自我天性的回归。

对"德"更为推崇的是儒家。"君子怀德"，所谓"德"在儒家看来是一种利人、利他的社会责任感，这种精神与儒家"仁"的思想一脉相承。"仁者爱人""克己复礼为仁"，它们共同强调的是人的社会责任感，是将一己之身与家国天下联系起来的集体意识。"己欲立而立人，己欲达而达人"，这种推己及人的善意不单是社会和谐的底色，更是推动社会健康发展的动力。

考虑到先秦时期诸子百家相似的文化语境，儒道二家的观点可以视为"德"的两个方面。理想的"君子人格"不同于万事不关心的隐士，而是要兼顾自己的社会角色与个人天地，并尽量在二者之间寻找一个平衡。也就是说，所谓"德"，不仅要符合个人天性，也要具有利天下的责任意识。只有两者结合，才是一个完整的有德之人。贵州习酒推崇君子文化，在现实的经营管理中更加注重对德性的追求，奉行"不自欺，不欺人"经营原则，不仅在质量上严格要求、不断提升，更注重与合作者保持良好的合作关系，始终坚持无情不商的初心。

经过了70余年的经营与发展，贵州习酒的企业文化逐渐丰富、完善，最终形成了今天的"君品文化"。"君品文化"脱胎于儒家的君子人格，但并不将自己限制在固定的文化框架之内，而是在对传统文化进行充分吸收之后的提炼与升华。如果说"无情不商"的理念更多关注于贵州习酒以及和企业存在往来关系的个人与群体的话，"君品文化"则是贵州习酒作为一个有广泛影响力的大企业，面向更广泛人群的责任意识的体现。

除"习酒·我的大学"这一公益项目外，贵州习酒也一直致力于灾区捐献，如2008年的汶川地震等重大事件的捐款中都能见到贵州习酒的身影。不仅如此，贵州习酒还以自身的企业优势对当地进行反哺，包括教育帮扶、产业帮扶等。其中红粮产业园项目中所产的糯小高粱，不仅解决了当地农民的种植、储存、售卖等一系列问题，更是为贵州习酒等酿酒企业提供了产量、质量都相对稳定的酿酒原材料。

君子爱财，取之有道，用之亦有道。"德"与"财"从来都不是两个相互对立、水火不容的范畴。"富与贵，是人之所欲也，不以其道得之，不处也。贫与贱，是人之所恶也，不以其道得之，不去也。君子去仁，恶乎成名？"儒家先贤孔子也从来不是一个"仇富"之人。企业要进步、技艺要提高、工人要生活，企业的发展无时无刻不与钱保持着密切的联系，脱贫致富是每个人的追求，更是企业给予其员工的承诺。

贵州习酒不仅提供工作岗位，很大程度上解决了当地的就业问题，使自己公司的员工不必离开家乡便可获得相对优渥的生活，更以其自身的影响力切实帮助社会上需要帮助的群体，努力为社会的发展与和谐贡献自己的力量。

"老吾老，以及人之老；幼吾幼，以及人之幼。"贵州习酒一直将这种厚德、仁爱的理念贯彻在企业文化之中，以自己的实际行动向社会证明企业的社会责任感。

（二）仁者爱人

"君子以仁存心，以礼存心。仁者爱人，有礼者敬人。爱人者人恒爱之，敬人者人恒敬之。"《孟子·离娄下》中这段有关于"仁者爱人"的表述应当算是儒家文化典籍中，关于君子的仁人品格最为经典的描述之一。"仁"作为儒家核心思想之一，以孔子为始，孟子、荀子、朱熹等历代儒家代表人物都对这一思想进行过符合自己时代要求的阐释。《论语》中，孔子在诸弟子"问仁"的时候虽并未给出标准答案，但正是这种因人而异的解说方式更能说明孔子"仁"的思想在社会生活中的广泛适用性。

近代哲学家熊十力先生在为《论语》做注解的时候称："仁者，本心之名。本心备具生生、刚健、炤明、通畅诸德，总括而称之曰仁德，故本心亦名为仁。终食者，一饭之顷。仁心，吾身之主也。"由此观之，所谓"仁"，并非向外求得的技巧法门，而是人本心的内涵之一，修习"仁德"的过程正是人本心显现的过程，"仁者爱人"就如喝水吃饭一般，是一种不必勉强、顺其本性的行为。在贵州习酒的企业品格中，如果说"知敬畏、懂感恩、行谦让"与生产经营存在联系属于商业考量中的一个环节的话，那么"怀怜悯"则完全是企业经营者主动承担社会责任的"仁人之心"的表现。

文化背后有责任。作为在地方乃至全国都具有影响力的大企业，贵州习酒始终牢记自己的使命与责任。《君品公约》中称"铭记先贤、心怀感恩、明德至善、敬商爱人"，贵州习酒自诞生之初，便与赤水河当地人民血脉相连。据张德芹回忆，自己的第一任领导立志带领当地百姓过上好日子，第二任领导希望当地妇女们披金戴银。正是在这些朴素、平实但又无限美好的愿望中，蕴含着贵州习酒对当地群众的深情与责任。

"习酒·我的大学"公益项目自2006年创办以来，已经持续了十几载，以上亿元的捐款，帮助数万名学子他们的大学梦。正如业内人士所言：一个企业的社会责任担当，不仅要提供好的产品与服务，更要有志向、有能力承担社会责任，展现家国情怀。贵州习酒多年的公益实践，为这个不断向上的社会留下了一个可以参照的美好坐标。

2023 年"习酒·我的大学"捐赠仪式

第三节　习酒的品格底蕴

　　鰼部酒谷处于群山环绕之中，独特的自然地理环境、气候条件连同受它们影响而形成的生物群落、谷物植被共同构成了习酒酿造佳液所需的独特环境。习酒的酿造工艺形成于漫长的历史之中，在这一过程中，各种因素环环相扣、缺一不可，许多环节对时令变化极其敏锐，唯有恰如其分，才能成就习酒的独特风格。习酒是在天时地利人和的三重保障中诞生的酒中珍品，其品格底蕴建立于对品质精益求精的基础之上，同样表现出自然、历史、人文的复杂内涵。

一、大道自然

　　鰼部酒谷地处世界酱香型白酒核心产区，得天独厚的自然气候条件与赤水河独特的水质是酱香型白酒得以生产的前提，可以说离开赤水河，便生产不出纯正的酱香型白酒。千百年来，赤水河流域的酿酒人参天时、窥地理，在不断地调整与探索之中，将时令转换与人工技艺完美地结合在一起，最终形成了一套完整的酱香型白酒酿造工艺。

（一）川崖惟平，旨酒嘉谷——得天独厚的地理、气候条件

赤水河发源于云南省镇雄县场坝镇豆夏寨山箐，流经云、贵、川三省

接壤地区，至四川省合江县汇入长江。在层峦叠嶂的黔北高原之上，它蜿蜒奔流，携着来源于上古的原始生命活力，肆意地咆哮在这片奇异的大地之上。松散且渗透性强的紫红色土壤使地表水、地下水在汇入赤水河的过程中被层层过滤、转化，在它们汇入赤水河的同时，土壤中的有益矿物质也被尽数容纳，着实当得起"集灵泉于一身，汇秀水而东下"的赞美。

在我们看不见之处，自然造化似乎已经悄悄做好了准备，复杂而甘甜的赤水河像是冥冥之中给予人类的神启，暗示着这边隅一域终会因水而名扬天下。

赤水河的河水是这一地区酱酒酿造产业的基础，但血脉的存在与传承还需要躯体的承载。赤水河流经地区多为山地，岩壑纵横，两岸悬崖峭壁，险峻异常。清人郑珍曾有"绝壁临无地，危途降自天"的描述，足见其奇绝。

鳛部酒谷属于亚热带湿润季风性气候，四季分明，空气湿度较大，光照充足，且由于地形地貌的影响，气候的垂直差异比较明显。虽然算不上人类宜居的环境，但鳛部酒谷绝对可以称得上是植物的乐园。鳛部酒谷内森林覆盖率极高，物种丰富，且多种植被为本地区所独有。多样化的生物群落共同形成一个相对独立的生态系统，千百年的发展中虽间或与人类产生交互，但依旧保持了自身的独立与完整。

要论珍贵，此地有曾与恐龙生活在同一时期的桫椤，有国家级保护树种的银杏、花楸木，有外行人几乎分辨不清的苔藓、真菌，就连那爬满古老墙头、鲜艳繁茂的三角梅，也足以凭借其热烈的生命力而在人们的心中占有一席之地。但是，若要论及与人们感情羁绊最深的物种，本地的优质糯小高粱一定会榜上有名。

海拔低、日照充足，土质虽算不上肥沃，但在适宜气候的催化之中，却生产出了酿酒所必需的本地优质糯小高粱，这一品种的高粱能够经受住酱酒酿造过程中的多次蒸煮，并保证产酒的质量。这是习酒在酱酒酿造过

采收高粱

程中唯一使用的高粱品种，具有极大的不可替代性。

　　以传统观点来看，这种糯小高粱质地较硬，并不适宜于食用，几乎属于传统世俗眼中的"无用之物"。但人们判断"有用""无用"的标准是什么？判断立场又是什么？这些问题却鲜少有人追问，似乎不需质疑便已经默认它背后那套评价体系的合理性。

　　《庄子·齐物论》曰："恶乎然？然于然。恶乎不然？不然于不然。物固有所然，物固有所可。无物不然，无物不可。"两千多年前庄子便已经告诉我们，天下无不可用之事物，无不可行之方法，关键在于看待问题的立场是什么。"道行之而成，物谓之而然"，只要不违背事物的自然本性则事有可成。

　　贵州习酒酿造的美酒正是在鳛部酒谷独特的天时地利以及自然环境的催化下而生的文化产物，对得天独厚的自然条件的顺从与利用是习酒成功的关键。于上古时期便已经生活在鳛部酒谷的酿酒人而言，正是因为有了糯小高粱这一"无用之物"，这片天空中的酒香才能在千年的飘荡中愈加

258

醇厚；也正是因为继承了这种对物性顺从与尊重的古老观念，鳛部酒谷才能在全球化的今日，由中国版图中的偏远一隅，一跃成为世界酱酒的核心产区。

（二）发酵与圆融——古法工艺的调和作用

鳛部酒谷的酿酒历史悠久，在规模化生产之前，家家户户几乎没有与酒无关之人。如今，鳛部酒谷已经有不少大大小小规模的酿酒企业，规模化的经营之下，林立的厂房森然有序，让人在感慨科技伟大的同时，禁不住去想，这一古老的酿酒工艺是否也完全被现代化的程序所取代了？答案当然是——没有！

科技的进步并非不让人惊喜，对文化传统深厚而悠久的国家来说，古典的灵晕也需要有继承与延续的载体，习酒无疑就是这样的一个载体。

就工艺方面来说，习酒的酿造工艺是极为复杂的，即便在科技发展到如此程度的今天，大多步骤依然需要依靠人工来完成。

君品习酒的酿造采用的是被概括为"12987"的传统工艺，在鳛部酒谷，这串数字背后的含义连儿童都能解释得头头是道。其中"2987"代表的是"2次投粮、9次蒸煮、8次发酵、7次取酒"的整个酿酒流程，而它们前面的"1"则代表这整套流程走下来，周期恰为一年。

尽管这套流程中需要大量的人力投入，但它对季节、时令的要求却是十分严格的，端午制曲、重阳下沙，即便在可以凭借现代科技辅助酿酒的今天，仍然没有哪种技术能够代替自然对酱酒的影响。这实在是一种很巧妙的设计，"酱酒"这一人工产物的诞生需要跟随天地造化，在四季流转中经历一个完整的轮回，其中先民的智慧以及与自然之间感应共生的联结，都是生活在信息化时代的人们所无法体会的。

在这套工艺中，那些经验丰富的酿酒师更像是人与自然之间的联结者。不算对曲块的搬运、堆积，对发酵原料的搅拌、转移，单就对窖泥的培养、对发酵温度的掌控、对基酒的勾调等步骤来说，再精密客观的仪器也无法取代工人们那看似很主观的感觉，这就是经验的魅力。他们以谨慎的态度，在对酒曲、原辅料、酿酒用水，甚至于空气中的温度、湿度等因素日复一日的观摩调试中，终于将最优配置内化于心，在具体的操作中得之于心而应之于手，其精髓之处可意会而不可言传。

就发酵而言，微生物的种类以及在发酵过程中的参与程度，对美酒的风格、质量都会产生不同程度的影响。酱酒的酿造工艺采用开放式自然发酵，"12987"的复杂流程很好地保证了微生物的充分参与、原料的充分发酵以及不同次数中所取基酒的变化程度。酿酒原料经过复杂工艺的改造，并在微生物菌群的作用下，由独立到融合、由冲突到妥协，这是生产出微量元素丰富、香味复杂的酱香型白酒必不可少的前提。

所谓古法，不过是人与自然在时间中的相互磨合。《黄帝四经》曰："天道已既，地物乃备"，人以自己的知巧技艺对原料进行改造，宇宙大化在周行不殆的循环过程中无声无息地参与其中，二者相互雕刻，散流相成。

酱香型白酒的酿造过程中处处透露出袭自传统的古老智慧，复杂的酿造流程以及对时令节气、微生物群落的巧妙利用，无一不彰显着先民们依乎天理，因其固然的自然理念。为了社会的发展与进步，我们必须推崇现代化的科技与理性精神，但这并不意味着这些古老的智慧就必须被抛弃。如果说传统会在某些时候显得不合时宜，那也许是因为我们还没有在现代社会中找到属于它们的位置。"受命于天，定立于地，成名于人"，对传统的应用与发扬尚需不断探索适合的路径，而习酒在当下的广受好评无疑是一个成功的范例。

（三）和谐醇厚——时间艺术下的味觉体验

优质酱香型白酒的生产成本是很高的，这不仅因为它复杂的工艺以及背后的悠久历史，更因为它的贮存时间之长，在众多高度白酒中无有出其右者。一般来说，勾调之后，酱香型白酒要经历短则三五年，长则几十年的贮存之后，才能进入市场流通。如此一来，即便不考虑消费者在购买产品后所进行的个人储藏行为，一瓶优质的酱香型白酒自生产出来，再到进入市场，中间需要经历漫长的岁月。

五年，十年，或者三十年，若是放在人身上，短则足够开启一个人生的新阶段，长则是人的小半生。而在如此漫长的岁月中，储存在那个黑漆漆的陶坛中的酒又当如何？

最初或许气脉翻涌，由完整的颗粒被揉碎、重塑的激烈情绪尚且存留在新生的液体之中，于是不同的微量元素之间相互冲撞。在这一冲突过程中，其中某些活跃而激烈的成分，通过具有一定透气功能的陶坛而挥发出去。对于那些冲出陶坛而挥发的元素，我们不知道它是摆脱束缚而获得自由，还是被造化重新捕获，从而加入新一轮的循环之中去。但可以确定的是，尚且存留在陶坛之中的酒体在此之后会渐渐趋于稳定。

说到这里，就不得不提一下贮存酒的陶器。陶器在中国甚至于整个人类的历史上都有很重要的象征意义，它以土制造、形状椭圆，是孕育万物的大地的化身，被认为具有无穷的创造能力。《老子》中称："埏埴以为器，当其无，有器之用。"《文子》中也有鹖冠子"醇化四时，陶埏无形，刻镂未萌，丽文将然"的说法。在这类观点中，陶器作为容器，具有与"道"相似的育化、生成能力，有创造之功。

在这样的容器之中，已经处于相对稳定状态的酒体在日月交替、斗转星移之间，持续进行着自身的调和与净化。造化是神奇的，但这种神奇毕竟不同于魔法，无法仅凭片刻的咒语就让它所陶化之物完成变异。漫长的贮存过程正是为它的自我超越而准备的条件，当酒体内的不同成分被大化所陶冶，在无意识的碰撞中完成调和的时候，酱香型白酒的酒体也在时间中完成了对自身杂质的剔除，最终达到一种和谐的平衡状态。

不同于其他类型的高度酒，酱香酒具有"越老越醇"的特色，一杯习酒的诞生必然少不了时间因素。在漫长的贮存过程中，原本辛辣的酒体经过自然的陶钧逐渐呈现出干净、醇厚、圆润的特征。只有经过了充分发酵的酒体，才能呈现出微黄而莹润的色泽，以及复杂的酱香气息。只有这样的习酒，才能以多层次的繁复掩盖酒精对于人类感觉的刺痛，并代之以愉悦的味觉体验。通过这种味觉体验，酱酒中的酒精被赋予了"美"的表象，因而进一步使饮酒之人获得独特的审美体验。

在漫长的等待与充分的发酵之后，产生丰富的酸、醇、酯等微量元素，它们呈现为酱香、陈香、焦糊香、曲香、茅香、花果香等各种香气，浓缩于微黄的酒体之中。在饮用之时，具有油脂感的酒体伴随着柔和饱满的充盈感进入人的口腔，并随之呈现出前中后调的复杂变化。陶坛中育化的这一种液体以通感的方式模拟了人在感受天地时的细致感触，于饮酒者而言，短时间的饮酒行为中所面对的，却是经过了漫长时间方才成型的客体。在时间的反差之中，在主体与客体的相互作用下，酱香型白酒这一诞生于时间中的珍品，方才真正实现自身的艺术价值。

二、融古贯今

酱香型白酒是在"天人合一"观念之下诞生的，赤水河流域酿酒人通过对自然规律的观察、仿效而总结出了一整套酿酒工艺。在这套酿酒工艺中，既能使天地自然的不息之生气运转无碍，又能保证人力在合适的程序中加以适当的干预与调整，是顺自然而行人事的典型。在赤水河流域的酿酒历史中，人力的干预不仅使这套工艺逐渐成熟，也让这套工艺能够在工业化的今天依旧保持一定的开放性，为它的技术革新提供了可能。"天生万物，以人为贵。"人类智慧在这套顺天法地的工艺中体现出的能动性，同样也体现了中国传统思想中对"人"的重视。

（一）利而不害

老子，甚至于整个道家中最根本的观点莫过于"人法地，地法天，天法道，道法自然"。在这句话中，老子用短短十三个字建立了"人—地—天—道"的宇宙构成体系。在道家看来，天地人以及与这三者相关的世间万物是一个整体，有着"道"这一共同的运行规则，因此他们奉行"推天道以明人事"的原则，以人对自然的认识，作为人类社会实践的标准，推崇"天地人"一体的观念。酱酒在酿造过程中所遵循的"顺天法地"原则便是这一古老观念的衍生。

一只处于南美洲亚马孙河流域热带雨林中的蝴蝶，偶尔扇动几下翅膀，就可能在两周后引起美国德克萨斯州的一场龙卷风。这便是人们常说的蝴蝶效应，其中微妙复杂的联系令人惊叹，其实酱酒酿造亦然。

酱酒的酿造不易，从粮食的生长与成熟、气温的起伏变化到"12987"的复杂生产工艺，其中只要有一个环节出现失误，整条酿酒链就都会受到影响。这是做不得假的，因为它要面对的是大道自然，它虚静无为、无欲无知、不分不辨，却掌握着万物运行的根本规律。

除却天时，地利在酱香型白酒的生产与酿造中也有着举足轻重的地位。就原料来说，酱香型白酒酿造的成功离不开本地特产的优质糯小高粱。这种高粱产自本地独特的地形与土壤之中，其耐蒸煮等特点是多种因素共同作用的结果。于发酵过程而言，仓库所处的地理位置、发酵所需的陶坛都必须处在最佳状态之中，方能保证酒体的最佳风味。但这些终究只是一个个单独的元素，只有当它们组合到一起的时候，只有它们在同一个体系之中各安其分，这一套在"顺天法地"理念下所形成的流程才能真正发挥其作用。

　　酱酒的生产中有"勾调"这一环节，即勾兑调味。在工业化如此发达的今天，"勾兑"这个词给外行人的第一印象可能不佳，或许是复杂到看不懂的化学成分，或许是花花绿绿、性质不明的食品添加剂，总之不会是什么让人放心且愉悦地接受的东西。但是酱酒的勾调不同，它是由经验丰富的调酒师将老酒与经过发酵的基酒调配在一起，以此碰撞出更好的风味的一个流程。在这一流程中，人类似乎只是具有调和之功的自然造化的一个代表，只推动反应而并不参与其中。在这一流程中没有任何人工香精参与，有的只是酒与酒的纯粹碰撞。

　　酱香型白酒复杂的香气与富于变化的口感都是自然的杰作，这样的结论对于相信科技无所不能的现代人来说着实有些匪夷所思，但这就是现实。使用了人造香精的酒或许能在入口的第一时间给人以清晰而强烈的刺激，但它终究是单薄的，形肖而神不似。那是因为批量化、精准生产的酒，不曾在千万次的磨砺中将自然融入自己的骨血，没有阳光下生长的粮食作为"前世"，没有繁复工艺中的破碎与重塑作为"今生"，也自然不会有在自然造化中发酵调和的酱酒所具有的那种完满的灵魂。

这便是源于自然的魅力，也是中国古人对自然与时间的品位。起源于黄河流域的中华民族，在长期的农业生产与劳动之中与自然长期接触，其生产与生活也更多地受到自然节气变化的影响。在这种文化背景之下生活的人民自然更加注重与自然之间的和谐共通关系，只有顺应天时、了解地理才能维持正常的生活，因而也对自然有着不同于其他民族的深厚感情。

正是在这种人与自然一体的宇宙观的影响之下，形成了中国古代以"天人合一"为最高人生境界、审美境界的文化传统。他们观察天地运行之大道，并使自身努力适应自然节律的迁化。他们认为只有在这种与自然的和谐之中，才能充分发挥物之本性，实现利而不害的现实效果。如今，人对自然的掌控能力大大增强，但那份对天地的敬畏、与自然的亲和却作为一种独特的民族记忆刻在了我们的基因中，代代流传下来。

（二）通权达变

明代周文焕的《赤水赋》，称这一流域"蕞尔弹丸，大化洋溢，绣壤花封，比于中土……开凿之功，至今利赖"。可见，即便在交通不甚发达的古代，赤水河流域的人们也能够以赤水河为依托，积极地与外面的世界进行联系，并形成了自己的一方文明。二郎滩一带便是曾经承担交通贸易功能的重要驿道之一，清末郑珍曾有诗："绝壁临无地，危途降自天。一滩黔蜀共，孤市古今悬。水落沙明浦，盐稀客待船。一尊频挂颊，难到此山川。"足可想见当时的情况。

烤酒是本地的传统，在现代化的厂房还未建立之前，烤酒的多是本地的散户或小作坊。这些人平时种地，待秋天高粱成熟之后，便将它们加到之前做好的曲药中进行发酵。他们没有受过什么专业的酿酒训练，多是通过彼此之间的口耳相传获得技术后，在一次次的酿酒过程中慢慢摸索，最终形成自己的一套流程。又因为受气候与环境的限制，所以他们不得不把自然地理条件考虑在内，于是就有了端午制曲、重阳下沙这一类与时令季节密切相关的工艺。

酱酒的酿造工艺可以看作一种地域文化，它是在遵循自然规律的基础上，先民们不断总结而成的一套流程，是在符合本地客观条件的基础上产出酱香型白酒的最佳选择。直到今日，本地的酱香型白酒在酿造的过程中用的仍是这一套流程，不论是"12987"，还是"四高两长"，都在今天的酿酒产业中发挥着关键性的作用。

对传统的继承是保证酱香型白酒品质的前提，但这是不是就意味着，如今在厂房中通过大规模、集中化生产出的酱香型白酒，就不如从前小作坊、个体户生产出的那么正宗呢？当然不是。

二者之间最重要的是品质上的差异。老作坊中生产出来的酒，不但在品质上受限于酿酒师傅的手艺，而且相对原始的酿酒工具也会导致不同批次酒的质量波动较大，酒的品质难以保证。另外，作坊式的经营模式一般规模较小，后期的贮存、质量检测等方面的工作也比规模化经营逊色得多。

变则其久，通则不乏。传统固然应该继承，但继承不等于照搬。多年以来，赤水河流域的酿酒人对传统工艺进行不断完善与总结，通过技术人员与工匠的提炼，在继承传统"顺天法地"观念的基础之上，形成了一整套与现代社会相适应的酱香型白酒酿造流程。一代又一代酿酒人通过对环境、原料、工艺等各种因素所进行的无数次的调和与平衡，终于形成了酱香型白酒独特的风味。它是扎根于本地，生长于一代代人手中的，并且我们相信，在继承与创新的共同作用下，未来的它一定会变得更好。

赤水河流域有着悠久的酿酒历史。《史记》中就曾记载本地特产的"枸酱"因其独特的风味而被汉武帝所赞赏,据此记载推断,本地的酿酒历史应在汉代之前。尽管所谓的"枸酱"应该只是一种果酒,与今天的蒸馏酒关系不大,但即便如此,也足以说明本地酿酒的历史源远流长。

孔颖达在疏通《周易》中一段关于通变的论述时称:"物之穷极,欲使开通,须知其变化,乃得通也。"也就是说,知事情发展之变化趋势并顺应之,是一件事得以延续的条件。人生如逆旅的苏轼,以"智识通变,而性极厚"来称赞别人,可见他同样认为能够顺时变通是人的重要品质。其实,可以理解人们在面对逝去的传统时那种怅然若失之感,但那不过是习惯受到冲击时的一种自我保护,外加面对未知的一点恐慌。不应被情感绑架而裹足不前。

如何处理继承与创新的关系是很多行业都要面对的一个问题,有的行业没有处理好,所以无本无根,只能被时代的洪流裹挟着四处漂泊。对比之下,酱酒行业既能继承先辈顺天法地的酿造理念,又能在结合时代成果的基础上不断革新生产技术,使酿造技术始终与时代发展相呼应。正因为对继承与革新关系的正确处理,酱酒行业才能在如今激烈的竞争环境中创造出新时代的精品,习酒便是其中的典型代表。

(三)以人为贵

中国传统文化强调对天地自然的崇敬与顺应,但顺天时是为了成人事,"人"始终是一切活动的落脚点与归宿。在肯定人在天地间的主体性地位这一点上,儒家先贤们是不遗余力的,从孔子的"天地之性人为贵",到荀子的"人有气、有生、有知,亦有义,故最为天下贵也",再到汉代董仲舒的"人下长万物上参天地",无不体现出人于无情天地间地位的特殊与形象的傲岸。

不论再怎么强调人的自然特征与生物本能,人在自然界中的特殊地位都是不可否认的。与这个星球上的任意一种生物相比，人类都在自我意识、主观能动性等方面遥遥领先。如果没有人的认识、感知、联想、改造的行为与实际成果，这个世界或许只是无情大道中的一堆物质性组合。正是因为有了人的存在，有了人对世界的描画感知、雕刻改造，世界才得以变得鲜活生动。

不只是注重人与人之间关系的儒家，即便是以自然为出发点的道家，关注的也仍然是自然与人之间的关系，寻找的也仍是人在无垠时空中的最佳安顿方式。《老子》中有一个关于人的重要看法是这样说的："道大天大地大人亦大。域中有四大而人居其一焉"。这显然是对人于天地间的独特性的极大肯定，在"道—天—地—人"的框架之中，人并不是天地大道的附属，而是足以与它们并列的一部分。老子虽然主张重视自然，并将社会中的人还原为自然的人，但在他看来，即便面对自然的浩瀚无边、难以捉摸，人仍以其自身的独特性而在宇宙中占有一席之地。所以，与其说老子将人还给自然，不如说老子赋予了每个人与生俱来的庄重与尊严。[1]

总的来看，在中国传统的大环境中，人承天而存在，天因人而彰显。或许在认知能力受限的时代中，人在面对苍穹浩淼的时候，难免对自身的存在依据与价值产生怀疑，但在古人看来，人或许渺小但绝不被动。天与人之间的相互启发、相互诠释，才是这个世界美好的本原，正如陶渊明所言："山涤余霭，树杂云合。目既往还，心亦吐纳。春日迟迟，秋风飒飒。情往以赠，兴来如答。"

中国的传统艺术大多是建立在人与自然交感共通的原理之上，如舞蹈中形体的律动对自然生命力的表现，如山水绘画中以人的主观印象为

---

[1] 李天道：《老子的人论与审美境界生成论》，《四川师范大学学报（社会科学版）》，1999年第3期，第37-44页。

依据进行的画面结构的营造，又如书法中墨色的浓淡与下笔的气势，凡此种种，皆是在对现实物象的观察之中，融入人的情感波动与审美意趣而实现的。而作为古人顺天时而行人事，并在自然的影响下创造出来的习酒，何尝不是一种艺术呢？

中国传统艺术中的精品，必然是在对自然充分感悟与模仿的基础上，达到的一种浑然天成、圆融无碍的境界。以这种标准观之，酱香型白酒正是先人在深刻感悟自然的基础上，加以人的智慧的巧妙营构，而创造出来的一件精巧的艺术品。酱香酒口感繁复且富有变化的酒体，既是对复杂自然的模仿，同时又表现出了人在充分利用自身主观能动性的基础上可能达到的高度。而酒体最终的和谐，则表现出天与人在交互过程中，经过层层磨合与妥协，最终所呈现出的圆融境界。

在近代历史巨变以及西方文化的冲击之下，我们偶尔会对自己的原有文化产生怀疑，特别是在西方近代人文思潮的影响下，我们难免怀疑传统文化中对人的关注是否太少？其实不见得。在中国古人的心目中，"气"是构成人与世界万物的基础，因而宇宙天地处于一个统一而又和谐的运转过程之中，"二气交感化生万物，万物生生，而变化无穷焉，惟人也得其秀而最灵"（《太极图说》）。人是这一气化过程中最尊贵的存在，但与此同时，人与自然同构，保持和谐便是保持最佳存在状态。所以，在中国传统认知中，人与自然之间没有必要像西方那样处于一种征服与被征服之间剑拔弩张的状态。

这是中国传统文化中最独特的部分，在这一体系中，天地造化固然雄奇，但人并不将其视为对立面。在天与人的和谐共生中，人不仅是自然的一部分，而且可以通过参天地、观造化而使自然为己所用。在大道的幽深与自然的奇伟中，人仍然依靠自身的理性保持了个体的尊严。

习酒亦然。

三、人文成化

在中国的传统文化中，饮酒以微醺为最上，酗酒滥饮的行为则被视作是无度且不知节制的表现。这样的饮酒理念是儒家文化影响下的结果，儒家美学主要体现于人与他人、人与自身关系的和谐之中。习酒以儒家精神为文化内涵，将对儒家精神的理解熔铸于产品的生产之中，产品品质与企业文化之间互为对照，体现了我国传统文化中的节制与中和之美。

（一）常德不离

酒越陈越好，这个道理哪怕是滴酒不沾的人也大多有所耳闻，以至于几乎成为一个常识。然而这却是酒所独有的特征，除酒之外，几乎没有什么饮品、食品能够符合这一特质。

酒这一越老越醇的特质不禁让人觉得，与孔子在对自己人生各阶段进行总结时所说的一段话颇为相似："吾十有五而志于学，三十而立，四十而不惑，五十而知天命，六十而耳顺，七十而从心所欲不踰矩。"所谓"从心所欲不踰矩"，说的是孔子可以随自己心中所想做任何事情，而不必担心不合于规矩。人生行至七十，复杂的社会与历经磨难的人生并没有让他变得对这个世界的规则充满抵触。相反，他所追求的以"仁"与"礼"为标准的社会规则，与作为自然人的他本身达到了一种高度的重合。在他一人之身中，作为自然本性的"人"的存在，并没有妨碍作为道德至高表现的"仁"的规则被接纳，自然本质的人与伦理观念相结合，使自然本质退到深层底部，道德化的人性成为表面的直接属性。

这是一个以几十年的漫长人生为期限，以自身情绪观点的不断冲突、调和为手段的自我净化过程。巧合之处在于，这一过程与酱香型白酒的生产发酵流程十分相似。好酒如同圣人，是越老越醇的，在漫长的贮存过程中，在微生物的催化以及酒中各种成分的相互作用之下，酒体内原有的不稳定元素不断转变、醇化，那些相互冲突的部分得到充分调和，最终呈现为一种相对稳定的和谐状态。

道家也有类似的观点，老子提倡"复归于婴儿""复归于无极""复归于朴"，看中的是人在涤除外在的干扰之后的纯粹状态。在老子看来，只有在此纯粹状态下的自然本性，才是人应该追求的终极境界。生于天地之中的个体只有通过一系列的修行方式使自己回归本性，才能重新获得与宇宙中流动不息的运转不相违背的生存状态。

庄子也有类似的主张，在庄子思想中占有重要地位的"心斋""坐忘"等观点无一不显露出这种对原初自我归复的倾向。这种与自然运转的吻合是道家美学的最终追求，他们向往"天地与我并生，而万物与我为一"的坦荡宽怀，主张在个体与自然的交通之中实现人格的复归与超越。

中国传统哲学中有一种对纯粹而能涵容万物的状态的追求，这种人格的修养要求人们在时间的进程中修心净念，逐渐摒除外在纷扰，达到一种万物有容，心却纯粹自在的理想境界。贵州习酒将这种追求以一种具体的方式表现出来，使之具有一个具象化的载体。

中国美学所标举的审美活动是主体自我生命与客体生命的契合和认同。在这种由本心意绪深层的物我交融所达到的深层认同中，开通了人心与物象之间的生命通道，由"能体天下之物"而臻于"视天下无一物非我"，最终主体将宇宙生命化入自我生命，"以合天心"从而获得生命的超升与审美的升华。而与人生至高修养具有同质性的酱香型白酒，无疑能让饮酒人在品酒过程中，从生命本源之处产生认可，从而获得主客一体的审美体验。

（二）君子务本

君子务本，所谓"本"，有本分、本性、根本之义，是中国传统的"体—用"哲学中的重要概念，代表的是事物存在和变化的最终依据。

在西汉刘向所著的、主要体现儒家思想的《说苑》中有这样一段描述：

> 行身有六本，本立焉，然后为君子。立体有义矣，而孝为本；处丧有礼矣，而哀为本；战阵有队矣，而勇为本；政治有理矣，而能为本；居国有礼矣，而嗣为本；生才有时矣，而力为本……夫君臣之与百姓，转相为本，如循环无端……

由此可见，所谓"本"，指的是成人、立世所要遵循的行为规范。本不立，道不生，做人做事则无所行处。企业作为一个相对独立的个体，在成长的过程中同样需要把握企业之"本"。贵州习酒历经磨难，但无论在怎样艰难的时刻，领导者与工人们都始终没有忘记对酒的品质的坚持，以质量为关键，以质量为生命。

20世纪90年代，在各种现实因素的限制之下，习酒公司遭遇了有史以来最大的困境，最终在政府的主导下由茅台集团兼并。这是贵州习酒发展过程中的一个巨大打击，却也成了跨越发展的转折点。当然，这并不是说习酒今天的辉煌是由于茅台集团的兼并才有的，茅台集团的兼并给了当时资不抵债状态的习酒公司一个缓冲，其自身的积累与沉淀是它能在今日重现辉煌的根本原因。不过在兼并的这段时期内，茅台的独特工艺与酿酒的基础设施，确实帮助贵州习酒在产品质量上更上一层楼。

根据茅台的工艺进行改造之后，习酒的产量与质量都得到了很大程度的提高。茅台的操作流程在整个行业内都是极其规范的，比如三次盘勾。酱酒的勾调是决定其品质的重要环节，三次盘勾中，第一次的盘勾要将七次取酒中那些质量不达标的酒淘汰出局，经这一轮检验合格的酒才能进行贮存；第二次才是勾调，将合格后的酒进行调配，使其最终整合为一个酒型；被称作小勾的第三轮主要是进行一些细节上的调整，或加老酒，或修改风味。所生产的白酒在经过三次检验勾调之后，还需要一定时间的贮存才能进入市场，只有在如此严格的筛选检验中，才能保证产品质量的稳定。

酱香型白酒依靠纯粹的自然发酵与人工技艺的精巧配合，将经过淬炼与超越之后的精纯部分原原本本地呈现给品鉴之人。这种在传统工艺的精细打磨之下生产出来的优质酱香型白酒，人们在饮用时才能没有心理负担，也只有这样的饮酒状态，才能称得上品鉴。

流程、工艺是与酒的品质直接相关的部分，但除此之外，人才的引进、工人的培训、组织机构建立、窖坑等设施的建造维护、设备的更新等方方面面，都与酒的品质有着千丝万缕的联系。在这些方面，贵州习酒也同样倾注了极大的心力。

贵州习酒还从消费者的立场出发，针对不同消费群体的不同需求，打造了几大不同的产品线。各线产品虽然在风味上存在一定不同，所代表的文化情境、艺术层次也各有差异，但总体上柔顺细腻、愉悦的味觉体验赋予酒精"美"的表象，能够使饮酒之人获得独特的审美体验。

君子务本，本立而道生。产品质量所代表的是企业的根本，无论何时，以"质量求生存"都是一个企业长久发展的关键。正是因为一代又一代习酒人对产品质量的高要求，贵州习酒才能在传承传统工艺的前提下精益求精，在艰苦的环境中摸索、总结、改造，最终成就了习酒稳定且上乘的品质。

（三）君子中庸

"中庸"是儒家最为推崇的概念之一，孔子在《论语·雍也》中称："中庸之为德也，其至矣乎？"他将中庸看作是"德之至"的一种表现。具体而言，"中庸"指的是一种调和折中、不偏不倚的处世态度。

处于艰难时期的人类社会不得不采取极端手段以维持自身的生存，

但极端手段的采取或许会在短时间内取得相应的成果，长久下来却必然会造成对自身的反噬，"中庸"思想正是对这种行为的矫正。与极端手段相对立的中庸思想成为社会治理与运行的法则，中庸思想应用的关键在于"执其两端，用其中于民"，即在极端的两点之间择中而行，以此达到一种不偏不倚的效果。

中庸思想是与儒家"和"文化联系在一起的，是中国传统文化中人与自然、人与人之间和谐关系的一种行为规范。近代以来，中庸思想因西方理性思想的冲击而不断地被人们所批判、否定甚至遗弃。这种文化取向在特定的历史环境下是出于矫枉必须过正的要求，不得不为之的。但是，传统文化几千年的积累自有其价值所在，在国家发展相对平稳的当代，如果再因为对西方学说引入的需要，而彻底否定传统思想的价值，那在思想文化的发展中我们将永远被动。

不同思想的融合需要以思想体系的开放性为前提，而以儒家为首的中国传统学说无疑就具有这样的开放性。从董仲舒的天人之学到新儒学的兴起，儒家学说的发展历经坎坷，却也总能够在思想文化变革的风起云涌中，利用自己的这种开放性来进行自身的改造，最终与社会的发展相适应。取彼之长，补己之短，在自身的薄弱环节与彼身的长处之间进行调和折中，以求在不失根本的前提下，争取自身的进步。这一自身的改造与发展模式，无疑是处于信息化时代的我们所需要的。

贵州习酒如今的发展规划也显示出与这一古老智慧的相合之处。20世纪90年代，正当国内改革开放大潮兴起之时，习酒公司便紧跟时代潮流，在国家的支持下逐渐由计划经济下的生产模式转向对市场的关注。在市场经济发展前景尚未明朗的时期，这种与时俱进的做法是需要很大勇气的。虽然后来"百里酒城"的教训告诉习酒人，不仅要发展，更要注重发展速度与质量之间的平衡，但在贵州习酒恢复元气之后，我们依然可以看到，当年的规划对企业现在的发展仍具有一定的参照作用。

贵州习酒在技术方面同样十分重视传统与现代之间的调和折中。酱香型白酒的生产与酿造属于劳动密集型产业，从原料准备到最后的勾调贮存，无一不是由成百上千的工人手工完成的。近年来，贵州习酒在保留人工踩曲传统技艺的基础上，将部分制曲工作交由机器来完成。虽然尚有部分酿酒老师傅及专业鉴酒师认为，机器踩曲会导致酱酒风味的改变，但传统既然得以保留，相信机器生产必定能够以此为参照，向传统风味不断趋近。

就风味而言，酱香型白酒可以称得上是传统中庸、中和思想的具体化体现。习酒香气繁复，能够将酒对人身体的刺激与香味引发的快感完美无缺地结合起来，契合中国传统对酒"甘而不浓、酸而不酷、咸而不减、辛而不烈、淡而不薄、肥而不腻"（《吕氏春秋·本味篇》）的要求，即使人在饮用过程中获得审美体验，又充分体现出以"中和"为标准的传统酒文化的审美偏向。

中庸思想不仅是一种传统的价值取向、行为标准，更是当今社会用以对抗僵化理性的最优工具。《尚书·大禹漠》中有言："人心惟危，道心惟微，惟精惟一，允执厥中。"近代以来，在西方工业文明的冲击之下，或许我们也正在经历着这样一个"人心惟危，道心惟微"的时代，但我们毕竟生活于这片绵延了千万年的大地之上，有着专属于这片土地的民族记忆、磅礴伟力。或许当今世界普遍的发展困境正在提醒我们，文化历经千年传承，厚重的内涵积淀不应被视为前进的包袱，而应该成为可持续发展的根本动力。

第四节　习酒的品格表现

　　美酒能够加持人的风度，人也能够丰富酒的品格。酒在生产过程中汲取天地之灵气，混以人工的精巧，再加以时间的雕琢，此种流程下生产出来的酒虽已是精品，却并不能代表其生命的完善，只有当懂酒之人饮下，一杯美酒才算真正完成了自己的使命。美酒与人之间天然具有一种亲和属性，在品酒这一行为中，既借酒与自然相感应，又借人与人生百态及所属时代相联系。因而品酒所品之味，既有酒中的和谐醇厚，又有品酒之人对世间百味的理解。懂酒之人，自能从那小小的酒杯之中窥见天地众生。

一、酒文化中的性情、风度与禅意

　　作为一个以酱酒生产为主的酿酒企业，贵州习酒以酱香型白酒所具有的文化内涵为基础，并结合我国的传统思想，最终形成君品文化这一具有深刻内涵的企业文化。"君品文化"由习酒企业前辈们的处事原则发展而来，并以儒家君子文化为根基不断丰富自身内涵，是儒家仁者爱人思想内涵的传承与补充。

　　在我国传统文化语境中，酒这一人造饮品不仅被视为闲暇中的消遣，更与人性情抒发、人格建构、参禅悟道等精神生活有着密切的关系。贵州习酒将自己对传统文化中君子的理解注入产品的研发与制作过程中，使人的饮酒行为不仅能够满足身体上的愉悦，更能实现精神上的超越与自由。

（一）性情

对于深受儒家文化影响，将内敛含蓄刻到骨子里的中国人而言，哪怕心中感情已经不可遏抑，但言行举止所能表露出的，依旧不过三分而已。这种文质彬彬的交往原则，有利于形成良好的社会秩序，但有时难免会阻碍人与人之间感情的传达。还好有美酒的存在，使人与人之间的情感表达与交流，多了一条通道，生活中最常见的便是"以酒助兴"。那么，何为"兴"，酒又为何能够"助兴"呢？

"兴"字的起源原本就与酒密切相关。"兴"字古字形为"興"，上半段的中间部分为"同"字，根据孔颖达的解释，"同是酒爵之名也"。"同"字之外的"舁"部，说的是四手（有说两手）共同托举的动作。在了解它的结构之后，将这个字作为整体来看，"興"字大致指的是"众人共同举杯祭祀礼典场景的生动记录"[1]。以此欢庆场面为原始含义，原本与祭祀典仪相关的"興"，在以后的发展演变中渐渐有了愉悦、欢畅等与人的情感相关的内涵。

酒能对人的情绪起到催化作用，《说文解字》中释"酒"曰："酒，就也，所以就人性之善恶也"，说的就是"酒"与人精神情感具有先天性的关联。唐代诗人王维有诗曰："轻舟迎上客，悠悠湖上来。当轩对尊酒，四面芙蓉开。"闲情中饮酒，酒是清新雅致的生活点缀，湖光山色之中，临荷花而对酌，可以使闲情更悠。景是画中之景，人是相知之

---

①傅道彬：《酒神精神与"兴"的诗学话语生成》，《中国文学批评》2022年第1期，第85-97页，191页。

人，情怀交互之间，幽人野趣，别有一番天地。

不过，以酒所助之情往往是以更加激烈的形式出现。杜甫"白日放歌须纵酒，青春作伴好还乡"，这是经年心愿一朝得以实现的欣喜若狂，不止于自身的忧乐，更有心怀天下的家国意识；高适"弹棋击筑白日晚，纵酒高歌杨柳风"，这是在高歌游戏之中主客之间的酬唱作答、觥筹交错，彼此之间的深情厚谊伴随酒香溢满席间。

但世事多变，"不如意事常八九，可与人言无二三。"在某些时刻中，借助酒意而流出的情感也不免低沉消极。"平生得酒狂无敌，百幅淋漓风雨疾"是陆游一生气吞残虏的英雄气概与爱国热情无以伸展后，只能寄之于酒杯的不甘与愤慨；"五花马，千金裘，呼儿将出换美酒，与尔同销万古愁"是李白人生抱负难以实现，只能在诗酒之中倾注自己一腔热血的悲怆与痛苦。但是，纵使心中郁结之时，却依旧不肯服输，"飘然醉袖怒人扶，个里何曾有畏途"，也能够"仰天大笑出门去"，不使自己被困在低沉的情绪之中。"一醉累月轻王侯"，失意如何，不被赏识又如何，迈出这道拘限的门槛，从此天高地阔，自当有另一番作为。

借酒可抒情，但滥饮伤身，因而传统文化所倡导的饮酒最佳状态是微醺。这不仅仅是出于礼仪上的规范要求，更因为在传统语境中，人们享受的不仅仅是酒香酒味，更是美酒进入人体后，所激荡起的那种对生命的最真实的感知。这样说来，君品习酒实在是符合中国人对酒的品味，在复杂的发酵与长时间贮存的过程之中，酱酒酒体中的有害物质被极大程度地挥发，送到消费者手中的酒，既能保证较高的度数，使人在饮酒的过程中充分感受到酒精对情绪的激发与催化，又使人在品饮之时不必有过多的心理负担，因为它是绿色健康的。

酒是人的情感催化剂，是哀乐之情得以抒发、宣泄的重要物质，是人冲破日常理性束缚、回归感性并进而表达自己个性的重要媒介。或亲朋欢聚、金榜题名，或对月独酌、消愁解忧，无论是何情境，一壶君品习酒总能使人生重要时刻的生命个体更加生动、饱满、激荡。

（二）风度

若论对酒的热爱，恐怕没有哪朝哪代能够超过魏晋时期，后世诸多饮酒行为，以及饮酒被赋予的种种意义，或多或少都与这个时代有一定的关联。

魏晋时期的名士们对酒的热爱是刻在生命中的，若要深究其原因，大抵不出于"对生命的强烈的留恋，和对于死亡会突然来临的恐惧"。在当时波谲云诡的政治环境中，生命的无限美好与极度脆弱从两端刺激着人们的神经，二者在相刃相磨之中，最终形成了魏晋名士们洒脱放旷的人格特征。《世说新语·任诞》中有一则故事：

> 王子猷居山阴，夜大雪，眠觉，开室，命酌酒，四望皎然。因起彷徨，咏左思《招隐》诗。忽忆戴安道。时戴在剡，即便夜乘小舟就之。经宿方至，造门不前而返。人问其故，王曰：吾本乘兴而行，兴尽而返，何必见戴？

在今人看来，这实在是一个莫名其妙的故事。雪夜睡不着的王子猷独自赏景喝酒，忽然觉得夜色很好，十分想念远在剡县的朋友。于是，他不管三更半夜、雪天寒冷，乘一夜的小船来到朋友住所，却在到达朋友家门的一刻兴尽而返，到其门而不入。

要理解这个故事，除了理解王子猷一连串的怪异行为之外，还特别需要注意他自我解释那句话中的一个词——兴尽而返。"兴尽"不是败兴，也不是扫兴，后两者都是个人的情感需求没有得到满足后的失落状态，而王子猷到达戴安道家门时的状态是"兴尽"，也就是个人情感在得到充分张扬与释放之后的一种极度满足的心态。此时若进门，则身体已经疲乏，昨夜高涨的精神状态也逐渐回落，若是强撑着勉强应付，反倒辜负了当时晶莹的雪景与想见朋友的喜悦心情，不若到此为止，人、景、情都恰如其分。

这种任性放达、不受世俗甚至于常理所约束的行事做派，便是被后人所仰慕的魏晋风度。在魏晋名士们种种看似荒诞的行为中，是他们作为鲜活的个体生命，拒绝约束、拒绝规约的生命意识，以及对自由解放的向往与追求。而支撑他们张扬个性的力量中，酒的贡献显然不小。

魏晋风度只是短短地存在了一段时间，此后文人雅士中即便仍有旷达不羁者，也大多限于个人行为，再没有形成这种大规模的社会风气，只是他们仍然爱酒。于文人雅士而言，酒俨然成为他们对抗世俗的一种手段，那些无法直言的痛苦与不满，借着饮酒的酣畅被暂时冲淡。"寒暑有代谢，人道每如兹。达人解其会，逝将不复疑。忽与一斛酒，日夕相欢持。"陶渊明的诗句道出了酒与情的牵绊，诗人并非没有过痛苦，并非不懂人情世故，只是在匆促的时光之中明白人生的短暂，所以不愿将生命浪费在日复一日的俗务之中，所以但得美酒，便是欢愉。

人对自由与解放的向往是与人的生命意识联系在一起的，正是有感于生命的可贵，所以拒绝繁琐世俗对它的浪费。饮酒的体验是超脱的，在酒精的催化下，人们可以暂时获得冲破世俗规则、利益的自由心灵，获得无功利状态下，被最平凡的事物所感染的审美心态，获得最为轻松、自在的审美体验。

酒是有魔力的，在这样的魔力之中，与自然渐行渐远的社会人在酒的熏染下，或许可以重新发现自己的自然属性。"浩浩乎如冯虚御风，而不知其所止；飘飘乎如遗世独立，羽化而登仙。"《赤壁赋》可谓一气呵成，但若不是沾染了酒的魔力，赤壁下的东坡即便胸怀再开阔，怕也很难吐出这口与天地同在的浩然之气。

东方习酒

酿造美好生活的领创与实践

"结庐在人境，而无车马喧。问君何能尔，心远地自偏。"人只要生活于社会之中，就不可能与世情全然无涉。无论大隐、小隐，若是心不自由，即便面对再好的湖光山色，人生也不过就是一场消极的回避而已。"泛此忘忧物，远我遗世情。"酒不仅是生活的装点，更是人通向自由之境的那艘筏子。借筏登岸，对身体的感知以及对生命的重新发现是获得自由精神与超越体验的前提，而习酒这样的佳酿，无疑是人们放下思想束缚、重新认识个体生命的捷径。

（三）禅意

禅宗作为具有明显中国文化色彩的佛教宗派，虽依旧禁酒，但它的思想理论中已经蕴含了消解佛教戒律的内在因素。所以，对于许多接受者，特别是非宗教性的接受者来说，酒不是什么禁忌之物，甚至在某些时刻还具有助人开悟的作用。

酒可通禅，能使人获得禅意的饮酒从来不是滥饮，而是点到为止。痛饮虽能尽兴，但过于外放且不加修饰的情感难免少了几分美感，正如邵雍在《安乐窝中吟》中所言："美酒饮教微醉后，好花看到半开时。"传统审美偏重含蓄，留白之处才最令人遐想。

"我饮不尽器，半酣味尤长"，在这种人体与酒精达成和谐的状态中，人处于一种忘我状态。在这醉中有醒的状态中，人的意志游走于现实与虚幻之间，随心所欲不逾矩。在这样一种饮酒状态中，个人与世界在精神上的隔膜感消失，人的理智与常识暂时性地放弃对人身心的掌控，人的精神得以突破日常的限制，与外在自然环境达成一致，体会到一种天人无间的原始亲密感。

古往今来，将酒与禅相互联系起来的大有人在，如苏轼的"偶得酒中趣，空杯亦常持"，不仅承自陶渊明"无弦琴"的典故，而且诗人能以空杯得酒趣，更是"静故了群动，空故纳万境"中对动静、空有关系认识的具体化。若内心没有对外物、对酒的执着，那空杯可盛天下，又何止于酒趣。又如邵雍的"雨后静观山意思，风前闲看月精神"，为何醉里看山反倒能得其意趣，不外乎半醒半醉状态下的人摈弃了清醒时的功利意识，方能产生对山水，乃至对天地的最纯粹的审美意识。

如果说微醺的中和状态是入禅的前提，那饮酒后的超然体验便是入禅的表现。其实酒本身就具有超越性，一瓶好酒只要贮存得当，那么从酿出来的那一刻开始，它就会永远处在自我完善的过程之中。恰恰因为这种自我超越性，世上才没有最好的酒——下一秒它就超越了自己。君品习酒也是如此，我们可以这样理解：这是一种以完美境界为追求并无限趋近的酒。对比酒来说，人的超越性除了表现在日复一日的积累之中，还需要有某些契机来帮助自己实现顿悟。"诵经三千部，曹溪一句亡"，在后世禅宗看来，这些引导人开悟的契机甚至比漫长的积累过程更加重要，而酒能够给人提供这样一种契机。

酒至微醺，人既不会被肉体的刺激性快感所完全控制，又不会像完全清醒的状态那样为了悟真谛而苦苦求索。微醺时的自由状态超越主客二分的截然界限，天地与我、大道与我之间都不再泾渭分明。此时个人在一种原始的生命本能之中回归天人合一的状态，非有非无、不沾不滞，获得独与天地精神相往来的超越体验。

平生喜饮酒，饮酒喜轻醇。不喜大段醉，只便微带醺。
融怡如再少，和煦似初春。亦恐难名状，两仪仍未分。

其实禅宗发展之后，除了少数佛教信仰者，大多数人在言"禅"的时候都极少涉及它的宗教含义，更多的是关注其对人生自由境界的理解与体验。禅宗本身就是在为接受它的人们指引一条到达人生最高境界的道路，这个境界不是成佛成圣，而是通过去执念，使人摆脱现实世界中种种束缚，最终实现人心的彻底自由。这其实是一种审美境界，"菩提本无树，明镜亦非台"，禅宗认为世界本然空寂，只有人心达到"本来无一物"的空灵澄澈境界时，梵我才能合一。我即菩提，菩提即我，只有突破内心的执念，达到人与天地并在的超越境界，人心才会自由。酒能够对人的身体起到一定的调试作用，饮酒后的个体因为获得了全新的认识世界的方式，往往更容易发掘周遭事物的本质，而进入一种审美化的日常生活。"独酌无相亲"本非乐事，但李白"举杯邀明月，对影成三人"，转瞬间化悲为喜，借酒意将自己的情绪掌握在自己手中，有了陪伴之后的既歌且舞更是对这种欢情的巩固。

对于中国人来说，美好事物从来不是刻意而苦心地经营，"绿蚁新醅酒，红泥小火炉。晚来天欲雪，能饮一杯无？"传统文化中特别推崇饮酒所产生的超然性体验，以及自由、解放的审美心态。生活从来都是充满诗意的存在，自在的心灵能够穿透平凡的日常生活，才能获得超凡脱俗的审美体验。真正的美感从来不是从世俗的规定性事物中获得的，就像白居易世界中将要落下的那场雪与温暖环境中香气四溢的清酒，在人与景物的刹那融合之间，人与天地精神的瞬间融合中，真如本性散落于整个空间。

禅宗认为世界空幻，世间一切存在不过是个人因起念而生的幻想。"不是风动，不是幡动，仁者心动。"对于处在这个虚幻世界中的人来说，只要控制住自己的心性，便可战胜世间一切纷扰，也就是说禅宗的重要落脚点其实在于人心。禅宗以对心的修炼代替对世间万物的观察，引导人们将在以往经验与日常生活中总结出来的伦理置于山水之上，在人与景物情感的往来赠答之中实现人与天地的交通融合。在山水与人的互相阐释之中，世间万物皆充满诗意。君品习酒，亦是阐释这些诗意的理想载体。

二、对儒家君子文化的借鉴与传承

贵州习酒的君品文化是对儒家君子文化的借鉴与补充，表现出一个具有影响力的大企业的责任意识与担当精神。自强不息的奋斗精神是习酒自诞生以来便一直遵循的行事准则，正是在这一精神的支持下，习酒人才能渡过重重磨难，形成独具特色的品格；厚德载物的责任意识是习酒对社会的回馈，正是秉持着君子勇于担当的意识，贵州习酒才得遇志同道合者并互相扶持，成就如今鳛部酒谷的辉煌。

（一）崇道

"天行健，君子以自强不息。"《周易》中将个人奋斗与天道自然相联系的说法，自诞生以来就以其雄浑刚健的力量激励了一代又一代的中国人。也正是这句话中所蕴含的源源不断的生命力与蓬勃精神，贵州习酒自诞生初期就一直将此作为激励公司前进的重要动力。

贵州习酒诞生之初很是艰苦。据贵州习酒高级工程师廖相培回忆，他刚进酒厂的时候，做的都是背酒糟的体力活。为了躲开一天中最热的那段时间，他们一般的工作时间为凌晨三点到中午十二点，每天的工作是背着一百多斤的包爬上两米高的楼梯，一个班下来，全身衣服湿透是常态。他还要负责取酒的工作，工具原始，烧煤灶、烧水、取酒糟、加粮、搅拌、上甑都需要人力来完成，出甑取酒的时候更需要在其他陪班人员的协助下才能顺利完成。当时的酿酒技术也很不成熟，他们只能向其他企业零零星星学一点技术，再加以在实践中的观察慢慢钻研，最终探索出自己的一套酿酒工艺。

在物资相对匮乏的年代里，几位创始人从原始化的作坊开始，克服种种困难，并经历几代人的拼搏方才有今日的成绩。可以说，贵州习酒的每一次前进都是老习酒人拖着苦难一步一步走出来的。如果说技艺上的艰难磨砺的是老习酒人的身体，那经营上的困难锤炼的是他们的精神。1966年第一甑大曲酒烤出来的时候，闻着比以往更加香浓的酒香，初期创始人曾前德沉浸在成功的狂喜中。第一壶大曲酒在得到县里认可之后，政府分拨下来粮食，初期的三位创始人终于实现创建酒厂、成立品牌的梦想。但是，之后的道路却异常艰难，酿酒设备的落后、技术人员的匮乏、产品推广与传播的艰难，无时无刻不在困扰着他们。好在功夫不负有心人，在梦想的鼓舞下，他们带着与做产品一样的赤诚，最终都一一克服。

70余年的光阴中，贵州习酒的发展跌宕起伏，但理想中的"君子"不就是应在顺应天时的前提之下自强不息、不断进取，以求实现更高的自身价值吗？更难能可贵的是，贵州习酒在追求自身发展的同时，还主动承担自己的社会责任。首先，习酒酿酒的糯小高粱取自当地，与农户之间的互利关系在很大程度上保证了农户种植收入的稳定。其次，习酒在解决本地人就业的问题上，也作出了极大的贡献。习酒注重人才的吸纳与管理，不仅在管理技术层努力培养高素质人才，而且由于酱酒酿造中对人力的大量需求，很多受教育程度不高的本地人，也都能在习酒获得一份体面的工作。习酒与当地居民乃至地区经济发展的良性互动，正是对兼济天下、厚德载物的君子之风的生动注释。

回溯历史，我们发现贵州习酒如今的一切成功都是有迹可循的，如果没有老一辈习酒人在艰苦条件下的不断摸索、创新与突破，贵州习酒今天就不会有如此美酒作为企业存在的底气；如果没有贵州习酒对带动周边地区发展的社会责任感，它也不会在本地众多的酒厂中脱颖而出，获得崇高的声誉与名望。在自己的事业上永远坚持、永远赤诚，在社会的集体中永远包容、永远担当，这是贵州习酒对自己的要求，也是它一直践行的企业信条。

（二）务本

在人类经济文化并不发达的某些时期，受制于落后技术的人们在进行生产的时候，通常会采取一种与周遭自然环境相适应的方式。他们会根据季节、时令的变化调整自己的行为，并在一代又一代人的经验积累中形成一整套相对稳定的工艺。这种工艺的形成有明显受制于外在自然的特征，但也因其有着对自然的透彻了解，所生产出的产品往往具有现代工艺所不具备的优越性。

酱香型白酒就是这样的一种产品。如今，虽然酱香型白酒的酿造过程中使用不少科技设备来代替人工，但其酿造工艺中的精华部分依旧是由人掌控的。习酒人一丝不苟地用当地的糯小高粱、小麦等原材料，遵循祖辈传承下来的投料、蒸煮、发酵、取酒、贮存、勾调等传统工艺，取清流、沐空气、和赤泥，并与其间大自然赋予的复杂独特的菌群交相融合，一切都是应天时顺地利享人和的水到渠成。

酱香型白酒一整套的工艺流程，无一不是建立在对当地自然气候充分了解的基础之上，尤其是发酵过程中与微生物的接触环节。赤水河谷整体温度较高、空气湿度大，加之独特的地形特征使本地形成了丰富的微生物群，它们的存在正是赤水河谷能够酒香十里的关键。赤水河谷间庞大的菌群组在无形中交融互动着，正是基于这些微生物之间存在的互生、共生、寄生、拮抗等关系，习酒在生产过程中逐渐形成一个靠自然给予、异常复杂并与环境相适应的微生物区系。

以《史记》对赤水河流域"出枸酱"的记载为依据，赤水河流域酿酒的历史应该在西汉之前。这不能不令人震惊，在那个人类社会刚从原始混沌状态中挣扎出来的时代里，我们的先辈便已经拥有了将天地造化、四时变迁与人工技艺相结合的意识与能力。习酒酿造者十分注重这种传承，他们认为白酒酿造的很多技艺，本身就与天地人三者之间的关系密切相连，其中"天"主要指的是气候，"地"对应地理环境、土壤情况、水质等，"人"是将这一切因素充分集合利用并最终形成酿造技术的实操者。

对自然环境的充分了解是酱酒酿造的基础，而对酿酒技艺的不断总结与改造则显示了先民们知行合一的理念。"知行合一"中的"行"比较好理解，指的就是人现实中的实践活动，而所"知"的对象有人说是"道"，有人说是"理"，不一而足。其实无论是"道"还是"理"，不过都是针对终极实在的不同表述而已。相比更多具有本原性意义的"道"，"理"指的是构成宇宙共相的一切个体现象之所以获得其现存状态的原理，也是"体"开显其"用"的原理；一切现象均为"道"自身实在性的表达形式，所以其存在是"各有条理"的，即是繁杂的多样性本身存在着高度的秩序性。①

所以说，在"繁杂的多样性本身"中发现其"高度的秩序性"，并能对这种秩序性进行提炼，进而应用于现实实践的行为是对"人为天地之心"这一理念的最佳诠释。人或许受制于客观现实，但人同样能够利用自己的主观能动性，从限制自己在客观现实中提炼出有利于己的内容，并使其服务于自己的现实生活，这是人类虽生而有限，但却能与天地比肩、拥有不可亵渎的尊严的基础。这种对事物之理正确认识，并在此基础上加以利用的优势一直贯穿于酱酒的酿造历史之中，并推动酱酒酿造技艺与精神代代相传，生生不息。

"知是行的主意，行是知的功夫；知是行之始，行是知之成。"由此可见，知与行虽有时间上的先后之别，但在重要性中却并无轻重之分，如一体之两翼，必须在共同具备的条件下方能发挥最佳作用。在拥护"天人合一"主张的古代社会中，人们对自然的亲和感虽然未脱离原始的朦胧意识，但是也正是在这样的认知之下，先民们将生命意义毫无

---

① 董平：《王阳明哲学的实践本质——以"知行合一"为中心》，《烟台大学学报（哲学社会科学版）》，2013 年第 1 期，第 14-20 页。

保留地赋予了自然。生命根植于大地，正是因为先民们对自然的信任、观察、仿效，才有了像酿造酱酒这般建立在对自然的极致观察与利用之上的传统工艺，也才有了建立于天人关系之上的灿烂文明。

（三）敬商

1999年，习酒公司提出"无情不商，诚信为本"的经营主张，现下的"敬商"理念便可以看作是对这一主张的概括与延伸。贵州习酒的"敬商"理念，显然是对传统文化中"周而不比""和而不同"集体交往原则的现代化阐释。

"君子周而不比"是孔子提出的人际交往原则，其中"周"指的是周全、普遍，说的是君子与人交往，不以个人利益得失作为交往原则，而是普遍地爱护团体中的每一个人。在君子周而不比之后，还有另外一句："小人比而不周"。孔子通过置换两个词的位置，便完成了对君子、小人两种人格交往方式的描述。"比"有排列的意思，进而引申为偏党。以利益为交友原则的人，很容易通过"站队"的形式形成一个个小的利益共同体。若任由这种情况长久地演变下去，必然生出一系列的防备、猜疑、算计，甚至于攻讦。试问在这样的交往氛围之下，人又如何能舒心自在地生存和发展？

与小人不同，"周而不比"是一种面向所有人群的友善，"周"字中圆满、包罗万象的含义是中华优秀传统文化包容性的一种体现。君子应该以公平之心对待天下人，既不因个人的利益而徇私，也不以自己的好恶而偏袒，真正做到公正地对待天下万事万物。君子的这种周而不比的品质以儒家的仁爱精神作为思想基础，可以进一步由个人扩展到集体，一个优秀的企业也应当有倡导这种仁爱、不偏私的精神。周而不比的思想中还蕴含着对拥有不同世界观的人的尊重意识，以及在面对他们时的平等观念。这种尊重既是中华优秀传统文化的特质，也是当代社会所需要的珍贵品质。

儒家与"周而不比"类似的主张还有"和而不同"。著名社会学家费孝通根据中华文明的发展历程，提出了"中华民族多元一体格局"的理念。在他看来，自上古时代开始，中古大陆就处于一种多种文化共存、各自独立发展的状态之下。在不同氏族、部落、民族的相互影响、交融、分裂、吞并的历史中，每一民族都不可避免地受到其他民族的影响，并最终形成了你中有我、我中有你的多元统一体。拥有不同语言、民俗、信仰的各民族之所以能够在这片大地上和谐相处，所依赖的正是这种"和而不同"的精神。"和实生物，同则不继"，真正的"和"并不是整齐划一的一致，而是同中有异、多元共生的。只有同中有异，不同的个体之间才能相互配合、互相借鉴，进而激发出蓬勃的生命力。

"周而不比""和而不同"的"敬商"理念一直贯彻于贵州习酒的经营过程中。在发展过程中，无论是对曾经给予过自己帮助的茅台集团，还是赤水河流域乃至全国范围内的行业竞争者，贵州习酒都尽量与其维持着良好的交流合作关系。其实，不管是周而不比，还是和而不同，其中蕴含的平等、尊重、和谐、包容的内涵都是一致的，说的是君子应待人宽厚团结，不偏袒徇私的与人平等交往。而周而不比、和而不同的理念中，由个人向社会延伸的内涵又启发我们，理想中的君子既要有个人底线，又要兼顾自己的社会角色，并尽量在二者之间寻找一个平衡，贵州习酒的"敬商"理念便体现着这种平衡。

贵州习酒一直以来所奉行的"敬商"，同样体现在产品品质中。作为一家有影响力的企业，贵州习酒敬商爱人的经营理念与酱香习酒的产品定位，都是在继承传统文化精髓的基础上的现代化表达。比如酱香习酒的酒体干净、内敛、不张扬，虽口味复杂且没有主体香型，却将各种风味之间的平衡做到了极致，在平和细腻中呈现出君子优雅柔顺的品格。

有德之人不会落单，有德的企业不会孤立无援。正所谓"同声相应、同气相求"，只有彼此之间德行相若、思想一致，才能凭借人格的傲岸克服世俗的种种局限，长久维持一段健康的关系，实现双方的和谐发展。

（四）爱人

"爱人"涵盖范围广泛，具体包括爱自己、爱他人、爱社会。

在"爱自己"方面，只有越来越多拥有较高道德修养的个人，以合乎交往道德的方式更加积极地投入到社会生产、生活活动之中，并尽量扩大自身的影响力，才能创造一个求同存异、和而不同的社会氛围，提高全社会的道德境界。从这个角度说，"爱自己"就要"爱别人"。

君子相交，讲求的是"和而不同"，指群体之内不必事事一致却能和谐共处。君子之间的交往不必从外在整齐划一的形式中寻找认同，而是凭借自身的道德，吸引志同道合之人，于企业而言同样如此，茅台集团与习酒公司的关系便是最好的例证。据季克良先生回忆，早在茅台集团兼并习酒公司之前，两个企业间就已经有了比较频繁且亲密的来往。20世纪80年代，在政府的牵线下，茅台酒厂承担为习酒在评酒中送酒样的任务，于是双方之间的往来日渐频繁。"我们（茅台酒厂）的技术干部和习酒厂的关系越来越紧密，跑得更加勤了，交流得更加多了。"在他看来，那个时候的企业之间没有相互提防、保密、封锁等手段，大家都是以一种十分愉快的心情相互交流、相互帮助。[1]从这段回忆中我们可以看出，早在习酒公司加入茅台集团之前，习酒与茅台之间的友好互动关系便已经开始了。因此，习酒公司出现资金短缺，甚至面

---

①王小梅、李隆虎：《习酒口述史（第一卷）》，北京：社会科学出版社，2021年版，第44页。

临破产的时候，茅台集团作为当地实力最强的酒企站了出来，以兼并的方式使习酒获得了重新开始的机会。

茅台集团的兼并，当然是对处于危难之时的习酒的一场"救援"，但当时在贵州与习酒公司处境类似的企业不止一家，茅台为什么就选择了习酒？究其原因，还是在之前的发展中，习酒公司给自己打下了牢固的企业根基。经过几十年的发展，习酒公司已经有了深厚的积淀，其酱酒储量以及人才储备都是其他酒企无可比拟的。习酒公司加入茅台集团之后，一步一个脚印，最终从生产经营几乎停滞的状态，发展到连年稳步增长，从1997年到2010年的十三年间，每年都有一定涨幅。这是茅台与习酒共同的成功，是守信、怀德的企业之间患难与共、携手同行的必然结果。

如果说和而不同指的是与朋友相交，那么跳出酱酒商圈之外，在面对社会上的弱势群体的时候，习酒同样保持了儒家怜贫惜弱的仁德精神。十七年间，"习酒·我的大学"项目先后资助数万名学子完成他们的大学学业，帮助这些少年改变命运、走出大山。而同样具有慈善性质的"习酒·吾老安康"项目，在成立后的首次活动公益中，则将关注的重点放在了赤水流域的守林员这一群体上，使他们"老有所养、老有所依、老有所乐、老有所安"。

"爱自己""爱别人"，也是"爱社会"的基础。"德不孤，必有邻。"这句话出自《论语·里仁》，意思是说，有道德的人必定不会孤单，一定会有与他思想一致的人友好相从。所谓"德"，既有孔子关注的德政，当然也包括社会组织中的公德、私德等。如果说产品质量相当于企业的"德"，那经营理念则相当于企业的处事原则，一个企业要想长久经营，这两方面的因素缺一不可。贵州习酒能冲破困境，并在之后几十年中有如此耀眼的发展，很大程度上离不开企业对产品质量的精益求精，以及对企业文化不断地完善与坚定地推行。品质优良的产品是企业对社会的真诚回馈，而贵州习酒成立以来所一直坚持的公益事业，就是其"爱己""爱人""爱社会"的生动体现。

三、向世界展现东方文化之美

美酒是时代的标志，它诞生于与它特质相符的时代文化之中，同样可作为时代文化的载体。作为世界上最早的酿酒国家之一，我国有着悠久的酿酒历史，以及与酒相关的丰富文化成果。酒文化作为我国文化的一个分支，具有极强的民族性与独特性。酱香型白酒作为汇聚东方思想与文化的现代化产物，是传统文化融入现代社会的典型，在全球化日益发展的当下，是对外展示我国文化特色的重要载体。

（一）美酒与历史

作为四大文明古国中唯一没有中断的文明，华夏东方文化的复杂性远非其他文明所能比拟。酿酒这一技术的起源如今已经不可追溯，有猿猴酿酒、杜康造酒、仪狄造酒、皇帝造酒、少商造酒、神农造酒的各种传说。这些传说虽然只是后人的一种浪漫想象，但作为在自然与人工双重作用下的发酵产物，酿酒是先民们集体智慧的结晶，这一点毋庸置疑。

根据现代考古发现，早在新石器时期，人们就已经有了与酒相关的器具，如仰韶遗址中的酒壶、大汶口遗址的滤酒缸等。夏朝出现了仪狄、少康两位知名的酿酒大师，而在被认为是夏朝证据的二里头遗址出土的大量器物中，酒器的占比最大，也能从侧面说明夏朝酒的重要性。大约在商朝中晚期，出现了一个酿酒的高潮，在晚商时期羲族墓葬的一件密封良好的青铜器内发现了古酒，经专家检测，内含能够散发果香的乙酸乙酯。

此后经周、战国、秦汉……每个朝代都有不同文物佐证酿酒技术在华夏大地上的延续。但这些朝代中的酒，还都只是经过简单发酵的果酒或粮食酒，度数较低，酒体浑浊，与今天喝的白酒并不属于同一类型。我们今天的白酒大多属于蒸馏酒，它们是在发酵的基础上再加蒸馏而成的。现在一般认为蒸馏酒产生于元代，与之前的发酵酒相比，蒸馏酒度数较高、酒体纯净，能够给人以更好的饮酒体验，也逐渐成了这片大地上最主要的酒种。

20世纪70年代，为了更好地对各种酒进行品评，我国开始给白酒区分香型，其中五大香型为酱香型、浓香型、清香型、米香型、凤香型，这五大香型包揽了中国的大部分白酒市场，在民众中的接受度很高，除五大香型外，还有芝麻香、药香、豉香等各种香型。虽然香型众多，但若论内涵的话，酱香型白酒无疑具有很大的特殊性。

就工艺而言，以君品习酒等为代表的高端酱香酒是在充分利用自然的基础上，经过复杂而精巧的人工技艺酿造产生的，"端午制曲，重阳下沙"等现在遵循的酿酒工艺，是古代酿酒人在经历了与自然的无数次磨合之中总结出的真理，顺天时而行人事的古老中国智慧在这一生产过程中被应用到极致。

以君品习酒为例，酒体中含有丰富的微量元素，酱香、糊香等众多香气集于小小的一口酒中，并随着前中后调的变化不断呈现在人的味蕾之上。君品习酒回味悠长，回甘明显，口感轻柔而不单薄，饮用后空杯留香持久，给人以丰富的味觉体验。作为承载东方文化的重要载体，君品习酒的繁复却自成一派的口感体验，就像是中华文化一种微缩却具体的表现，恰似在几千年历史中，人与自然、感性与理性在经历了千百次的冲突磨合之后，最终趋于和谐的存在状态。

无论在酱酒的生产过程，还是在对它的品鉴过程，我们都不难看到"天人合一"思想的影子，因而对酱酒的品鉴，也就成为现代社会中能够令人领略传统文化魅力的活动之一。君品习酒深厚的文化背景，对它的品鉴活动不可等闲视之。只有具有一定文化修养的人，才能在其晶莹的酒体中看到其所从来的大千世界，也只有怀着对自由向往的灵魂，才能在留香的空杯中体悟到其所从去的悠远境界。

携带深厚的历史文化内涵，但君品习酒并非摆在展览架上供人观看的古物，而是汇聚历史菁纯，并将之灌注于全新躯体的新时代的产物。习酒中蕴含的天人和谐的独特，不仅为我们当下处理人与自然的关系提供借鉴，更以其自身的独特魅力告诉世人，曾经那些在历史中发挥过重要作用的思想与观念，在这个新的时代里依然可以为人们所用。

（二）美酒与人文

酒能够在较短时间内给人带来精神上的轻快与解放，早在千年以前就已经受到人们的追捧，进而参与到历史的发展之中。翻开史书，不难发现，在中国历史发展的进程中，酒与政治、经济、文化之间有着千丝万缕的联系。我们不禁感叹，几千年的时间中，或许酒从未真正成为历史的主角，但它却贯穿历史，成了历代华夏子孙生命中不可或缺的点缀。

早期的酒是与政治相关的。在那段鸿蒙未辟的历史中，酒常常被用作祭奠天地祖先、沟通神灵的工具，因此酒文化最早与政治之间存在着十分紧密的联系，"酒之于世，礼天地，事鬼神"。以此祭祀功能为发端，酒文化逐渐演变为礼乐文化的一部分。在等级森严的封建时期，不同酒器的使用及摆放、饮酒人的先后顺序、宴饮习俗等，无不表现出严格的尊卑等级。正是酒、酒器与不同等级身份相关联，后世经常存在将酒人格化、君子化的行为。如袁宏道曾言："凡酒以色清味冽为圣，色如金而醇苦为贤，色黑味酸醨者为愚，以糯酿醉人者为君子，以腊酿醉人者为中人，以巷醒烧酒醉人者为小人。"

中国自古以农为本，商业在各朝各代都受到不同程度的压制，在这样的社会结构之下，酒与经济的关系往往以酒与粮的关系呈现出来。在生产力并不发达的封建社会，天灾人祸都会导致粮食歉收，严重的甚至会影响到国家与社会的稳定。因此，酒这一以粮为原料的非必需品，常常会因为各种原因而被禁止。除了控制粮食的浪费之外，饮酒也会因为可能助长奢靡之风，容易使人心浮躁，乃至于影响国家治理等，成为帝王禁酒的理由。《汉书》中曾有汉景帝因为夏季干旱而禁止酿酒的记录，写出"何以解忧，唯有杜康"的曹操也曾发布过禁酒令。

除了对粮食的浪费，其他的理由就多少有些"欲加之罪"的意味，因而尽管官方禁止，但无法阻挡民间对酒的喜爱。在面对曹操的禁酒令之时，孔融曾公然反驳："酒之德，久矣。古先哲王炎帝类宗和神，定人以济万国，非酒莫以也。故天垂酒星之耀，地列酒泉之郡，人著旨酒之德。尧不千盅无以建太平；孔非百觚无以堪上圣；樊哙解厄鸿门，非豕肩盅酒无以奋其怒，赵之厮养，东迎其主，非引卮酒无以激其气；高祖非醉斩白蛇，无以畅其灵；景帝非醉幸唐姬，无以开中兴；袁盎非醇醪之力，无以脱其命；定国不酣一斛无以决其法。故郦生以高阳酒徒.著功于汉，屈原不糟啜取困于楚。由是观之，酒何负于政哉！"

非酒负政，那负政者便是人了。孔融的文章流利酣畅，即便不去梳理其背后复杂的利益纠葛，从此文中也足以见得酒对人豪情与风骨的加持作用。这便是又涉及酒与文化了。

可以这么说，传统文人名士们的十分风姿，至少有三分是酒给的。政治中有酒，但帝王的禁酒与赐酒不过是以不同的形式表现着相同的皇权威势，于内心渴望尊重与不受拘束的文人雅士而言，这样的酒即便是玉液琼浆，怕也是饮之无味。私下场合的饮酒行为就轻松得多了，亲朋欢聚、故友重逢、人逢喜事、忘俗解忧……古人们在这形形色色的场合之中创造了丰富多彩的文化，也成为酒文化中最为浓墨重彩的一笔。

若无酒，就不会有兰亭雅集上王羲之的"天下第一行书"，不会有陶渊明闲居生活中的真古悠然，不会有李白斗酒高歌时的千古佳作，也不会有苏轼醉笑陪公三万场的超然洒脱……酒从来不是历史或人生的主角，但传统文艺的半壁江山由此而起，传统文士的壮志豪情得此乃发。正是酒，唤起了他们内心深处的万丈豪情，恢弘了藏于平凡世俗下的万千气象，使他们以游刃有余之势，创万世流传之作，并最终与那些早已湮灭的灵魂融为一体，共同伫立于历史长河之中。君品习酒诞生于这样的文化环境之中，其血液中本就凝聚着中华酒文化的蕴藉与含蓄，现代科技更加精确化的酿造过程又为君品习酒赋予了这个时代独特的精神文化内核。

昨日之日不可留，在远离了古典时代的灵晕之后，或许今天的我们再难拥有他们那种诗意的灵魂，但传统仍在，曾经的辉煌会以另外的形式延续下去。

（三）美酒与时代

从帝王到名士，尽管历史上有不少关于饮酒的佳话，但多集中于社会上层之中，饮酒行为似乎自诞生以来便带有一定的奢侈属性。"子云性嗜酒，家贫无由得"，连陶渊明都要借古人慨叹自己无酒可饮，更遑论其他。诞生于那个以农为本的封建社会中，被拘于生产技术的落后之下，酒，这一以粮食为主要原材料的非必需品似乎自诞生开始，便与普通百姓之间存在着一条时有时无的间隔线。

社会经济发展至今天，各式各样的酒走进高档商场，也走进街边的平凡小店。在经历了几千年的发展之后，酒不再是奢侈品，终于从朱门宴饮走向市井小巷。随着生产力而提高的并不只有可见的酒的产量，更有不可见的、人们对好酒的需求。所以，不难见到很多高端酱酒的市价远高于定价，也不难见到许多黑心厂家冒险做假酒，以此赚取高额的利润。说到底，这都不过是因酒虽普遍，但好酒仍然难得。

君品习酒正是在人们对酒的质量要求日益增高的社会现实之下而诞

生的，它的问世指向的是"从只考虑有无、温饱，转向考虑雅俗、审美"的社会逻辑，因而比起扩大产量，贵州习酒更加注重产品品质的稳定与提高。让更多的人喝更好的酒，一直是贵州习酒的初心与宗旨。

美酒是时代的标志，它诞生于与它特质相符的时代文化之中，同样亦可作为时代文化的载体，作为在更广阔的范围内进行文化交流的"桥梁"。在这个日益全球化的现代社会中，我们需要一些既能代表传统，又能承载当下的文化载体，来向世界完成中国的言说。在载体的选择方面，酒或许不是唯一一个，但一定是必不可少的那一个。

中华文化经历了几千年的发展与积累，其深厚复杂之处难以在短时间内尽然呈现。书画琴棋诗酒花，这些熔铸了中华文化核心精神并与古人深深契合的文化因素固然美好，但随着工业化、信息化的发展，在生活节奏如此之快的今天，它们已经很难保持其原有的诗意，更遑论进入人们的日常生活，但是酒略有不同。在这些源于历史的文化因素中，酒可以算是在当今社会普及程度较高的一个，即便跨越国度，作为日常消费品的它也比其他文化因素更加容易被接纳。因此，酒无疑可以成为文化交流的载体之一。

作为中国独有的、拥有深厚历史文化渊源的酒种，以君品习酒为代表的高端酱酒身上，凝聚着中华文化的独特内涵，本身便是适宜作为载体的产品。从圆润醇厚、回味悠长的酒体本身，到饮酒情境中强调的留白之美，再到生产酿造过程中的与天地相参的精神理念，贵州习酒从生产到品鉴，无不体现着中国传统文化的特质和品格。在国际文化交流日趋频繁的今天，习酒不仅是一种产品，更是向世界展现东方文化之美的重要载体。东方习酒，盛世君品，当与天下人共赏之。